科学出版社"十四五"普通高等教育本科规划教材

环境影响评价

李英华　主　编
陈　熙　副主编

科学出版社

北　京

内 容 简 介

　　本书主要介绍了环境影响评价概述、评价方法及程序、评价信息及其获取，详细阐述了水环境影响评价、土壤环境影响评价、大气环境影响评价、噪声环境影响评价、固体废物环境影响评价、生态环境影响评价、环境风险评价等的评价内容、程序及方法等，并辅以案例分析，阐明了环境影响报告书的编写方法。

　　本书可作为高等学校环境工程、环境科学等专业本科生及硕士研究生的教材，也可供环境影响评价及相关领域的技术、管理人员参考。

图书在版编目（CIP）数据

环境影响评价 / 李英华主编. —北京：科学出版社，2024.8

科学出版社"十四五"普通高等教育本科规划教材

ISBN 978-7-03-077172-8

Ⅰ. ①环… Ⅱ. ①李… Ⅲ. ①环境影响－评价－高等学校－教材 Ⅳ. ①X820.3

中国国家版本馆 CIP 数据核字（2023）第 235349 号

责任编辑：孟莹莹　程雷星 / 责任校对：任云峰
责任印制：赵　博 / 封面设计：无极书装

科 学 出 版 社 出版
北京东黄城根北街 16 号
邮政编码：100717
http://www.sciencep.com

北京凌奇印刷有限责任公司印刷
科学出版社发行　各地新华书店经销

＊

2024 年 8 月第 一 版　开本：787×1092　1/16
2025 年 1 月第二次印刷　印张：18 1/4
字数：433 000
定价：86.00 元
（如有印装质量问题，我社负责调换）

前　言

　　环境是指影响人类生存和发展的各种天然的和经过人工改造的自然因素的总体，包括大气、水、海洋、土地等。环境影响评价是指对规划和建设项目实施后可能造成的环境影响进行分析、预测和评估，提出预防或者减轻不良环境影响的对策和措施，并进行跟踪监测的方法与制度。自 20 世纪 60 年代至今，环境影响评价已成为环境管理过程中的一项具体制度，也是环境科学教育体系的重要专业课之一。

　　作为一门快速发展的学科，环境影响评价涉及的标准、法规、技术导则等内容不断更新。近几年的更新主要包括：《环境影响评价技术导则　大气环境》（HJ 2.2—2018）、《环境影响评价技术导则　地表水环境》（HJ 2.3—2018）、《环境影响评价技术导则　地下水环境》（HJ 610—2016）。2018 年 9 月，生态环境部发布了《环境影响评价技术导则　土壤环境（试行）》（HJ 964—2018）。这些技术导则对环境影响评价工作提出了新的要求。编者根据多年的环境影响评价工作经验，结合高校授课对象、授课特点及实际需要，编写了本教材。

　　本教材力求叙述简明、通俗易懂，同时具备较强的专业性，是一部较为完整阐述环境影响评价概念、原理和方法的书籍，章后附有思考题，便于学习掌握。

　　本书主要由李英华和陈熙等编写，各章节具体分工如下：第 1～3 章由秦媛编写；第 4～6 章由陈熙编写；第 7～9 章由李英华编写，第 10 章、第 11 章由徐新阳编写。所有编者均参与全书统稿，由李英华、陈熙定稿。

　　本书的相关研究工作得到了国家重点研发计划项目（2022YFC2903903）及东北大学资源与土木工程学院优质本科教材建设项目资助。编者在编写过程中参考了许多专家学者的著作和研究成果，在此对这些专家学者表示真诚感谢。

　　由于编者水平有限，书中不妥之处在所难免，敬请各位读者批评指正。

李英华

2024 年 2 月

目　　录

1 环境影响评价概述

1.1 环境与环境质量

由于人类活动对自然界的不断影响，环境问题已成为当今社会亟待解决的重要问题。随着环境科学研究的不断深入，环境评价应运而生并不断延伸到各个方面，出现了环境质量评价、环境影响评价、生态评价、环境风险评价、清洁生产评价等一系列相关概念。有的学者认为环境评价是环境质量评价和环境影响评价的总称，也有的学者认为环境影响评价是环境质量评价的一部分。本书不对环境评价与环境影响评价加以区别（徐新阳，2004）。

1.1.1 环境及其功能

1.1.1.1 环境的概念

"环境"一词具有十分丰富的含义，是环境影响评价的核心。从哲学角度来说，环境是一个相对的概念，是一个相对于主体的客体。在不同的学科中，环境的定义各不相同，一般认为，环境是以人类社会为主体的外部世界的总称，是影响人类生存和发展的各种自然和社会因素的总和。在社会科学与生态科学中，环境分别是以人为主体的内部世界和以生物为主体的外部世界；在环境科学中，环境的准确定义是决定本学科研究对象和内容、性质和特点的极为重要的因素，因此，众多学者对此做了长时间的探讨。还有一些为某方面的工作需要而给环境下的定义，这些定义大多出现在世界各国颁布的环境保护法规中。例如，《中华人民共和国环境保护法》中环境的定义："本法所称环境，是指影响人类生存和发展的各种天然的和经过人工改造的自然因素的总体，包括大气、水、海洋、土地、矿藏、森林、草原、野生生物、自然遗迹、自然保护区、风景名胜区、城市和乡村等。"这是一种把环境中应当保护的要素或对象界定为环境的工作定义，目的是增加法律的可操作性，明确法律的适用对象和适用范围，便于法律的准确实施。

通常我们讲的环境是指自然环境，即围绕在人类周围的各种自然因素的总和，包括大气、水、土壤、各种矿产资源以及生物等。自然环境是人类赖以生存和发展的物质基础。在自然环境中，栖息着 200 多万种生物，它们都直接或间接地依靠阳光、空气、水和土壤中的营养物质生存和发展。自然地理学中，把这些构成自然环境总体的因素划分为大气圈、水圈、生物圈和岩石圈 4 个自然圈。

自然环境是一个自然的、历史的、有机的综合体。自然环境虽然被人为地划分为 4 个圈，但自然界各种因素总是不断地、大量地进行着物质、能量和信息交换，这就决定了自然环境的不可分割性，在大气圈、水圈、岩石圈和生物圈之间没有明显的界线，特别是生物圈，它交织在大气圈、水圈和岩石圈内，没有一个独立的空间位置。

对于环境工作者来说，考虑问题的角度和范围不同，"环境"可以有不同的理解。例如，研究全球环境问题时，可以把整个地球理解为环境，研究某个环保设备的运行状况时，甚至可以把某个反应器内的水相、气相、固相看作是环境。

人类的生存环境是在历史发展中经过人类改造过的自然环境。自然环境存在自身固有的发展规律，其客观属性和人类的主观要求之间、客观发展过程和人类有目的的活动之间不可避免地存在着矛盾。因此，自然环境不仅是被利用的对象，也是被改造的对象。自然环境正是在人类有目的、有计划地利用和改造的过程中，才由简单到复杂、低级向高级不断地变化，逐渐转变为更适合于人类活动的生存环境，而新的环境又反作用于人类。在这样不断发展的过程中，人类在改造客观世界的同时，也改造人类自己本身，人类的生存环境也越来越区别于原始的自然环境。从这个意义上说，人类及其生存环境，是在人类活动和自然环境共同作用下发生和发展起来的。所以，人类的生存环境既不是简单地由自然因素构成，也不是单纯由社会因素构成，而是在自然背景的基础上，经过人类加工改造形成的。环境保留了人类改造的痕迹，反映了人类利用、改造自然的程度，体现了人类文明的程度。

1.1.1.2　环境要素与环境分类

构成环境整体的各个独立的、性质不同而又服从总体演化规律的基本物质组分称为环境要素。环境的基本要素包括：光、热、水、土、气、动植物，以及这些自然要素与人类长期共处所产生的各种依存关系。这些要素之间相互关联，缺一不可。在进行环境评价时，也要注意这些要素之间的相互关系，不能孤立地对某个要素进行评价。

环境是一个复杂的动态系统，目前还没有统一的分类方法。一般按照环境范围和环境要素或功能进行分类。

按照环境范围的不同，可把环境分为特定的空间环境（如航空、航天的密封舱环境等）、车间环境、生活环境、城市环境、农村环境、区域环境、全球环境、宇宙环境等。

按照环境要素不同，可按照其属性分为自然环境和社会环境两大类。在自然环境中，按其主要的组成要素，可再分为大气环境、水环境、土壤环境以及生物环境等。为了不断提高人类的物质和文化生活水平，人类社会在长期发展中将自然环境改造成了社会环境。可按照人类对环境的利用或环境的功能再进行细分，如聚落环境、生产环境、交通环境、文化环境等。

1.1.1.3　环境的特性和功能

从环境影响评价的角度来看，环境的特性主要包括以下几个方面。

（1）整体性与区域性。环境的整体性是指环境的各组分和要素之间都有相互确定的数量和空间位置，同时以相互作用构成特定结构和功能的系统，各组分和要素通过物质的循环和能量的流动而彼此联系。环境系统的功能通过各要素的相互联系实现。环境的整体性是环境最基本的特性，但同时环境又有明显的区域差异，这种差异体现在地理位置的变化，社会、经济、文化等多样性。

（2）稳定性与变动性。环境的稳定性是指环境系统具有一定的自我调节性，即在自然和人类行为使环境的变化不超过一定限度时，环境可以通过自身的调节功能逐渐消除这些变化。环境可以基本恢复到之前的状态，如水体的自净作用。环境的变动性和稳定性相辅相成，当前，人口快速增长、工业飞速发展，人类对环境资源的需求逐渐加大，超出了环境所能承受的范围，使环境资源日益枯竭，各种污染物不断增多，环境产生巨大变化。变动是绝对的，稳定是相对的。

（3）资源性与价值性。众所周知，环境为人类的生存和发展提供了大量的资源（李勇等，2012）。环境的资源分为物质性资源和非物质性资源。物质性资源包括森林资源、土地资源、淡水资源、生物资源、空气资源等，而环境中的美好景观能使人心旷神怡，这种资源属于非物质性资源。环境资源为人类的生存和发展提供了必需的物质和能量，其对人类的价值是巨大的，所以环境具有价值性。

简单地说，环境的功能主要表现在两个方面：一方面，它是人类生存和发展的最终物质来源；另一方面，它承受着人类活动产生的废物和各种作用的结果。

环境不仅是一个自然科学的概念，而且是一个经济学的概念。生态环境是一种为人类提供服务的"资产"，不过它是一种特殊的资产，因为它提供生命保障系统以维持人类的生存和发展。如果人类破坏生态环境，如滥伐森林、滥牧草原，导致水土流失、环境污染等，就等于环境资产流失；相反，如果人类自觉保持生态平衡，保护环境，如整治国土、植树造林、建设草场、治理污染，就等于环境资产增值。环境作为资产为人类提供服务的数量和质量取决于人类自身行为及其影响。环境为我们提供原材料和能源，供生产过程加工和使用，并由消费者消费。在此过程中产生的废物又返回环境。当这些废物的数量和种类超过了自然界的自净能力时，就会产生环境污染。从这个意义上说，环境是无私的，又是无情的。只有尊重环境自身的发展变化规律，才能利用好环境资产，使其更好地为人类服务。

1.1.2　环境质量

1.1.2.1　环境质量的概念

在环境科学中，环境质量是一个极为重要的概念。目前，不同的学者对环境质量有着不同的理解和解释，有学者认为：环境的优劣程度即为环境质量，是对人类的生存、繁衍以及社会发展的适宜程度。也有学者认为：环境质量是环境系统客观存在的一种本质属性，是能够用定性和定量的方法加以描述的环境系统所处的状态（徐新阳，2004）。

可见，环境质量的概念既有客观性，也有主观性，如何使主观认识更加趋近于客观存在也是环境学者研究的主要问题之一。

环境质量包括环境的整体质量（或综合质量，如城市环境质量）和各环境要素的质量（如大气环境质量、水环境质量、土壤环境质量）等。

环境质量的优劣或变化趋势常采用一组参数（环境质量参数）来表征。它们是对环境组成要素中各种物质的测定值或评定值。以水环境为例，通常采用 pH、COD（化学需氧量）、BOD_5（五日生化需氧量）、DO（溶解氧）、NH_3-N 等指标来表征水环境质量。

为了保护人体健康和生物的生存环境，要对污染物（或有害因素）的含量做出限制性的规定，或者要根据不同的用途和适应性，将环境质量分为不同的等级，并规定其污染物含量限值或某些环境参数的要求值，这就是环境质量标准。通常用这些标准来衡量环境质量的优劣程度。

1.1.2.2 环境质量的价值

长期以来，人们一直认为环境是一种天赐的资源，人们可以无限制地使用和开发，尤其是工业革命以后的一段时间，人类生产力获得了长足的发展，人类改造自然的能力获得了极大的提高。因此，一部分人自认为已经摆脱自然的束缚，成为主宰地球的主人。在这一时代，人们把人类与自然环境形而上学地分割开来，没有意识到人类同环境之间存在着协调发展的客观规律。直到 20 世纪中叶，大气污染和水污染、水土流失和土地荒漠化、酸雨和有毒化学品污染不断地在全球显现，直接威胁到了人类的生存和发展，人们才逐渐认识到环境也是有价值的。以下几个方面体现了环境质量的价值。

（1）人类健康生存的需要。这是人类生存的第一需要，例如，为了生存，人类需要温暖的阳光、新鲜的空气、清洁的饮用水、肥沃的土壤、必要的动植物作为食物等。可见，环境质量可以体现在这些需要能否被环境状态满足，以及满足的程度。

（2）人类生活条件改善和提高的需要。这是人类生存的进一步需要，除了上述需要外，人类还需要明亮宽敞的住宅、设备齐全的医院、快速方便的交通、使子女受到良好教育的学校以及景色优美的游览地等。显然，环境质量价值还体现在环境状态能否满足或在多大程度上满足这一需要。

（3）人类生产发展的需要。为了更好地生存，人类进行了生产发展这一社会性活动，同样，它也需要一定的环境质量提供保证。农业生产发展需要环境提供肥沃的土壤和符合要求的灌溉用水，工业生产发展需环境提供适宜的原料和充足的能源、水源，旅游业发展需要环境提供引人入胜的景色等。这是环境质量价值的又一体现。

（4）维持自然生态系统良性循环的需要。自然生态系统的良性循环是人类生存和发展的必要条件与后盾，如果没有自然生态系统的良性循环，人类社会就不可能存在和发展。因此，环境状态能否满足这一需要也是环境质量价值的体现。

当然，环境质量的价值是相对的，对于不同地区、不同时期的人来说，对环境价值的理解或许会相去甚远。例如，现在人类对环境质量的要求就比 20 年前高很多。

1.2 环境影响评价简介

1.2.1 环境影响评价的概念和重要性

环境评价是环境科学的一个重要分支，也是环境管理的一项重要工作。按照一定的标准和方法对环境质量给予定性或定量的说明和描述即为环境评价。环境评价包括环境质量评价和环境影响评价，其对象是环境质量及其价值。环境质量的优劣程度可以由环境评价来判断，从而进一步确认环境质量的高低，确定环境质量与人类生存发展之间的关系，为保护和改善环境质量提出具体可行的措施。环境评价是一个理论和实践相结合的适用性强的学科，它为环境管理、环境污染综合治理、环境标准的制定、生态环境建设及环境规划提供技术依据，为国家环境保护政策提供信息，是环境保护的一项基础工作，是贯彻我国"预防为主、防治结合、综合治理"环境管理原则的具体体现。同时，环境评价工作中，尤其是对一些以前没有遇到过的建设项目进行环境影响评价时，必然要开展一些基础研究或专项研究，从而促进了环境科学的发展。

环境影响评价的分类方法主要有以下几种（徐新阳，2004）。

根据环境要素的数量，环境影响评价可分为单要素评价、多要素评价和环境质量综合评价。如大气环境质量评价、水环境质量评价（包括地表水环境质量评价和地下水环境质量评价）、声环境质量评价、土壤环境质量评价、生态环境质量评价等为单要素评价；如果对两个或多个要素同时进行评价，称为多要素评价；如果对所有要素同时进行评价，则称为环境质量综合评价。

根据所选择的评价参数，可分为卫生学评价、生态学评价、污染物评价、物理学评价、经济学评价、地质学评价等。

根据评价区域的不同，可分为城市环境质量评价、农村环境质量评价、区域环境质量评价、海洋环境质量评价、交通环境质量评价等。

根据评价时间的不同，可分为回顾性评价（根据某一地区历年积累的环境资料对该地区过去一段时间的环境质量进行评价）、现状评价（根据近期的环境资料对某一地区的环境质量进行评价）和环境影响评价（根据一个地区经济发展的规划或一个建设项目的建设规模，对该地区未来环境质量进行预测、评价，或对该建设项目对所在区域可能产生的环境影响进行评价，从而提出减轻或避免不利影响的措施）。

环境影响评价对正确认识社会发展、社会发展和环境发展的相互关系、强化环境管理，以及对确定经济发展方向和保护环境等重大决策具有重要作用。

（1）环境影响评价能够保证项目选址和布局的合理性。环境影响评价从项目所在地的整体出发，考察建设项目的选址和布局对区域整体的不同影响，进行对比和取舍，进而选择最有利的方案，保证选址和布局的合理性。

（2）环境影响评价能够为区域社会经济发展提供导向。可通过对区域的自然资源、社会和经济等方面进行综合分析，对该地区的发展方向、发展规模、产业结构、产业布局等做出科学的决策，指导本地区的活动，实现可持续发展。

（3）环境影响评价可以指导环保设计，强化环境管理。环境影响评价针对生产活动和建设活动，通过对污染治理技术、环境和经济进行论证，得到最合理的环境保护对策，把环境污染和生态破坏限制在最小范围。

（4）环境影响评价可以促进相关技术发展。环境影响评价工作中会遇到基础研究和应用技术方面的问题，通过解决这些问题推进环境科学技术的发展。

1.2.2 环境影响评价的发展

进入 20 世纪，特别是 20 世纪中叶，科学、工业、交通都迅猛发展，工业过度集中，城市人口过于密集，环境污染由局部扩大到区域，大气、水体、土壤都出现了不同程度的污染，最终导致公害事件频繁发生。森林过度采伐、草原退化、湿地破坏，又带来一系列的生态环境恶化问题。人们逐渐认识到，人类不能不加节制地开发利用环境，人类在改造利用自然环境的同时，必须尊重自然规律，在环境容量允许的范围内进行开发建设活动，不然，将会给自然环境带来不可逆转的破坏，直至威胁人类自身的生存。

环境影响评价是在环境监测技术、污染物迁移转化规律、环境质量对人体健康的影响、自然界自净能力等学科发展到一定程度以后发展起来的一门科学。

美国是最早开展环境评价的国家。在水质评价方面，Brown 等（1970）提出了水质质量指数（water quality index，WQI），Nemerow（1974）在其专著 *Scientific Stream Pollution Analysis* 中提出了另一种指数，对纽约州的一些地面水的状况进行了指数计算。在大气环境评价方面，1966 年 Green 提出了大气污染综合指数，之后他陆续提出了白考勃大气污染指数（1970 年）、橡树岭大气指数（1971 年）、污染物标准指数等，并用大气污染指数进行了环境质量预报。美国在 1969 年制定的《国家环境政策法》中规定，大型工程建设前必须编制环境影响报告书，各州也相继建立了各种形式的环境影响评价制度，从而成为世界上第一个把环境影响评价制度在国家法律中肯定下来的国家。

继美国建立环境影响评价制度后，瑞典（1970 年）、新西兰（1973 年）、加拿大（1973 年）、澳大利亚（1974 年）、马来西亚（1974 年）、联邦德国（1976 年）、印度（1978 年）、中国（1979 年）等也建立了环境影响评价制度。与此同时，国际上设立了许多有关环境影响评价的机构，召开了一系列有关环境影响评价的会议，开展了环境影响评价的研究与交流，进一步促进了各国环境影响评价的实践。1970 年世界银行设立环境与健康事务办公室，对其每一个投资项目的环境影响做出审查和评价。1974 年联合国环境规划署与加拿大联合召开了第一次环境影响评价会议。1984 年联合国环境规划理事会第 12 届会议建议组织各国环境影响评价专家进行环境影响评价研究。1992 年联合国环境与发展大会在里约热内卢召开，会议通过的《里约环境与发展宣言》和《21 世纪议程》中都写入了有关环境影响评价的内容。

目前，已有 100 多个国家建立了环境影响评价制度。环境影响评价的内涵不断丰富，从对自然环境影响评价发展到对社会环境影响评价；对于自然环境的影响从仅考虑环境污染到注重生态环境影响；开展了环境风险评价；在环境评价中引入清洁生产内容；将总量控制引入环境评价中；从建设项目的环境影响评价到区域开发、规划、战略的环境影响评价；关注积累性影响并开始对环境影响进行后评估；环境影响评价的方法和程序也在实践中不断完善。

我国的环境质量评价工作开始于 20 世纪 70 年代，大体上经历了四个阶段：初步尝试阶段、广泛探索阶段、全面发展阶段和环境影响评价制度阶段。

1973 年第一次全国环境保护会议以后，一些高等院校和科研单位的专家和学者在报刊和学术会上宣传和倡导环境评价，并参与了环境质量评价及其方法的研究。

1973 年"北京西郊环境质量评价研究"协作组成立，开始进行环境质量评价的研究。随后，官宁流域、南京市、茂名市也开展了环境质量评价。1977 年中国科学院召开"区域环境学"讨论会，推动了大中城市（如北京市、沈阳市、南京市、天津市、上海市等）环境质量现状评价。同时，还开展了松花江、图们江、白洋淀、湘江及杭州西湖等重要水域的环境质量现状评价。1979 年召开的中国环境学会环境质量评价委员会学术座谈会，总结了这一段环境质量评价的工作经验，编写了"环境质量评价参考提纲"，为各地进行环境质量现状评价提供了方法和依据。

1979 年，北京师范大学等单位率先在江西永平铜矿开展了我国第一个建设项目环境影响评价工作。同年 9 月，《中华人民共和国环境保护法（试行）》颁布，规定："一切企业、事业单位的选址、设计、建设和生产，都必须注意防止对环境的污染和破坏。在进行新建、改建和扩建工程时，必须提出对环境影响的报告书，经环境保护部门和其他有关部门审查批准后才能进行设计。"1986 年国务院环境保护委员会、国家计划委员会、国家经济委员会联合发布《建设项目环境保护管理办法》，指出"对环境有影响的一切基本建设项目和技术改造项目以及区域开发建设项目"都要进行环境影响评价。1989 年公布的《中华人民共和国环境保护法》第十三条明确规定，"建设项目的环境影响报告书，必须对建设项目产生的污染和对环境的影响作出评价，规定防治措施，经项目主管部门预审并依照规定的程序报环境保护行政主管部门批准。环境影响报告书经批准后，计划部门方可批准建设项目设计任务书。"1998 年颁布实施的《建设项目环境保护管理条例》第六条更加明确地规定"国家实行建设项目环境影响评价制度"，并规定对建设项目的环境影响评价实行分类管理。2003 年 9 月 1 日《中华人民共和国环境影响评价法》的实施，标志着我国的环境影响评价、评估工作全面走上了法治化轨道。

目前，环境影响评价已经成为我国经济建设和环境保护工作中不可缺少的一个组成部分。已经建立了一支以专家和技术人员为主的环境评价队伍，他们在评价方法和理论方面做了许多研究，环境影响评价无论从广度还是深度方面都有了长足的进展。

1.3 环境影响评价的标准

环境标准是政府为保护生态环境和人体健康，改善环境质量，有效控制污染物排放，从而获得最佳经济效益和环境效益而制定的环境保护技术法规，具有强制性。环境标准是环境评价的重要法律依据，在开展环境影响评价的工程中必须执行相关的环境标准。

环境标准体系是所有环境标准的总和。按照标准的类型不同可分为：环境质量标准、污染物排放标准、环境保护基础标准、环境保护方法标准等。

环境质量标准是国家为了保护人们的身体健康及社会物质财富，维持生态平衡，并考虑技术经济条件，对一定空间和时间范围内环境中的有害物质或因素的容许浓度（或大小）所做的限定。除基础标准和方法标准外，环境标准按颁布标准的机构分类，可分为国家标准、地方标准两类。国家标准是指导标准，地方标准是执行标准。凡颁布了地方污染物排放标准的地区，应执行地方标准，地方未做规定的应执行国家标准。地方污染物排放标准一般严于国家标准。

1.3.1　国家标准

国家环境保护标准分为强制性环境标准和推荐性环境标准。环境质量标准和污染物排放标准以及以法律、法规规定必须执行的其他标准为强制性标准。强制性环境标准必须执行，超标即违法。强制性标准以外的环境标准属于推荐性标准。国家鼓励采用推荐性环境标准，推荐性环境标准被强制性标准引用，也必须强制执行。

1.3.1.1　国家环境质量标准

国家环境质量标准是一定时期内衡量环境优劣程度的标准，从某种意义上讲是环境质量的目标标准，也是制定污染物排放标准的依据。

国家环境质量标准包括《环境空气质量标准》（GB 3095—2012）、《地表水环境质量标准》（GB 3838—2002）、《海水水质标准》（GB 3097—1997）、《渔业水质标准》（GB 11607—1989）、《农田灌溉水质标准》（GB 5084—2021）、《声环境质量标准》（GB 3096—2008）、《土壤环境质量　农用地土壤污染风险管控标准（试行）》（GB 15618—2018）等。

1.3.1.2　国家污染物排放标准

污染物排放标准是国家为实现环境质量标准，结合经济技术条件和环境特点，对排入环境的有害物质和产生污染的各种因素所做的限制性规定，是对污染源进行控制的标准。污染物排放标准是实现环境质量标准的前提和保证。制定污染物排放标准是一项复杂的系统工程，其涉及生产工艺水平、污染控制技术、经济承受能力、污染物在环境中的迁移转化规律等。

国家污染物排放标准包括《大气污染物综合排放标准》（GB 16297—1996）、《污水综合排放标准》（GB 8978—1996）、《工业企业厂界环境噪声排放标准》（GB 12348—2008）、《建筑施工场界环境噪声排放标准》（GB 12523—2011）、《恶臭污染物排放标准》（GB 14554—1993）等。

国家污染物排放标准又分为跨行业的综合性排放标准（如污水综合排放标准、大气污染物综合排放标准、锅炉大气污染物排放标准等）和行业性排放标准（如火电厂大气污染物排放标准、合成氨工业水污染物排放标准、造纸工业水污染排放标准等）。综合性排放标准与行业性排放标准之间不交叉执行，即有行业性排放标准的执行行业性排放标准，没有行业性排放标准的执行综合排放标准。

1.3.1.3　国家环境监测方法标准

环境保护方法标准是在环境保护工作范围内，对取样、分析、实验操作规程、误差分析、模拟公式等方法制定的标准，如《水质　采样技术指导》《城市区域环境噪声测量方法》《锅炉烟尘测试方法》《环境空气　总悬浮颗粒物的测定　重量法》等。

1.3.1.4　国家环境基础标准

环境保护基础标准是在环境保护工作范围内，对具有指导意义的技术术语、符号、代号（代码）、图形、指南、导则、量纲单位、标记方法、标准编排方法及信息编码等所做的规定。它为各种标准提供了统一的语言，是制定其他环境保护标准的基础。

1.3.2　地方标准

地方环境保护标准是对国家环境保护标准的补充和完善，由省、自治区、直辖市人民政府制定。近年来，为控制环境恶化，一些地方将总量控制指标纳入地方环境保护标准。国家环境质量标准和国家污染物排放标准中未做规定的项目，可以制定地方环境质量标准和地方污染物排放标准；国家环境质量标准和国家污染物排放标准中已规定的项目，可以制定严于国家标准的地方环境质量标准和地方污染物排放标准。但是，省、自治区、直辖市人民政府制定机动车船大气污染物地方排放标准严于国家排放标准的，须报经国务院批准。

国家环境标准与地方环境标准之间，地方环境标准严于国家环境标准，在执行上地方环境标准优先于国家环境标准。

1.4　环境目标值和环境容量

1.4.1　环境目标值

政府或环境保护部门为使环境质量逐步达到环境质量标准而临时规定的、限期达到的环境污染物浓度的限值，或为拟定环境长远规划而提出的未来环境污染物浓度的限值，称为环境质量目标值，简称环境目标值。可见，环境目标值和环境质量标准是两个不同的概念。

在污染较重的地区，环境质量往往不能达到国家或地方的环境质量标准，这时，环境中污染物的浓度高于环境质量标准中相应的限值，需要采取相应的污染治理和控制措施。但是，由于经济、技术条件的限制，再加上环境质量恢复都有一定的滞后性，不可能马上达到环境质量标准。在这种情况下，政府会提出分期逐步达到环境质量标准的办法，每一阶段都提出限期达到的环境质量水平，即环境目标值。因此，环境目标值可以是一个、两个或多个。相比于环境质量标准，环境目标值的确定更多地考虑了经济、技术方面的因素。环境目标值一经政府或环保部门提出，也具有法规职能。

随着社会经济的发展，人们物质、文化生活水平不断提高，人们对环境的要求也越来越高，因此，在制定环境长远规划时，一般要以比现行环境质量标准高的环境质量水平为依据，这时环境目标值称为未来环境目标值。

在进行环境评价时，除所研究的污染源对环境污染的贡献外，以由其他原因在环境中产生的污染物浓度值为环境背景值。可见，环境背景值随研究对象的不同而异。例如，预测某拟建工程项目的环境影响时，一般以该项目建设前评价范围内环境中的污染物浓度为环境背景值。而研究某工业区的环境污染现状时，可以把该地污染最轻地区的现状污染物浓度称为环境背景值。

环境本底值则是指没有人为污染时，自然界各要素的有害物质浓度。已开发地区的环境本底值是很难测定的，常把自然条件相似的未开发地区各要素的有害物质浓度近似地作为环境本底值。

1.4.2 环境容量

环境容量是指在环境满足环境质量标准的前提下，某地区所能容纳的污染物的总量。按环境要素可分为大气环境容量、河流水体环境容量、湖泊水体环境容量、海域水体环境容量、土壤环境容量等。

在环境评价过程中，把满足环境目标值时某地区容许排放的某污染物的总量称为容许排放量。它和环境容量是两个不同的概念。容许排放量与环境目标值相对应，环境容量与环境质量标准相对应。

大气环境容量的估算主要有模拟法、线性规划法和 A-P 值法。模拟法是利用环境空气质量模型模拟区域开发活动所排放的污染物将引起的环境质量变化是否会导致环境空气质量超标的方法。如果超标可按等比例或按对环境质量的贡献率对相关污染物的排放量进行削减，最终满足环境质量标准的要求。满足这个充分必要条件所对应的所有污染物排放量之和便可视为区域大气环境容量。线性规划法是以不同功能区的环境质量标准为约束条件，以区域污染物排放量最大化为目标函数，采用最优化法计算出各污染源的最大允许排放量，而各污染源的最大允许排放量之和就是给定条件下的最大环境容量。A-P 值法的基本假定为：假定计算区域外无大的污染源对本区域产生影响，区域内环境空气质量的优劣主要取决于区域内部大气污染源的排放贡献。它首先利用基于箱式模型的 A 值法求得控制区内某种污染物的允许排放总量，然后采用 P 值法，在该区域内所有污染源污染物排放量之和不超过上述容量的约束条件下，确定出各个点源的允许排放量。

　　水环境容量的估算对象主要是拟接纳开发区污水的水体，如常年径流的河流、湖泊、近海水域等。对季节性河流，原则上不要求确定水环境容量。进行污染因子选择时应注意包括国家和地方规定的重点污染物、开发区可能产生的特征污染物和受纳水体敏感污染物。首先确定水环境容量的估算范围。然后确定污染因子，根据受纳水体水质标准和受纳水体水质现状分析受纳水体水质达标程度，基于水体动力学特征和水质模型建立污染物排放与受纳水体水质输入相应关系。最后估算出水环境容量。

1.5　我国环境影响评价制度的特点

　　我国的环境影响评价制度是在借鉴国外经验的基础上，结合中国的实际情况逐渐形成的。我国的环境影响评价制度具有下述特点。

　　（1）以建设项目环境影响评价为主。现行法律法规中明确规定建设项目必须执行环境影响评价制度，包括区域开发、流域开发、开发区建设以及一般的工业建设项目等。而对环境有影响的决策行为和经济发展规划、计划的制定，没有规定必须开展环境影响评价。这类环境影响评价目前尚处在探索试验阶段。

　　（2）具有法律强制性。1998 年颁布的《建设项目环境保护管理条例》要求各种投资类型的项目在可行性研究阶段或开工建设之前完成环境影响评价的报批。2003 年 9 月 1 日实施的《中华人民共和国环境影响评价法》"总则"第三条明确规定："编制本法第九条所规定的范围内的规划，在中华人民共和国领域和中华人民共和国管辖的其他海域内建设对环境有影响的项目，应当依照本法进行环境影响评价。"

　　（3）分类管理。国家规定对建设项目按照对环境的影响程度不同进行分类管理，对环境影响很小的项目，可只填写环境影响登记表，对环境影响较小的项目可编制环境影响报告表，而对环境有重大影响的项目必须编制环境影响报告书。对于新建项目，评价重点主要是合理布局、优化选址及总量控制等；对于扩建和改建项目，评价重点则是工程实施前后可能对环境造成的影响以及"以新带老"，加强对原有污染的治理等。

　　（4）实行评价、评估资格审核认定制。为确保环境评价、评估质量，我国建立了评价单位的资格审查制度，强调评价机构必须具有法人资格，具有与评价内容相适应的固定的专业人员和测试手段，能够对评价结果负法律责任。从 1992 年起，国家及各省、自治区、直辖市相继成立了环境评估机构，负责对环境影响评价报告进行技术评估。环境影响报告的专家审查意见作为项目环保审批的技术依据。

思　考　题

　　1. 什么是环境、环境要素？环境有哪些功能？
　　2. 什么是环境质量？环境质量有哪些价值？
　　3. 什么是环境影响评价？开展环境影响评价工作有什么意义？
　　4. 简述环境影响评价的基本工作程序。

5. 什么是环境标准？我国的环境标准体系包括哪些内容？

6. 什么是环境目标值和环境质量标准值，它们之间有什么联系和区别？

7. 什么是环境容量和容许排放量？它们之间有什么联系和区别？

8. 根据你了解的情况简述开展环境影响评价对环境保护工作的好处。

扫二维码查看本章学习
重难点及思考题与参考答案

2 环境影响评价方法及程序

环境是一个复杂系统，它受人类多种活动影响，从而决定了环境影响评价方法具有多样性、交叉性。40 多年来各国环境影响评价工作者尝试了大量的环境影响评价方法，从其功能上可概括为：影响识别方法、影响预测方法、影响综合评价方法。地理信息系统技术在环境影响评价方法中的应用，使环境影响评价体系得以进一步发展。本章将介绍环境影响评价工作中的一些经典方法和评价程序。

2.1 环境影响评价方法

2.1.1 环境影响识别

环境影响识别就是要找出所有受影响（特别是不利影响）的环境因素，以使环境影响预测减少盲目性，环境影响综合分析增加可靠性，污染防治对策具有针对性（仝川，2010）。

2.1.1.1 环境影响识别的基本内容

1）环境影响因子识别

某地区的自然环境和社会环境对人类的建筑工程等活动有很大影响，因此进行环境影响识别时，首先要弄清楚该地区的具体状况，确定环境影响评价的工作范围。在此基础上，根据工程的组成、特性及其功能，结合工程影响地区的特点，选择需要进行影响评价的环境因子。选择环境因子需要考虑自然环境影响和社会环境影响两大方面。自然环境影响包括对土壤、草原、森林、地质地貌、水文、气候、地表水质、空气质量、陆生生物与水生生物等方面的影响；社会环境影响包括对城镇、耕地、房屋、交通、文物古迹、风景名胜、自然保护区、人群健康以及重要的军事、文化设施等方面的影响。各影响方面由各环境要素具体展开，各环境要素还可由表达该要素性质的各相关环境因子具体阐明，构成一个有结构、分层次的因子空间（陆书玉，2001）。

为了使入选的环境因子能够精练、充分地反映评价对象的主要环境影响和表达环境质量状态，选出的因子应能组成便于监测和度量的群，使之构成与环境总体结构相一致的层次，在各个层次上通过回答"有""无"（可含"不定"）全部识别出来，最后得到某项工程的环境影响识别表，用以表示该工程对环境的影响。具体工作可通过专家咨询来进行。

项目的建设阶段、生产运行阶段和服务期满后对环境的影响是各不相同的，因此配有不同的环境影响识别表。项目在建设阶段的环境影响主要是施工期间的建筑材料、设备、运输、装卸、储存的影响，土地利用、填埋疏浚的影响，施工期污染物对环境的影响，以及施工机械、车辆噪声和振动的影响。项目生产运行阶段的环境影响主要是物料流、能源流、污染物对自然环境（大气、水体、土壤、生物）和社会、文化环境的影响，对人群健康和生态系统的影响，以及危险设备事故的风险影响，此外，还有环保设备（措施）的环境、经济影响等。服务期满后（如矿山）的环境影响主要是对水环境和土壤环境的影响，如水土流失所产生的悬浮物和以各种形式存在于废渣、废矿中的污染物（陆书玉，2001）。

2）环境影响程度识别

工程建设项目对环境因子的影响程度可用等级划分来反映，按有利影响与不利影响两类分别进行分级。

有利影响一般用正号表示，按对环境与生态产生的良性循环、提高的环境质量、产生的社会经济效益程度而定等级，也可分 5 级，即微弱有利、轻度有利、中度有利、大有利和特有利。

不利影响常用负号表示，按环境敏感度划分。环境敏感度是指在不损失或不降低环境质量的情况下，环境因子对外界压力（项目影响）的相对计量。敏感度等级提供了比较、评价与概括不利影响环境因子的标准。不利影响可划分为以下 5 级。

（1）极端不利：外界压力使某个环境因子产生无法替代、恢复与重建的损失，此种损失是不可逆的，如使某濒危的生物种群或有限的不可再生资源遭受绝灭威胁，对人群健康有致命的危害以及对独一无二的历史古迹造成不可弥补的损失等。

（2）非常不利：外界压力使某个环境因子产生严重而长期的损害或损失，其代替、恢复和重建非常困难和昂贵，并需很长的时间，如造成稀少的生物种群或有限的、不易得到的可再生资源严重损失，对大多数人的健康造成严重危害或者造成相当多的人经济贫困。

（3）中度不利：外界压力造成某个环境因子的损害或破坏，其替代或恢复是可能的，但相当困难，可能要付出较高的代价，并需比较长的时间，如对正在减少或有限供应的资源造成相当损失，当地优势生物种群的生存条件产生重大变化。

（4）轻度不利：外界压力造成某个环境因子的轻微损失或暂时性破坏，其再生、恢复与重建可以实现，但需要一定的时间。

（5）微弱不利：外界压力造成某个环境因子暂时性破坏或受干扰，此级敏感度中的各项是人类能够忍受的，环境的破坏或干扰能较快地自动恢复或再生，或者其替代与重建比较容易实现。

在划定环境因子受到的影响程度时，对影响程度的预测要尽可能客观，必须认真做好环境的本底调查，制成包括地质、地形、土壤、水文、气候、植物及野生生物的本底地图和文件，同时要对建设项目要达到的目标及其相应的主要技术指标有清楚的了解。然后，预测环境因子由于环境变化而产生的生态影响、人群健康影响和社会经济影响，以确定影响程度的等级。

2.1.1.2　环境影响识别的方法

目前，常用的环境影响识别方法有核查表法（陆书玉，2001）。

核查表法是将可能受拟议开发活动影响的环境因子和可能产生的影响性质,通过核查在一张表上一一列出的识别方法,也称"列表清单法"或"览表法"。该法虽是较早发展起来的,但仍然在各种情况中普遍使用,并存在多种形式。

(1)简单型清单:列出了必须参考的环境因子,评价人员就每个因子是否有影响及简单性质作出判断,不作其他说明,可作定性的环境影响识别分析,但不能作为决策依据。

(2)描述型清单:除了列出环境因子外,还同时说明对每项因子影响的初步度量以及影响预测评价的途径。

(3)分级型清单:在描述型清单基础上又增加了对环境影响程度的分级。

一张适用于所有计划、行动、环境条件等一切影响的清单是过于庞大和烦琐的。同时,也因包含的资料太广泛而不能充分说明影响的性质。因此,可进一步制定适用于具体管辖范围内的各种特定行动的影响清单,如适用于住宅工程、公路、污水处理设施、核电厂、机场等的影响清单。

工程项目的环境影响是随项目的类型、性质、规模而异的,但同类项目影响的环境因素也大同小异。因此,对受影响的环境因素(环境资源)先进行简单的分类,可以简化影响识别过程、突出有价值的环境因子。目前国际比较流行的环境资源分类方法是由美国陆军工程团和美国环境质量委员会提出的。在此基础上,已归纳出工业工程类、能源工程类、水利工程类、交通工程类、农业工程类等多种对环境资源有显著影响的工程项目的主要环境影响识别表,可为这些工程项目在具体建设过程中进行环境影响识别时提供参考。

具有环境影响识别功能的方法还有矩阵法、图形叠置法、网络法等,由于它们还具有综合评价的功能,因此将在"环境影响综合评价方法"一节介绍。

2.1.2　环境影响预测方法

经过环境影响识别后,主要环境影响因子已经确定。这些环境因子在人类活动开展以后,究竟受到多大影响,需要对这些因子的环境影响进行专项分析。目前常用的方法大体上可以分为以下几种。

(1)专家判断法。该方法是以专家经验为主的主观预测方法。通过召开专家会议、组织专家讨论等方式,咨询一些疑难问题,并做出预测。

(2)数学模型法。该方法是以数学模式为主的客观预测方法。根据人们对预测对象认识的深浅,又可分为黑箱、灰箱、白箱三类。前两类属统计分析方法,用统计、归纳的方法在时间域上通过外推做出预测,一般称为统计模式;后一类为理论分析方法,用某领域内的系统理论进行逻辑推理,通过数学物理方程求解,通过其解析或数值解来做预测,故又可分为解析模式和数值模式两类。

(3)物理模型法。该方法是以实验手段为主的实验模拟方法。在实验室或现场通过直接对物理、化学、生物过程进行测试来预测人类活动对环境的影响,一般称为物理模拟模式。各种模式在各个环境要素(如水、气、声等)的影响评价章节中有专门阐述,这里仅从方法论角度给予介绍。

2.1.2.1　专家判断法

在需要进行环境影响专项分析时，常常会遇到这样一些问题：缺乏足够的数据、资料，无法进行客观统计分析；某些环境因子难以用数学模型定量化（如含有社会、文化、政治等因素的环境因子）；某些因果关系太复杂，找不到适当的预测模型；由于时间、经济等条件限制，不能应用客观的预测方法。此时可以考虑采用专家判断法。

2.1.2.2　数学模型法

客观世界中的许多事物，人们对其已有相当了解，但对其变化机制的某些方面还不清楚。人们对这类事物的预测，通常采用半经验、半理论的灰箱模式。建立灰箱模型时，根据系统各变量之间的物理的、化学的、生物学的过程，建立起各种守恒或变化关系，而在某些还不清楚的方面设法参数化，即用黑箱处理方法，根据输入、输出数据的统计关系确定参数数值（徐新阳，2004）。

用于专项环境影响分析的解析模型与数值模型一样，可分为零维、一维、二维、三维模型，以及稳态、非稳态模型。应用时必须注意模型推导过程中所用的假设条件以及尺度分析，这些条件也是模型使用的限制条件。但现实世界的环境影响问题总与以上条件有所差异，即原型与模型的推导条件之间存在差异，这是模型预测必然产生误差的根本原因。

模型参数的确定可以采用类比、数值试验逐步逼近、现场测定与物理实验的方法。前两种方法属统计方法；后两种方法属物理模拟方法，常用的物理模拟方法有示踪剂测定法、照相测定法、平衡球测定法、风洞及水渠实验法等。但所得的模型参数，与原型中的实际参数是有差别的，此差别是模型误差的又一重要因素。

与预测精度直接相关的影响因素是输入数据的质量，包括源、汇项性质（如源、汇强度），环境数据（如风速、水速、气温、水温）以及用于模型参数确定的原始测量数据（如监测数据）的质量，这些数据必须经过严格的检查分析。以上三项误差的存在，决定了环境预测结果的误差或不确定性。一般严格的环境专项影响预测要求有这方面的讨论，以让决策者对预测结果有一个比较全面的认识。

最重要的数学模型是巴特尔指数法。巴特尔指数是美国巴特尔实验室在 1972 年提出来的一套环境评价系统。它将环境参数（因子）值或受影响后参数的变化值作为自变量 x，将环境质量指数作为应变量 y，建立起系列的 y 与 x 的函数关系，即 $y = f(x)$，以曲线图表示。此外，他们还赋予每一种环境参数的质量指数以相应的权值，这样，就将不同性质、尺度和量纲表示的参数变化归一化为统一的、具有相应权值的"质量指数"，这样便于工作人员采用矩阵法、网络法或其他方法进行综合评价。

巴特尔指数法大多是采用德尔菲法建立的，本节不展开详细讨论，读者可以参考有关书籍。

2.1.2.3　物理模型法

人们除了应用数学分析工具进行理论研究外，还可应用物理、化学、生物等方法直接模拟环境影响问题，这类方法统称为物理模拟法。

这类方法的最大特点是采用实物模型（非抽象模型）来进行预测。方法的关键在于原型与模型的相似。相似通常要考虑：运动相似、几何相似、动力相似、热力相似。

（1）运动相似：模型流场与原型流场在各对应点上的速度方向相同，并且大小（包括平均风速与湍流强度）成常数比例。

（2）几何相似：模型流场与原型流场中的地形地物（建筑物、烟囱）的几何形状、对应部分的夹角和相对位置要相同，尺寸要按相同比例缩小。几何相似是其他相似的前提条件。

（3）动力相似：模型流场与原型流场在对应点上受到的力要求方向一致，并且大小成常数比例。动力相似其实还包含"时间相似"，即两个流场随时间的变化率保持相似。由于流体运动受到的力多种多样，要使两个流场的动力学性质完全相似是不可能的。根据工程项目环境影响预测特点（小尺度、低速度、弱黏性），动力相似只需通过雷诺数（Re）、理查逊数（Ri）、弗劳德数（Fr）等特征无量纲数的分析，使模型流场的特征惯性力、特征湍流应力、特征热浮力与原型流场的相等，即可保证二者相似。再在此基础上进行污染物排放模拟，做出复杂环境条件下的污染预测。当然，模型和原型中的污染物排放源的位置、形状和动力学特性也需相似。

（4）热力相似：模型流场的温度垂直分布要与原型流场的相似。

2.1.2.4　对比法与类比法

1）对比法

此法是针对工程兴建前后，对某些环境因子影响机制及变化过程进行对比分析的方法。例如，预测水库对库区小气候的影响，目前还无客观、定量的预测模式，但可通过小气候的成因分析与库区小气候现状进行对比，研究其变化的可能性及其趋势，并确定其变化的程度，也可做出建库后的小气候预测。距库区不同距离处受到建库影响的大小，也可用对比法做出预测。

2）类比法

一个未来工程（或拟建工程）对环境的影响，可以通过一个已知的相似工程兴建前后对环境的影响分析得到。此法特别适用于相似工程的分析，应用十分广泛。

2.1.3　环境影响综合评价方法

环境影响综合评价是按照一定的评价目的，把人类活动的环境影响从总体上综合起来，对环境影响进行定性或定量的评定。由于人类活动的多样性与各环境要素之间关系的复杂性，评价各项活动的环境综合影响是一个十分复杂的问题。尽管已经开发了许多方法，但这些方法各有不同程度的优缺点，且使用时都有一定的局限性，因此目前还没有通用的方法。这里仅介绍部分较为常用、具有代表性的方法。

2.1.3.1 指数法

环境现状评价中常采用能代表环境质量好坏的环境质量指数进行评价。指数法多种多样，具体有单因子指数评价、多因子指数评价和环境质量综合指数评价等方法。其中，单因子指数评价是基础。此类评价方法也可应用于环境影响综合评价。

一般的指数分析评价，先引入环境质量标准，然后对评价对象进行处理，通常以实测值（或预测值）C 与标准值 C_S 的比值作为其数值：$P = C/C_S$。

单因子指数法的评价可分析该环境因子的达标（$P_i < 1$）或超标（$P_i > 1$）及其程度。显然，P_i 值越小越好。

在各单因子的影响评价已经完成的基础上，为进行所有因子的综合评价，可引入综合指数，所用方法称为综合指数评价法，综合过程可以分层次进行，如先综合得出大气环境影响分指数、水体环境影响分指数、土壤环境影响分指数等，再综合得出总的环境影响综合指数：

$$P = \sum_{i=1}^{n}\sum_{j=1}^{m} P_{ij} \tag{2-1}$$

$$P_{ij} = \frac{C_{ij}}{C_{Sij}}$$

式中，i 为第 i 环境要素；n 为环境要素总数；j 为第 i 环境要素中的第 j 环境因子；m 为第 i 环境要素中的环境因子总数；P_{ij} 为第 i 环境要素中的第 j 环境因子的指数；C_{ij} 为第 i 环境要素中的第 j 环境因子的实测浓度；C_{Sij} 为第 i 环境要素中的第 j 环境因子的环境标准。

以上综合指数评价法是等权综合，即各影响因子的权重完全相等。

各影响因子权重不同的综合指数评价法可采用如下公式：

$$P = \frac{\sum_{i=1}^{n}\sum_{j=1}^{m} W_{ij} P_{ij}}{\sum_{i=1}^{n}\sum_{j=1}^{m} W_{ij}} \tag{2-2}$$

式中，W_{ij} 为第 i 环境要素中的第 j 环境因子的权重，根据有关专门研究或专家咨询确定。

P 值求得后，还可根据其数值与健康、生态影响之间的关系进行分级，转化为健康、生态影响的综合评价。

指数评价方法可以评价环境质量好坏与影响大小的相对程度。同一指数还可用于不同地区、不同方案间的相互比较。

2.1.3.2 矩阵法

矩阵法也是最早和应用最广泛的环境分析、评价和决策方法，可以分为相关矩阵法和迭代矩阵法两大类。

1）相关矩阵法

相关矩阵的横轴列出一项开发行动所包含的对环境有影响的各种活动，纵轴列出所有可能受开发行动的各种活动影响的环境因子。矩阵中的每个元素用斜线一隔为二，上半格表示影响的大小，下半格表示影响的重大性权值；有利影响为"＋"，不利或负面影响为"－"，取代数和（图 2-1）。

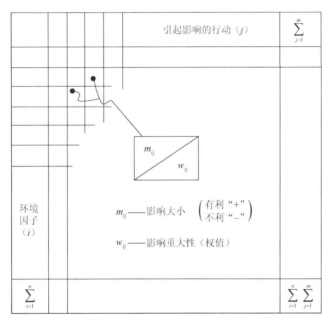

图 2-1　相关矩阵的概念

列昂波特将影响大小 m 分为 10 级，"10"最大，"1"最小；将影响的重要性 w 也分为 10 等，"10"表示重要性最高，"1"表示重要性最低。将一般的工程开发行动分为 11 个方面，每一方面又由许多活动组成，这部分置于矩阵的横轴上；将受行动影响的环境因子分为 5 个方面，这部分置于矩阵纵轴上。然后给出每项活动对每个环境因子的影响大小和重要性权值。最后由每行的元素累加得到 $\sum_{j=1}^{m} m_{ij} \cdot w_{ij}$，由每列的元素累加得到 $\sum_{i=1}^{n} m_{ij} \cdot w_{ij}$；行和列累加得到矩阵的加权分值 $\sum_{i=1}^{n}\sum_{j=1}^{m} m_{ij} \cdot w_{ij}$，即拟议工程行动方案的总的加权分值。

列昂波特矩阵是泛指的，并不能直接用于一项具体的开发行动，但可作为设计一项拟议开发行动影响分析矩阵的参考。该表发表的时间很早，故对社会经济和文物考古方面的因子未详细列入。将列昂波特矩阵应用于一个拟议建设项目时，可依据工程行动和项目所在地的特点具体列出各个因子。

　　2）迭代矩阵法

迭代矩阵又称"交叉影响矩阵"，可以表达初级—次级—三级以至多级影响之间的关系。迭代矩阵的第一个矩阵与相关矩阵类似，显示开发行动与环境因子的关系，而次级和三级等矩阵则显示受影响的环境因子之间的连锁关系（图2-2）。例如，活动1对环境因子A的影响会导致环境因子C和H的次级影响，因子C又会引起因子B和J的三级影响。迭代矩阵中每格元素可列出影响大小和权值，据此可分别计算出初级、次级和三级等的加权分值。

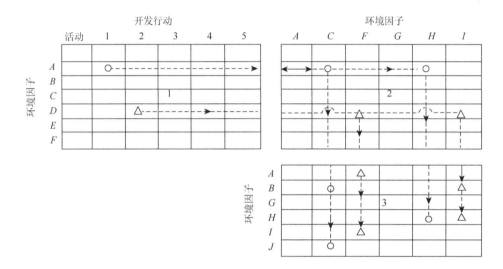

图2-2　迭代矩阵概念示意

图中"○""△"为示例的开发行动的环境影响

2.1.3.3　图形叠置法

　　图形叠置法用于变量分布空间范围很广的开发活动已有很长历史。该方法开始为手工作业，即准备一张透明图片，画上项目的位置和要考虑影响评价的区域及轮廓基图。另准备一份可能受影响的当地环境因素一览表，在该类上指出那些被专家判断为可能受项目影响的环境因素。对于每一种要评价的因素都要准备一张透明图片，每种因素受影响的程度可以用一种专门的黑白色码的阴影的深浅来表示。例如，如果认为地下水位的降低对混杂的落叶树林地的影响是十分严重的，那么，在准备的图片上画一种深色阴影。森林地只是有时用于娱乐，因此可以认为其对娱乐的影响是轻微的，所以当这种影响与林地叠置时就只显出一种浅淡的阴影。用作娱乐的其他地区可能受到十分严重的影响，则给出深色阴影。通过在透明图上的地区给出的特定的阴影，可以很容易地表示影响程度。把各种色码的透明片叠置到基片图上就可看出一项工程的综合影响。不同地区的综合影响差别由阴影的深度来表示。

　　图形叠置法易于理解，能显示影响的空间分布，并且容易说明项目的单个的和整个复合影响与受影响地点居民分布的关系，也可决定有利和不利影响的分布。

手工图形叠置比较麻烦，一次叠置 12 张以上图片就会因为颜色太杂而难以说明问题。所以只有在影响因子有限的情况下才考虑用这种方法。现在，叠图工作已由计算机完成，因此可以不受此限制。

图形叠置法对各种线路（如管道、公路和高压线等）开发项目进行路线方案的选择最有效。综合显示不但能评价线路的影响，还能指出产生影响最小的路线。因此，图形叠置法是一种能为线路开发鉴定出最少破坏的非常有用的"搜索"方法。

2.1.3.4　网络法

网络法是采用原因-结果的分析网络来阐明和推广矩阵法。除了矩阵法的功能外，网络法还可鉴别累积影响和间接影响，网络实际呈树枝状，故又称关系树枝或影响树枝，可以表述和记载一级、二级、三级以及更高层次上的影响（图 2-3）。

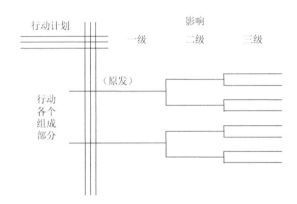

图 2-3　影响网络的基本框架（Rau and Wooten，1987）

要建立一个网络就要回答与每个计划活动有关的一系列问题，例如，原发（一级）影响面是哪些，在这些范围内的影响是什么？二级影响面是什么，二级影响面内有些什么影响？三级影响又是什么，等等。图 2-4 是在某城市商业区内建造一条高速公路对房屋和商业迁移的影响网络。

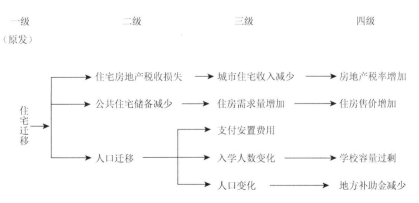

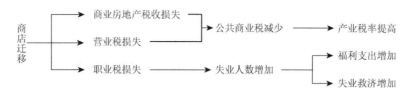

图 2-4 在商业区修建新高速公路的影响树枝网络（Rau and Wooten, 1987）

在建立影响网络时，伸展的影响树枝网可能会发生因果循环，当原因与相应的连锁反应结果存在复杂的相互作用时更是如此。此时还应考虑某种环境影响发生后其后续影响的发生概率与影响程度，判断该后续影响是否有列入影响网络的意义。例如，一个污水处理厂能释放大量营养物质进入河口湾，造成营养物浓度的提高（原发、一级的环境影响），将使河口湾内浮游植物数量激增。可以想象，浮游植物增加的可能影响是增加河口湾有机残体的沉积（二级影响）。沉积物将使河口湾变浅，水深减小，由此又将产生很多影响（如增加阳光透射，促进水底植物生长，提高河口湾水温，降低河口湾冲刷速度，等等）。问题的关键在于浮游植残体的沉积速度是否导致河口湾明显变浅。如果植物残体的沉积作用在几年内不引起明显的水深变化，该影响就不列入网络。

影响网络能以简要的形式，给出人类某活动及有关行为产生或诱发的环境影响全貌。不过，这只是一种定性的概括，只能得出如同用矩阵法那样的总的影响。此方法需要估计影响事件分支中单个影响事件的发生概率与影响程度，求得各个影响分支上各影响事件的影响贡献总和，再应用矩阵法一节所提供的方法求出总的影响程度。

2.1.3.5 核查表法

核查表法是最早用于环境影响识别、评价和方案决策的方法。本法是将环境评价中必须考虑的因子，如环境参数或影响以及决策的因素等一一列出，然后对这些因子逐项核查后作出判断，最后对核查结果给出定性或半定量的结论。根据核查表的复杂程度，本法可分为简单核查表、描述性核查表、分级型核查表和提问式核查表等多种形式。本法是综合性评价方法中常用和简单的方法。表 2-1 是单条内陆公路建设的环境影响的简单核查表。

表 2-1 单条内陆公路建设的环境影响的简单核查表

可能受影响的环境因子	可能产生影响的性质									
	不利影响						有利影响			
	短期	长期	可逆	不可逆	局部	大范围	短期	长期	显著	一般
水生生态系统		×		×	×					
渔业		×		×	×					
森林		×		×	×					

可能受影响的环境因子	可能产生影响的性质								
	不利影响						有利影响		
	短期	长期	可逆	不可逆	局部	大范围	短期	长期	显著	一般
陆地野生生物		×		×		×				
稀有及濒危物种		×		×		×				
河流水文条件		×		×		×				
地面水水质		×								
地下水										
土壤										
空气质量	×				×					
航运		×				×				
陆上运输								×	×	
农业							×			×
社会经济								×	×	
美学		×		×						

2.1.3.6　动态系统模拟法

此方法以 1972 年罗马俱乐部提出的"世界模型"的数学模型和系统分析方法为代表。他们以动态的观点综合分析世界范围内的人口、工农业生产、资源和环境污染之间的复杂关系，并用数学模型表达出来，在计算机上进行数学模拟。他们模拟了 1900～2100 年的发展过程。研究表明，人口、工农业生产、资源和环境污染之间存在着复杂信息反馈和相互消长关系，结论如下：

（1）地球环境容量是有限的，人口不能无限制地增长。

（2）人口必须从无限制地增长向平衡发展方向转变，平衡发展的方式、方法可以结合各自的社会目标选择确定。

（3）早日开始这种转变，成功的可能性大，付出的代价低，反之则难以成功，代价高。

建设项目对环境的影响分析就是要分析它给区域环境这个动态、非平衡系统带来什么变化，可能使其平衡点偏移到什么程度，我们应该采取什么对策措施给予补偿，使其对当地生态平衡影响最小或最有利于建立环境质量优良的新的生态系统。故动态系统模拟法是很有发展前途的综合分析方法，但该方法运行要求很高，需要对社会行为和技术发展做一系列的严格设定，因此需要花费相当大的人力、物力和财力。

2.1.4　地理信息系统技术在环境影响评价中的应用

随着环境科学理论研究和实践的不断深入以及其他相关学科的发展，环境影响评价的内容和方法也在不断地深化和拓宽。地理信息系统（geographic information system，GIS）技术的出现和逐步完善将为环境影响评价迈向信息化、现代化提供更多的技术支持。

2.1.4.1　GIS 在建设项目环境影响评价中的应用

1）建立环境标准和环境法规数据库

各种环境标准、环境法规与建设项目的性质、规模及所在的环境条件应相匹配，从而在进行具体项目环境影响评价时可以根据该项目及其所处环境的实际情况，调用该项目环境影响评价所必须遵守的环境标准和环境法规。

2）建立区域自然环境信息与社会经济信息数据库

自然环境信息包括地形、地质、水文、土地利用、土壤、动物区系和植物区系等；社会经济信息包括行政区范围、人口数量、卫生、教育、经济水平、产业结构、行业结构、基础设施、居住条件等。

3）建立区域环境质量信息与污染源信息数据库

环境质量信息包括大气、水资源、土壤、生物资源、噪声、放射性及其他有关信息；污染源信息包括工业、农业、生活、交通等污染源（数量、属性和空间信息）及污染发生所涉及的地区范围。GIS 能够方便地管理各种环境信息，并能够有效地组织这类信息进行环境统计，为环境影响评价提供基础资料。

4）建立工程项目信息数据库

工程项目信息包括建设项目的性质和规模、工艺流程、污染物种类、排放源、排放方式与排放量、环保治理技术等。

5）环境监测

利用 GIS 技术对环境监测网络进行设计，环境监测收集的信息又能通过 GIS 适时储存和显示，并对所选评价区域进行详细的场地监测和分析。

6）环境质量现状与影响评价

GIS 能够集成与场地和建设项目有关的各种数据及用于环境评价的各种模型，具有很强的综合分析、模拟和预测能力，适合作为环境质量现状分析和辅助决策工具。GIS 还能根据用户的要求，方便地输出各种评价结果、报表和图形。

7）环境风险评价

GIS 能够提供快速反应决策能力，它可用于地震和洪水的地图表示、飓风和恶劣气候建模、石油事故规划、有毒气体扩散建模等，对减灾、防灾工作具有重要的意义。

8）环境影响后评估

GIS 具有很强的数据管理、更新和跟踪能力，能协助检查和监督环境影响评价单位和工程建设单位履行各自职责，并对环境影响报告书进行事后验证。

2.1.4.2　GIS 在区域环境影响评价中的应用

GIS 具有叠置地理对象的功能，对同一区域不同时段的多个不同的环境影响因素及其特征（如环境质量、人口、经济水平、产业结构、自然景观、地貌、山川、河流等）进行特征叠加，分析区域环境质量演变与其他诸因素之间的相关关系，从而对区域的环境质量进行预测。GIS 能够有效地管理一个大的地理区域复杂的污染源信息、环境质量信息及其他有关方面的信息，并能统计、分析区域环境影响诸因素（如水质、大气、河流等）的变化情况及主要污染源和主要污染物的地理属性、特征等。此外，可利用 GIS 将区域的污染源数据库和环境特征数据库（如地形、气象等）与各种环境预测模型相关联，采用模型预测法对区域的环境质量进行预测。利用 GIS 不仅可显示原有数据的地图，还可以建立分析结果，在一张地图上显示重点污染源的位置及其对环境的影响。另外，GIS 强大的空间分析能力和图形处理能力使其可以作为各种选址选线的辅助工具。

2.2 环境影响评价的程序

2.2.1 环境影响评价的管理程序

2.2.1.1 环境影响分类筛选

所有新建或改扩建工程，都应根据环境保护部"分类管理名录"编制环境影响报告书、环境影响报告表或填报环境影响登记表。

（1）编写环境影响报告书的项目是指：对环境可能造成重大不良影响结果的项目，这些不良影响可能是敏感的、不可逆的、综合的或未曾有过的，具体指原料、产品及生产过程中涉及污染物种类多、数量大、毒性大的项目；可能对生态系统产生较大影响或产生、加剧自然灾害的项目；可能造成生物多样性急剧减少、使生态系统结构产生巨大变化的项目；容易引起跨行政区域环境影响纠纷的项目；流域开发、城市新区建设和旧区改建等开发活动项目。这类项目需要做全面的环境影响评价。

（2）编写环境影响报告表的项目是指可能对环境产生有限的不利影响的项目，这些项目产生的污染物数量少、毒性小，对水文、地貌、土壤等有一定影响。这些影响是较小的，或者减缓影响的补救措施是很容易找到的，通过控制或采取补救措施可以减缓对环境的影响。这类项目可直接编写环境影响报告表，对其中个别环境要素或污染因子需要进一步分析时，可补充单项环境影响评价专题报告。

（3）填报环境影响登记表的项目是指对环境不产生不利影响或影响极小的建设项目，这类项目基本不产生废物，不改变生态系统的结构，因此不需要开展环境影响评价，只填报环境影响登记表。

根据分类原则确定评价类别，如需要进行环境影响评价，则由建设单位委托有相应评价资格证书的单位来承担。

建设项目环境影响评价分类管理体现了管理的科学性，既保证批准建设的新项目不对环境产生重大不利影响，又加快了项目的前期工作进度，简化了手续。

2.2.1.2 评价大纲的审查

编制环境影响报告书的建设项目应编制评价大纲。评价大纲是环境影响报告书的总体设计,应在开展评价工作之前编制。评价大纲评审通过后方可开展环境影响报告书的编制。

2.2.1.3 环境影响评价的质量管理

环境影响评价项目一经确定,承担单位需根据批准的评价大纲开展工作,同时需编制监测分析、参数测定、野外实验、室内模拟、模式验证、数据处理以及仪器刻度校验等在内的质保大纲。承担单位的质量保证部门要对大纲进行审查,对其具体内容与执行情况进行检查,把好各环节和环境影响报告书质量关。质量保证工作应贯穿环境影响评价的全过程。在环境影响评价工作中,咨询有经验的专家,多与其交换意见,是做好环境影响工作的重要条件。请专家审评报告是质量把关的重要环节。

2.2.1.4 环境影响评价报告书的审批

环境评价报告编写完成后,由建设单位负责提出,报环保部门认定的环境技术评估中心(没有成立环境技术评估中心的由环保主管部门组织)审查,提出相关专家评审意见,后转报负责审批的环境保护部门进行审批。

另外,如果建设项目的性质、规模、建设等发生较大改变时,应按照有关部门规定的审批程序进行重新报批。除此之外,对于环境问题存在争议的建设项目,其相关环境影响报告书(表)可提交至上一级环境保护部门审批。

2.2.1.5 编制单位

根据《中华人民共和国环境影响评价法》的规定,环境影响报告书和环境影响报告表必须由具有环境影响评价资质的机构编制。国务院环境保护行政主管部门负责对环境影响评价单位进行考核审查,对合格者颁发建设项目环境影响评价资格证书(以下简称评价证书)。评价证书分甲级、乙级两个等级,并根据持证单位的专业特长和工作能力,按行业和环境要素划定业务范围。各评价单位必须按照评价证书所规定的等级和业务范围从事环境影响评价工作。

持有甲级评价证书的单位应当具备以下条件:

(1)具备法人资格,具有专门从事环境影响评价的机构,具有固定的工作场所和工作条件,具有健全的内部管理规章制度。

(2)能够独立完成环境影响评价工作中主要污染因子的调查分析和主要环境要素的影响预测,有能力开展生态现状调查和预测,有分析、审核协作单位提供的技术报告、监测数据的能力,能独立编写环境影响报告书。

（3）从事环境影响评价的专职技术人员中，应至少有 4 名具有高级技术职称和 6 名以上具有中级技术职称，其中有不少于 6 人具备从事环境影响评价 3 年以上的工作经验。上述所有人员必须符合环境保护部对从事建设项目环境影响评价人员的持证上岗要求，熟悉和遵守国家与地方颁布的环境保护法规、标准和环境影响评价技术规范。

（4）具备专职从事工程、环境、生态、社会经济等工作的技术人员。

（5）配备有与业务范围一致的专项仪器设备和计算机绘图设备。

甲级评价证书持证单位可以按照评价证书规定的业务范围，承担各级环境保护部门负责审批的建设项目的环境影响评价工作，编制环境影响报告书或环境影响报告表。

持有乙级评价证书的单位应当具备以下条件：

（1）具备法人资格，具有专门从事环境影响评价的机构，具有固定的工作场所和工作条件，具有健全的内部管理规章制度。

（2）能够完成环境影响评价工作中主要污染因子的调查分析和主要环境要素的影响预测，有能力开展生态现状调查和预测，有分析、审核协作单位提供的技术报告、监测数据的能力，能独立编写环境影响报告书。

（3）从事环境影响评价的专职技术人员中，应有 6 名以上具有高、中级技术职称。上述人员必须符合环境保护部对从事建设项目环境影响评价人员的持证上岗要求，熟悉和遵守国家与地方颁布的环境保护法规、标准和环境影响评价技术规范。

（4）具备专职从事工程、环境、生态、社会经济等专项工作的技术人员。

（5）配备有与业务范围一致的专项仪器设备和计算机绘图设备。

乙级评价证书持证单位可以按照评价证书规定的业务范围，承担地方各级环境保护部门负责审批的建设项目的环境影响评价工作，编制环境影响报告书或环境影响报告表。

2.2.1.6　编制人员

从事环境影响评价的专业技术人员，首先必须熟悉和遵守国家与地方颁布的环境保护法规、标准和环境影响评价技术规范，在环境评价工作中，具有高度的责任心，坚持客观、公正、实事求是的科学态度，遵守职业道德。

从 1998 年起，我国实行环境影响评价人员持证上岗制度。从事环境影响评价的专业技术人员，必须经培养后取得环境保护部颁发的个人环评上岗证书。自 2003 年起，环境保护部开展了环评高级培训，环境影响报告书的项目负责人还必须取得环境保护部颁发的该行业高级培养合格证书。同时持证人员必须应聘于一个具有独立法人资格的企业、事业单位。从 2004 年 4 月 1 日起，我国在环境影响评价行业建立了环境影响评价工程师职业资格制度。

2.2.2　环境影响评价的工作程序

2.2.2.1　环境影响评价程序

环境影响评价工作大体分为三个阶段（图 2-5）。第一阶段是准备阶段：主要研究有关文件，在此基础上进行初步的工程分析以及环境现状调查，并筛选出重点评价项目，同时确定各单项环境影响评价的工作等级，编制评价工作大纲。第二阶段为正式工作阶段：此阶段主要为进一步做工程分析以及环境现状做调查，同时进行环境影响预测和环境影响评价。第三阶段为报告书编制阶段：主要是汇总、分析第二阶段工作所得到的各种资料、数据，得出结论，完成环境影响报告书的编制。

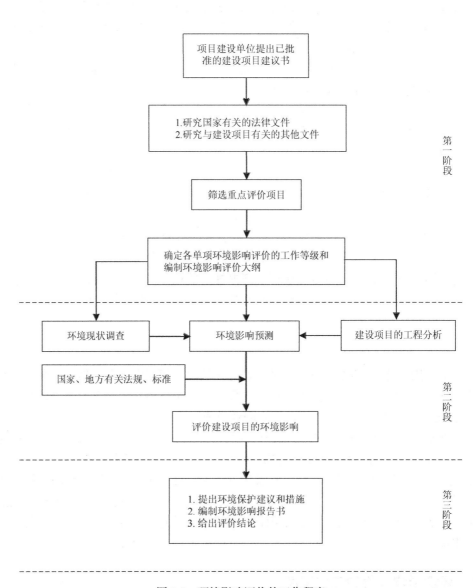

图 2-5　环境影响评价的工作程序

如通过环境影响评价对拟选厂址给出否定结论时，对新选厂址的评价需重新进行。如需进行多个厂址的优选，则应对各个厂址分别进行预测和评价。

2.2.2.2 环境影响评价工作等级的确定

环境影响评价工作的等级是指需要编制环境影响评价和各专题工作深度的划分，各单项环境影响评价划分为三个工作等级。一级评价最详细，二级次之，三级较简略。各单项环境影响评价工作等级划分的详细规定可参阅相应的评价技术导则。工作等级划分的主要依据包括：

（1）建设项目的工程特点（如工程性质、工程规模、能源及资源的使用量及类型、源项等）。

（2）项目所在地区的环境特征（如自然环境特点、环境敏感点、环境质量现状及社会经济状况等）。

（3）国家或地方政府所颁布的有关法规（包括环境质量标准和污染物排放标准）。

对于某一具体建设项目，在划分各评价项目的工作等级时，根据建设项目对环境的影响、所在地区的环境特征或当地对环境的特殊要求情况可作适当调整，但需征得当地环境保护主管部门的同意。

2.2.2.3 环境影响评价大纲的编写

环境影响评价大纲是指环境影响评价报告书的总体设计和行动指南。评价大纲需在开展评价工作前制定，它是具体指导环境影响评价的技术文件，也是检查报告书内容和质量的主要判断和依据。该文件应在充分研究以及讨论相关文件并进行初步的工程分析和环境现状调查后形成。评价大纲一般包括以下内容。

（1）总则（包括评价任务的由来、编制依据、控制污染和保护环境的目标、采用的评价标准，评价项目及其工作等级和重点等）。

（2）建设项目概况。

（3）拟建项目地区环境简况。

（4）建设项目工程分析的内容与方法。

（5）环境现状调查（根据已确定的各评价项目工作等级、环境特点和影响预测的需要，尽可能充分说明调查参数、调查范围及调查的方法、时期、地点、次数等）。

（6）环境影响预测与评价建设项目的环境影响（包括预测方法、内容、范围、时段及有关参数的估值方法，对于环境影响综合评价，应说明拟采用的评价方法）。

（7）评价工作成果清单，拟提出的结论和建议的内容。

（8）评价工作组织、计划安排。

（9）经费概算。

2.2.2.4 区域环境质量现状调查和评价

环境现状调查是各评价项目（或专题）共有的工作，虽然各专题所要求的调查内容不同，但都是为了掌握环境质量现状或本底，为环境影响预测、评价和累积效应分析以及投产后的环境管理提供基础数据。

1）环境现状调查的一般原则

根据建设项目所在地区的环境特点，结合各单项评价的工作等级，确定各环境要素的现状调查的范围，筛选出应调查的有关参数。原则上调查范围应大于评价范围，对评价区域边界以外的附近地区，若遇有重要的污染源时，调查范围应适当放大。环境现状调查应首先收集现有资料，经过认真分析筛选，择取可用部分。若这些资料仍不能满足需要，再进行现场调查或测试。

对于环境现状调查，对与评价项目有密切关系的部分应全面、详细，尽量做到定量化；对一般自然和社会环境的调查，若不能用定量数据表达时，应做出详细说明，内容也可适当调整。

2）环境现状调查的方法

环境现状调查的方法主要包括：搜集资料法、现场调查法及遥感法。表2-2对上述三种方法进行了比较。一般来说，这三种方法有机结合、互相补充是最有效和可行的。

表 2-2 环境现状调查的三种方法比较

	搜集资料法	现场调查法	遥感法
特点	应用范围广，收效大，节省人力、物力、时间	直接获取第一手资料，可弥补搜集资料法的不足	从整体上了解环境特点，特别是人们不易开展现状调查的地区的环境状况
局限性	只能获得第二手资料，往往不全面，需要补充	工作量大，消耗人力、物力和时间，往往受季节、仪器设备条件的限制	精度不高，不宜进行微观环境状况调查，受资料判读和分析技术的制约

3）环境现状调查的内容

（1）地理位置。

（2）地貌、地质和土壤情况，水系分布和水文情况，气候与气象。

（3）矿藏、森林、草原、水产和野生动植物、农产品、动物产品等情况。

（4）大气、水、土壤等和环境质量现状。

（5）环境功能情况（特别注意环境敏感点）及重要的政治文化设施。

（6）社会经济情况。

（7）人群健康状况及地方病情况。

（8）其他环境污染和破坏的现状资料。

4）环境质量现状评价

参见前述有关章节。

2.2.2.5 环境影响报告书的编制

环境影响报告书是环境影响评价工作成果的集中体现，是环境影响评价承担单位向委托单位——工程建设单位或其主管单位提交的工作文件。经环境保护主管部门审查批准的环境影响报告书是计划部门和建设项目管理部门审批建设项目可行性研究报告或设计任务书的重要依据，是进行项目正确决策的主要技术文件依据，是设计部门进行环境保护相关设计的重要参考文件，对建设单位在工程竣工后进行环境管理和污染治理工作有重要指导意义。因此，必须重视报告书的编写。环境影响报告书的编制原则与主要内容见本书第 11 章。

思　考　题

1. 简述环境影响识别的主要内容。
2. 简述指数法、矩阵法、图形叠置法等环境影响综合评价方法的适用性。
3. 如何进行环境质量现状调查？

扫二维码查看本章学习
重难点及思考题与参考答案

3 环境影响评价信息及其获取

环境影响评价信息是开展环境评价的基础，是指赋予评价指标一定的数值，以便进行模型运算。指标量化的方式有污染源调查、环境特征调查、环境质量监测、定性信息的获取以及环境模拟试验等。

3.1 污染源调查

3.1.1 污染源调查的作用

污染源是指能够产生污染物的场所、设备和装置。根据污染物的来源、特征、形态，污染源可分为不同的类型。

按照污染物的来源可分为自然污染源和人为污染源。自然污染源分为生物污染源（如鼠、蚊、蝇、菌等）和非生物污染源（如火山、地震、泥石流等）。人为污染源分为生产性污染源（如工业、农业、交通等）和生活性污染源（如住宅、学校、商业等）。

按照对环境要素的影响分为大气污染源、水体污染源、土壤污染源、生物污染源、噪声污染源等。

按污染途径分为直接污染源和转化污染源。

按污染源形态分为点源、线源和面源。

污染源调查是了解环境污染的历史和现状、预测环境污染发展趋势的前提，是环境评价工作的基础。污染源的类型、数量及其分布，各类污染源排放的污染物的种类、数量及其随时间的变化情况均可以由调查污染源来获取。通过污染源评价，可以确定一个区域内的主要污染物和主要污染源，然后提出具体可行的污染控制和治理方案，为政府决策提供技术依据。

3.1.2 污染源调查的内容

污染源排放的污染物种类、数量、排放方式、途径及污染源的类型和位置，直接关系其影响对象、范围和程度。污染源调查就是要了解和掌握上述情况及其他相关问题。

3.1.2.1 工业污染源调查

（1）企业和项目概况：包括企业或项目名称、厂址、主管机关名称、企业性质、企业规模、厂区占地面积、职工构成、固定资产、投产时间、产品、产量、产值、利润、生产水平、企业环境保护机构名称、辅助设施、配套工程、运输和储存方式等。

（2）工艺调查：包括工艺原理、工艺流程、工艺水平、设备水平、环保设施等。

（3）能源、水源、辅助材料情况：包括能源构成、成分、单耗、总耗，水源类型、供水方式、供水量、循环水量、循环利用率、水平衡；辅助原材料种类、产地、成分及含量、消耗定额、总消耗量。

（4）生产布局调查：包括企业总体布局、原料和燃料堆放场、车间、办公室、厂区、居民区、废渣堆放区、污染源位置、绿化带等。

（5）管理调查：包括管理体制、编制、生产制度、管理水平及经济指标；环境保护管理机构编制、管理水平。

（6）污染物治理调查：包括工艺改革、综合利用、管理措施、治理方案、治理工艺、投资、治理效果、运行费用、副产品的成本及销路、存在问题、改进措施、今后污染治理规划或设想。

（7）污染物排放调查：包括污染物种类、数量、成分、性质，排放方式、规律、途径，排放浓度、排放量；排放口位置、类型、数量、控制方法；排放去向、历史情况、事故排放情况。

（8）污染危害调查：包括人体健康危害调查、动植物危害调查、污染物危害造成的经济损失调查、危害生态系统情况调查。

（9）发展规划调查：包括生产发展方向、规模、指标、"三同时"措施，预期效果及存在问题。

3.1.2.2　农业污染源调查

农业生产过程中，农药、化肥的不合理使用会给环境造成污染。另外，农业废物也会造成环境污染。

（1）农药使用情况调查：包括农药品种，使用剂量、方式、时间，施用总量、年限，以及有效成分含量、稳定性等。

（2）化肥使用情况调查：包括使用化肥的品种、数量、方式、时间，以及每亩（1 亩 $\approx 666.67m^2$）平均施用量。

（3）农业废物调查：包括农作物秸秆、牲畜粪便、农用机油渣等。

（4）农用机械使用情况调查：包括汽车和拖拉机台数、耗油量、行驶范围和路线，以及其他机械的使用情况等。

3.1.2.3　生活污染源调查

生活污染源主要指住宅、学校、医院、商业及其他公共设施。主要污染物有污水、粪便、垃圾、污泥、烟尘及废气等。

（1）城市居民人口调查：包括总人数、总户数、流动人口、人口构成、人口分布、密度、居住环境。

（2）城市居民用水和排水调查：包括用水类型，人均用水量，办公楼、旅馆、商店、医院及其他单位的用水量；排水管网情况，机关、学校、商店、医院有无化粪池及小型污水处理设施。

（3）民用燃料调查：包括燃料构成、来源、成分、供应方式，燃料消耗量及人均燃料消耗量。

（4）城市垃圾及处理方法调查：包括垃圾种类、成分、构成、数量及人均垃圾量，垃圾场的分布，垃圾的运输方式、处理方式，处理场自然环境，垃圾处理效果，投资、运行费用，管理人员、管理水平。

3.1.2.4　交通污染源调查

随着人们生活水平的不断提高，汽车拥有量不断增加，交通污染越来越引起人们的重视。交通污染调查的主要内容包括：

（1）噪声调查，如车辆种类、数量，车流量，车速，路面状况，绿化状况，噪声分布。

（2）汽车尾气调查，如汽车的种类、数量、用油量，燃油构成，排气量，排放浓度。

另外，根据评价区的具体情况，除上述调查内容外，还可以增设其他污染源的调查内容。同时，在进行污染源调查时，自然环境背景调查以及社会背景调查也需同时进行。自然环境背景调查包括地质、地貌、气象、水文、土壤、生物等；社会背景调查包括居民区、水源区、风景区、名胜古迹、工业区、农业区、林业区等。

3.1.3　污染源调查的方法

3.1.3.1　区域污染源调查

区域污染源调查分为普查和详查两个阶段，其方法是社会调查，包括印发各种调查表，召开各种类型、不同规模的座谈会，到现场调查、访问、采样和测试等。

1）普查

对于工业等污染源，首先从有关部门查清区域内的工矿、交通运输等企事业单位的名单，采用发放调查表的方式对每个单位的性质、规模、排污情况进行概略性的调查；在调查农业污染源和生活污染源时，可到主管部门收集农业、渔业、畜牧业的基础资料、人口统计资料、供排水和生活垃圾排放资料等，通过对各种资料的分析和预测，得出评价区域内污染物排放的基本情况，再在普查的基础上，确定重点调查（详查）对象。

2）详查

详查是对重点污染源展开的系统调查。重点污染源是指污染物排放种类多（特别是危险污染物）、排放量大、危害程度大、影响范围广的污染源。一般情况下，重点污染源排放的主要污染物占调查区域内总排放量的 60%以上。详查时，调查人员需深入现场实地调查和开展监测，并通过计算取得系统的数据。

经过普查和详查资料的综合，总结出评价区域内污染源的详细状况。

3.1.3.2 具体项目的污染源调查

具体项目的调查方法类似于区域污染源调查中的"详查"，包括以下内容。

1）排放方式、排放规律调查

要调查废水有无排污管道，是否做到清污分流，通过调查说明废水和废液的种类、成分、浓度、排放方式、排放去向和处置方式；要调查废气排放方式（有无组织排放），若有组织排放，还要调查其源强、排放方式和排放高度等；固体废（弃）物要调查废渣中的有害成分、溶出浓度、数量、处理和处置方式及储存方法。此外，还要调查污染物的排放规律。

2）污染物的物理、化学及生物特性

要调查重点污染源所排放的污染物的种类及其理化性质，根据其对环境的影响和排放量，确定评价因子。

3）对主要污染物进行追踪分析

对代表重点污染源特征的主要污染物要进行追踪分析，弄清其在生产工艺中的流失原因及重点发生源，以便针对性地采取措施以减少污染物排放。

4）污染物流失原因分析

用生产管理、能耗、水耗、原材料消耗量定额，根据工艺条件计算理论消耗量，调查国内、国际同类型的先进工厂各种资源的消耗量，与重点污染源的实际消耗量进行比较，找出差距，分析原因。另外，还要进行设备分析和生产工艺分析，查找污染物流失的原因，计算各类原因影响的比重。统计污染物排放量的过程中，新建项目主要涉及两个方面：一方面是工程自身的污染物设计排放量；另一方面是按治理规划和评价规定措施实施后能够实现的污染物削减量。二者之差才是评价需要的污染物最终排放量。对于改扩建项目和技术改造项目，污染物排放量的统计主要包括三个方面：一是改扩建项目和技术改造前现有污染物的实际排放量；二是改扩建和技术改造项目实施的自身污染物排放量；三是实施治理措施后能削减的污染物量。

3.1.4 污染物排放量的估算

污染物排放量的确定是污染源调查的核心问题。生产过程中排放的污染物质来源于原材料、产品的流失以及副产品的排放等方面，可以由物料衡算法来推算污染物的排放量和排放浓度，也可以采用实测法、排放系数法和类推法求得污染物的排放量。

3.1.4.1 物料衡算法

物料衡算法是根据生产过程中投入的物料量应等于产品中所包含这种物料的量与这种物料流失量的总和进行计算，即某种产品生产过程中投入一种物料 i 的总量 M_i，等于经过工艺过程进入产品中的量 P_i，回收的量 R_i，转化为副产品的量 B_i，以及进入废水、废气、废渣中成为污染物的量 W_i 之和，即

$$M_i = P_i + R_i + B_i + W_i \tag{3-1}$$

通过对工艺过程中物料衡算或对生产过程进行实测，可以确定每一项的量。如果该产品的产量为 G，则可以求出单位产量的投料量 m_i 和单位产品的排污量 w_i：

$$m_i = \frac{M_i}{G} \tag{3-2}$$

$$w_i = \frac{W_i}{G} \tag{3-3}$$

单位产品的总排污量是进入废水（w_{iw}）、废气（w_{ia}）和废渣（w_{is}）中的该物料的总和，即

$$w_i = w_{iw} + w_{ia} + w_{is} \tag{3-4}$$

如果废水、废气、废渣经过一定的处理后排放，其处理过程的去除率分别为 η_w、η_a 和 η_s，则生产单位产品排入环境中的该污染物量为

$$d_{iw} = (1 - \eta_w)w_{iw} + (1 - \eta_a)w_{ia} + (1 - \eta_s)w_{is} \tag{3-5}$$

许多产品生产的工艺规程中规定了原料-成品的转化率、原料副产品的转化率以及单位产品的排污量等指标，可以依据这些定额推算污染物的排放量。

3.1.4.2 排放系数法

排放系数法有三类：单位产品基、单位产值基和单位原料基。已知某行业的某种产品的产量、产值或原材料消耗量，将其乘以相应的排污系数便可求得污染物的排放量，即

$$D_i = M_{ip} G_i \tag{3-6}$$

$$D_i = M_{im} Y_i \tag{3-7}$$

$$D_i = M_{ir} R_i \tag{3-8}$$

式中，D_i 为 i 污染物的排放量（kg/a）；M_{ip}、M_{im}、M_{ir} 为单位产品的排污系数（kg/t）、万元产值的排污系数（kg/万元）、单位原料消耗的排污系数（kg/t）；G_i、Y_i、R_i 为产品年产量（t/a）、年总产值（万元/a）、原材料年消耗量（t/a）。

3.1.4.3 实测法

实测法即按照监测规范，连续或间断采样，分析测定工厂或者车间外排的废水以及废气的量和浓度。污染物排放量按下述公式计算：

$$d_{iw} = c_{iw} \cdot Q_{iw} \times 10^{-6} \tag{3-9}$$

$$d_{ia} = c_{ia} \cdot Q_{ia} \times 10^{-9} \tag{3-10}$$

式中，d_{iw}、d_{ia} 为水污染物、大气污染物的排放量（t/a）；c_{iw}、c_{ia} 为水污染物浓度（mg/L）、大气污染物浓度（mg/m^3）；Q_{iw}、Q_{ia} 为废水、废气排放量（m^3/a）。

3.1.4.4 燃烧过程主要污染物的计算

我国的能源构成中，煤占 70%，而且以煤为主的能源结构在短期内不会改变，煤燃

烧会产生大量烟尘、二氧化硫等污染物，是造成大气污染的重要因素，也是环境评价中污染物计算的重要内容。

1）二氧化硫排放量的计算

煤中的硫有三种存在状态：有机硫、硫铁矿以及硫酸盐。煤燃烧时，只有有机硫和硫铁矿中的硫可以转化为二氧化硫，硫酸盐则以灰分的形式进入灰渣中。一般情况下，可燃硫占总硫量的 80%左右。燃煤产生的二氧化硫的计算公式如下：

$$G = B \times S \times 80\% \times 2 \qquad (3\text{-}11)$$

式中，G 为二氧化硫的产生量（kg）；B 为燃煤量（kg）；S 为煤的含硫量（%）。

2）燃煤烟尘排放量的计算

燃煤烟尘包括黑烟和飞灰两部分，黑烟是没有完全燃烧的炭粒，飞灰是烟气中不可燃烧的矿物微粒，是煤的灰分的一部分。黑烟的排放量与炉型和燃烧状况有关，燃烧越不完全，烟气中的黑烟浓度越大；飞灰的量与煤的灰分和炉型有关。一般根据耗煤量、煤的灰分和除尘效率来计算燃煤产生的烟尘量。

$$G_{烟尘} = B \times A \times \mathrm{df} \times (1 - \eta) \qquad (3\text{-}12)$$

式中，$G_{烟尘}$ 为烟尘排放量（kg）；B 为燃煤量（kg）；A 为煤的灰分含量（%）；df 为烟气中烟尘占灰分量的质量分数（%），与燃烧方式有关（表 3-1）；η 为除尘器的总效率（%）。

表 3-1   不同炉型的烟气中烟尘占灰分量的百分数（df 值）

炉型	df 值/%	炉型	df 值/%
手烧炉	15~20	煤粉炉	70~80
链条炉	15~20	往复炉	15~20
抛煤炉	20~40	化铁炉	25~35
沸腾炉	40~60		

各种除尘器的效率不同，具体情况可参照有关除尘器的说明书。如安装了 2 级除尘器，则除尘器系统的总效率为

$$\eta = 1 - (1 - \eta_1)(1 - \eta_2) \qquad (3\text{-}13)$$

式中，η_1 为一级除尘器的除尘效率（%）；η_2 为二级除尘器的除尘效率（%）。

3.1.5　污染源评价

3.1.5.1　污染源评价的目的

污染源评价的目的是通过分析比较，确定主要污染物和主要污染源，为污染治理和区域治理规划提供决策依据。各种污染物具有不同的特性和环境效应，要对污染源和污染物进行综合性的评价，必须综合考虑排污量与污染物危害性这两种因素。为了便于分

析比较，需要把这两个因素综合到一起，形成一个可把各种污染物或污染源进行比较的指标，以确定各种污染物对环境影响的大小顺序。

污染源评价是污染源调查的继续和深入，是污染源调查工作的综合结论。

3.1.5.2　污染源评价项目和评价标准

污染源评价的项目一般是评价范围内引起污染的主要污染源和污染物。《工业污染源调查技术要求及其建档技术规定》是全国性的污染源评价标准，原则上各地在进行污染源评价时应执行这一标准。但是，在环境影响评价的污染源调查和评价中通常把对应的环境质量标准和排放标准作为污染源评价的标准。

3.1.5.3　污染源评价的方法

一般采用等标污染负荷法进行污染源的评价。某种污染物的等标污染负荷的定义为

$$P_{ij} = \frac{C_{ij}}{C_{0i}} Q_{ij} \tag{3-14}$$

式中，P_{ij} 为第 j 个污染源中第 i 种污染物的等标污染负荷；C_{ij} 为第 j 个污染源中第 i 种污染物的排放浓度；C_{0i} 为第 i 种污染物的评价标准；Q_{ij} 为第 j 个污染源中第 i 种污染物的排放流量。

如果第 j 个污染源中有 n 种污染物参与评价，则该污染源的总等标污染负荷为

$$P_j = \sum_{i=1}^{n} \frac{C_{ij}}{C_{0i}} Q_{ij} \tag{3-15}$$

如果评价区域内有 m 个污染源含有第 i 种污染物，则该种污染物在评价区内的总等标负荷为

$$P_i = \sum_{j=1}^{m} \frac{C_{ij}}{C_{0i}} Q_{ij} \tag{3-16}$$

该地区的总等标负荷为

$$P = \sum_{i=1}^{n} P_i = \sum_{j=1}^{m} P_j \tag{3-17}$$

评价区内第 i 种污染物的等标负荷比 K_i 为

$$K_i = \frac{P_i}{P} \tag{3-18}$$

评价区内第 j 个污染源的等标负荷比 K_j 为

$$K_j = \frac{P_j}{P} \tag{3-19}$$

按照评价区内污染物的等标负荷比 K_i 排序，将累计百分比大于 80% 的污染物称为评

价区内的主要污染物。同样，按照评价区内污染源的等标负荷比 K_j 排序，将累计百分比大于 80% 的污染源称为评价区内的主要污染源。

值得注意的是，利用等标污染负荷法容易识别一些毒性大、易于在环境中积累的污染物，但流量小的污染物不属于主要污染物，不容易被识别。因此，可以采用排毒系数法评价污染源。污染物的排毒系数定义为

$$F_i = \frac{m_i}{d_i} \tag{3-20}$$

式中，F_i 为污染物的排毒系数；m_i 为污染物的排放量（mg/d）；d_i 为能导致一个人出现毒性作用反应的污染物最小摄入量（mg/人）。

某污染源、某区域、全区域的排毒系数和排毒系数比也有类似式（3-15）～式（3-20）的表达式，可采用同样的方法确定主要污染物和主要污染源。

3.2　环境特征调查

环境特征调查包括环境背景调查与环境现状调查。

3.2.1　环境背景调查

环境背景值是环境评价的重要基础资料。环境背景值的调查样品应满足一定数量要求，要能够确定样品值的出现频率与分布规律，当其分布符合正态分布规律时，背景值可以取平均值。

$$\bar{x} = \frac{1}{n} \sum_{i=1}^{n} x_i \tag{3-21}$$

式中，x_i 为第 i 个样品中某物质的数值；n 为样品的数量。

样品的误差可以用标准误差表示：

$$S = \sqrt{\frac{1}{n} \sum_{i=1}^{n} (x_i - \bar{x})^2} \tag{3-22}$$

3.2.2　环境现状调查

3.2.2.1　环境现状调查方法

环境现状调查主要有三种方法：收集资料法、现场调查法和遥感调查法。这三种调查方法互相补充，在实际调查工作中，应根据具体情况加以选择和应用。

1）收集资料法

收集资料法是环境现状调查中普遍应用的方法，其应用范围广、收效较大，比较节省人力、物力和时间，在实际采用收集资料法时应优先选用有关权威部门获得的、能够描述环境质量现状的现有数据。但这种方法调查所获得的资料往往与调查的主观要求有

出入。在这种情况下，需要用其他方法加以补充，以完善调查结果（刘天齐，2001）。

2）现场调查法

现场调查法可以根据调查者的主观要求，在调查时空范围内直接获得第一手的数据和资料，以弥补收集资料法的不足。但这种方法的不足是工作量大，而且要花费大量的人力、物力、财力和时间，调查工作非常复杂艰巨，有时甚至受到被调查单位的抵触。另外，现场调查法还会受到季节、仪器设备等客观条件的限制（刘天齐，2001）。

3）遥感调查法

遥感调查法可以从整体上了解一个地区的环境状况，特别是可以弄清人们无法或不易到达地区的环境特征，如大面积的森林、草原、荒漠、海洋等以及大面积的山区地形、地貌状况等。但是，遥感调查法获得的数据一般不像前两种调查方法所获取的数据和资料那样准确。遥感调查法通常只用于大范围的宏观环境状况的调查，是一种辅助性的调查方法。使用这种方法时，一般通过解译已有的航拍照片或卫星照片来获得所需的数据（刘天齐，2001）。

3.2.2.2　自然环境调查

1）地质环境调查

（1）地质。一般只需根据现有资料，概要说明调查范围内的地质状况，如地层概况、地壳构造的基本形式、物理与化学风化情况、已探明或已开采的矿产资源情况等。有时根据需要对地质构造做进一步的调查，如对断层、断裂、坍塌、地面沉陷等的调查。调查一般以图为主，并辅以文字说明。

（2）地形地貌。地形地貌的调查包括应用适宜比例尺的地形图来展示调查范围内的地形起伏特征、地貌类型以及岩溶地貌、冰川地貌、风成地貌等地貌特征。除此之外，还应该调查危害性地貌现象（如崩塌、滑坡、泥石流、冻土等）。地形地貌的特征直接影响人们的生产和生活。同时，人们的生产生活也会影响地形地貌。所以调查时还应了解地形地貌的历史变迁情况，预测今后的发展趋势。

2）水环境调查

（1）地面水。地面水往往是工农业用水和生活饮用水的主要来源，同时也常常是废水的受纳水体。调查地表水的环境状况，明确地表水的功能区划，是水环境评价的基础。地面水环境调查内容如下。

河流：主要调查丰水期、平水期以及枯水期的划分；河流的弯曲程度；横断面、纵断面、水位、水深、水温、河宽、流量、流速及其分布；丰水期有无分流漫滩，枯水期有无浅滩、沙洲和断流；北方河流还应了解结冰、封冻、解冻等自然现象；河网地区还应了解各河段流向、流速以及流量的关系及其变化特征。

湖泊、水库：主要调查湖泊、水库的面积和形状，应附有平面图；丰水期、平水期、枯水期的划分；流入、流出的水量，停留时间；水量的调度；水深；水文分布情况；水温分层情况及水流状况等。

海湾：主要调查海底地形；潮位及水深变化，潮流状况；流入的河水流量、盐度和温度的纵向分布情况；水温、波浪情况；内海水与外海水的交换周期等。

降水：主要调查常年平均降水量、降水天数、暴雨次数、暴雨程度等。

（2）地下水。地下水主要调查水文地质条件，包括含水层埋藏深度、含水厚度、渗透性，地下水流向、流速、水位，径补排关系，与地面水的联系等；水文地球化学特征，主要是地下水类型、pH、溶解气体成分及含量等；地层分布及岩性；土壤特征，包括土壤类型、分布、物理性质和化学组分、植被情况等；土地和水资源的利用情况等（刘天齐，2001）。

3）大气环境调查

气候与气象资料主要描述一个地区的大气环境状况。它不仅与人们生活密切相关，也与各种生产活动和大气污染程度密切相关。适宜的气候与气象条件有利于人们居住生活，以及各类生产活动的开展，也有利于大气污染物的输送和扩散。所以，在进行环境评价时，应重视气象资料的调查。大气环境调查的主要内容包括：

（1）一般气候特征。根据气象资料，调查该地区长年或年平均风速、主导风向、风向风速频率分布、平均气温、平均最高气温、平均最低气温、极端最高气温、极端最低气温、平均气压、平均湿度、平均降水量、降水天数、降水量极值、日照时数等。

（2）灾害性天气。某些天气可能给生产和生活带来巨大损失，这种天气称为灾害性天气。灾害性天气有梅雨、寒潮、冰雹、大风、台风、雷雨、雾、沙尘暴、扬沙、暴雨等。应调查这些异常天气的平均出现次数、季节分布、强度、持续时间等。

（3）污染气候特征。描述污染气象资料特征的主要参数包括混合层高度、大气稳定度、逆温层和风向风速等。

4）土壤环境调查

土壤环境调查包括：土壤的剖面结构、土壤发生层次、质地层次和障碍层次资料；土壤的化学性质；土壤黏土矿物；土壤成土母质以及土壤微生物等。

5）生物环境调查

生物环境调查主要包括：动物、植物，特别是珍稀、濒危物种的情况，如种类、数量、分布、生活史，生长、繁殖和迁移行为的规律；生态系统的类型；人类干扰程度等。

3.2.2.3 社会经济环境调查

1）人口调查

人口调查的主要内容：人口数量（包括人口总量及分布、人口密度及分布、人口自然增长率、城乡人口数量、未来人口数量发展趋势等）、人口年龄结构（包括不同年龄段的人口数量及地域分布差异、确定人口年龄结构特征等）、人口性别分布、人口平均寿命、人口文化素质状况（包括受过高、中、低程度教育的人口数量、文化素质变化趋势等）、人口就业状况（包括第一产业、第二产业、第三产业就业人口数量及变化趋势，待业人口数量及变化趋势）、人口居住条件（包括人均居住面积、成套住房拥有量）等。

2）经济结构调查

（1）产业结构调查。产业结构调查主要调查第一产业、第二产业、第三产业的比例关系，环境保护产业、高新技术产业各自在 GDP 中所占的比例；对于工业结构，要调查清楚重污染型、轻污染型、清洁生产型工业之间的比例关系，工业部门各行业之间的比例关系、产品及规模结构等。

（2）能源结构调查。调查煤、石油、天然气、水电、核电、地热、太阳能、风能、海洋能等之间的比例关系，不可更新资源和可更新资源的比例关系，排放二氧化碳及其他污染物的能源与不排放二氧化碳的清洁能源之间的比例关系等。

（3）投资结构调查。调查各类开发建设活动的投资比例，如工业、农业、林业、海洋资源开发、矿产资源开发、高新技术产业、环境保护产业等投资的比例关系，以及环境保护投资占同期 GDP 的百分比。

3）工业调查

主要调查工业总产值、主要产品产量、工业企业分布、工业经济密度、工业结构（包括行业结构、产品结构、原料结构和规模结构）、能源结构以及企业清洁生产状况等。

4）农牧渔业调查

主要调查农业总产量、农业耕地面积（包括粮食面积、棉花面积、油料面积及其他经济作物面积）、主要农产品产量（包括粮、棉、油以及其他主要经济作物的总产量和单产量）、农业优良品种和先进耕作方法推广情况、农业用水情况、生态农业情况、土地利用情况（包括高产丰产田面积、盐渍耕地面积、沙化耕地面积、不适宜农用耕地面积等）、劳动力情况（包括劳动力总量、剩余劳动力总量及出路等）。调查从事渔业生产的总人口数、渔业总产值、主要产品产量、主要产品品种、渔业总吨位及燃油总量等。调查从事畜牧业人口总数、总产值，牲畜总头数、主要品种，主要畜产品产量，牧场面积，单位面积牧场的载畜量，草场的退化情况等。

5）交通运输调查

主要调查铁路通车总里程、机车牵引动力情况、运营状况等，公路通车总里程、高速公路总里程、高等级公路总里程、公路密度分布等，水路通航总里程、船舶总吨位、船舶总数量、码头情况等，城市交通状况、机动车总拥有量、道路网密度、道路总长度等。

6）科技调查

主要调查科技系统的结构（如基础研究、应用基础研究及开发应用研究的比例关系）、科学技术的转化及应用情况等。

3.2.2.4　人体健康调查

1）基础资料

基础资料主要包括环境监测资料，居民经济文化状况、卫生健康饮食习惯，人口及年龄分布情况、性别构成、性别比、平均预期寿命、传染病、地方病、常见病及其他有关资料。

2）死亡回顾调查

按国际疾病分类标准进行死因排序及恶性肿瘤排序，死亡率统计中应对那些诊断证据不足的予以分析，以确定统计资料的可信度。

3）健康状况

（1）有关疾病的现状体检。体检对象的选择应首先考虑无职业性接触有毒有害物质及无吸烟、饮酒等不良习惯，因此通常以居住 5 年以上的中小学生为主要选择对象。调查前需进行仔细、周密的统计学设计。除此之外，要有足够的样品量及选择足够容量的合适的对照组，利用已有知识，在设计中尽可能排除干扰因素，体检前应制定有关标准并进行人员培训，以达到标准与方法的统一。

（2）儿童生长发育及生理功能检查。

（3）生理缺陷调查。

（4）生物材料检测。

3.3　环境质量监测

3.3.1　环境质量监测的目的

环境评价所进行的环境质量监测与常规的环境质量监测在目的上有很大的差异。常规监测主要目的是正确掌握环境质量的现状，并从长期积累的监测资料中总结出环境质量的历史性变化规律。环境评价的环境监测的目的除了掌握环境质量现状外，更重要的是希望能在此基础上，借助于环境质量的变异规律预测出拟开展的人类活动对环境质量的影响。

3.3.2　环境质量监测方案

3.3.2.1　确定监测项目

表征环境质量的因子很多，监测不可能也没有必要面面俱到，一般根据下列原则从中选择一些项目进行监测：对环境质量影响大的污染物优先；有可靠监测手段并能由此获得准确数据的污染物优先；已有环境标准或有可比性资料依据的污染物优先；拟开展的人类活动预计会向环境排放的污染物优先。

3.3.2.2　确定监测范围

不同的环境评价任务的监测范围差异很大。例如，建设项目环境影响评价、区域环境影响评价和环境风险评价的监测范围就有很大的不同。即便是同属于建设项目的环境影响评价，由于建设项目性质、规模、工艺流程等的不同，评价等级也不尽相同，相应的监测范围也不一样。

3.3.2.3　确定监测频率

确定监测频率主要是为了掌握环境质量随时间的变化规律。由于环境质量的变化不仅和污染物排放有关，还和环境要素的特点有关。因此，监测频率必须根据污染物的排放情况和环境要素的实际情况来确定。

3.3.2.4 确定监测点位

确定不同监测点位主要是为了掌握环境质量随空间的变化规律。监测点位的布置与环境要素、监测项目有关，具体的布置方法有扇形布点法、同心圆布点法、网格布点法和功能区布点法，可根据实际情况选择其中一种进行布点。

3.3.3 地表水环境质量监测

3.3.3.1 监测项目

地表水的监测项目根据地表水的类型不同有所差异，表 3-2 列出了不同地表水的监测项目。在进行地表水监测时还应同期进行水文监测，包括河道断面、水文、流量变化等的监测。

表 3-2 地表水监测项目

地表水类型	必测项目	选测项目
河流	水温、pH、悬浮物、总硬度、电导率、溶解氧、COD、BOD_5、氨氮、亚硝酸盐氮、硝酸盐氮、挥发酚、氰化物、砷、汞、六价铬、铅、镉、石油类等	硫化物、氟化物、氯化物、有机氯农药、有机磷农药、总铬、铜、锌、大肠杆菌、总 α、总 β、铀、镭、钍等
饮用水源地	水温、pH、浑浊度、总硬度、溶解氧、COD、BOD_5、氨氮、亚硝酸盐氮、硝酸盐氮、挥发酚、氰化物、砷、汞、六价铬、铅、镉、氟化物、细菌总数、大肠菌群数等	锰、铜、锌、阴离子洗涤剂、硒、石油类、有机氯农药、有机磷农药、硫酸盐、碳酸根等
湖泊、水库	水温、pH、悬浮物、总硬度、溶解氧、透明度、总氮、总磷、COD、BOD_5、挥发酚、氰化物、砷、汞、六价铬、铅、镉等	钾、钠、藻类（优势种）、浮游藻、可溶性固体总量、铜、大肠菌群数等
排污河渠	根据纳污情况确定	

3.3.3.2 监测范围与布点

地表水的监测范围一般根据污水排放量和水域规模确定（表 3-3）（张从，2002），采样点的布置则根据地表水的类型和规模确定（表 3-4～表 3-6）。

表 3-3 地表水环境现状调查范围

污水排放量/(m³/d)	河流调查长度/km			湖泊	
	大河（流量>150m³/s）	中河（流量在 15～150m³/s）	小河（流量<15m³/s）	调查半径/km	调查面积/km²
>50000	15～30	20～40	30～50	4～7	25～80
50000～20000	10～20	15～30	25～40	2.5～4	10～25

续表

污水排放量/(m³/d)	河流调查长度/km			湖泊	
	大河 （流量＞150m³/s）	中河 （流量在 15～150m³/s）	小河 （流量＜15m³/s）	调查半径/km	调查面积/km²
20000～10000	5～10	10～20	15～30	1.5～2.5	3.5～10
10000～5000	2～5	5～10	10～25	1～1.5	2～3.5
＜5000	＜3	＜5	5～15	≤1	≤2

表 3-4　河流断面垂线设置

河流水面宽度/m	垂直线	说明
≤50	一条（中泓线）	断面垂直线应避开污染带，需要监测污染带时，可在污染带酌情增加垂线，没有污染的河流，并有充分数据证明断面水质均匀时，可只设中泓一条垂线
50～100	两条（左右岸边有明显水流处）	
＞100	三条（左、中、右）	

表 3-5　河流断面垂直线上采样点的设置

水深/m	采样点数	说明
≤5	一点（水面下 0.5m 处）	1. 水深不足 1m 时，在 1/2 水深处 2. 河流封冻时，在冻下 0.5m 处 3. 有充分数据证明垂直线上水质均匀时，可酌情减少采样点
5～10	两点（水面下 0.5m 处，河床上 0.5m 处）	
＞10	三点（水面下 0.5m 处，1/2 水深处，河床上 0.5m 处）	

表 3-6　湖泊（水库）监测点采样位置

监测点水深/m	分层采样位置
＜5	表层（水面下 0.5m）
5～10	表层、底层（湖底上 0.5m）
10～15	表层、中层（水面下 10m）、底层
＞15	表层，斜温层上、下及底层

3.3.3.3　监测频率

依据当地的水文水质资料确定可代表监测水域的丰水期、平水期、枯水期的季节或月份。一级评价需监测 3 次，分别在丰水期、平水期和枯水期进行，每次进行水文水质同步监测 7 天。二级评价监测两次，分别在丰水期和枯水期进行，每次进行水文水质同步监测 5 天。三级评价只需在枯水期或水质较差时监测 1 次，水文水质同步调查 3 天（张从，2002）。

对于潮汐河流，每天两涨两落，需加密监测次数。潮汐影响小的河流，每隔 3～4h 采 1 次水样，静水 4～12h 采样 1 次。

3.3.4　地下水环境质量监测

3.3.4.1　监测项目

地下水监测项目的选择应遵循下述原则：①属于建设项目自身排放的主要污染物；②在现有监测资料中已被检出超标的污染物；③为划分地下水质类型和反映水质特征的常规监测项目（如矿化度、总硬度、钾、钠、钙、镁、重碳酸根、硫酸根、氯离子等）；④常见的有害物质（如硝酸盐氮、酚、氰、有机氯等）；⑤细菌指标（如细菌总数、大肠菌群）。

3.3.4.2　监测范围与布点

在透水性良好或污染源年限较长的地区，其污染范围往往较大，监测范围应适当加大，反之监测范围可相应缩小。

监测井位的布置应主要考虑水文地质条件、地下水的开采情况、污染物的扩散规律以及该地区的水化学特征等因素。监测点的密度可根据评价等级取 0.2～1 点/km^2。

监测点的布置形式可根据污染物的种类和该地区的扩散条件确定。对于点源可沿地下水流向布点，以监测污染带长度，同时在垂直于地下水流向布点以监测污染带宽度；线源应选择垂直于污染体布置；面源一般采用网格法布置监测点。

3.3.4.3　监测频率

在一个水文年内，一般按枯水期、平水期、丰水期各采样一次。若地表水和地下水需同时监测，那么两者的采样时间应一致。采样频率按每个采样期至少采样一次，如遇异常情况应适当增加采样次数。

3.3.5　大气环境质量监测

3.3.5.1　监测项目

大气环境质量监测的项目包括总悬浮颗粒物（TSP）、PM$_{10}$、SO$_2$、NO$_x$、CO 和光化学氧化剂等，应根据评价项目的特点和当地大气污染状况对污染因子进行筛选，选择项目等标排放量比较大的污染物和评价区内已造成严重污染的污染物作为监测项目，一般不宜超过 5 个。由于大气环境污染物的时空变化规律和气象条件密切相关，因此，在进行大气环境质量监测时应同步进行气象观测。

3.3.5.2　监测范围与布点

对于以高架点源为主要污染源的建设项目，监测半径一般取最大落地距离的1～2倍。

3.3.5.3　监测频率

监测频率一般根据评价等级确定。一级评价每季监测一次；二级评价冬、夏、春（或秋）三次；三级评价1月、7月两次。每期监测3～7个监测日，如遇特殊情况监测数据无法使用，则需补足相应数据。

3.3.6　土壤环境质量监测

3.3.6.1　监测项目

土壤监测项目一般按土壤评价工作的需要安排。目前，土壤监测项目一般包括金属元素、微量元素、农药及其他污染物。

3.3.6.2　采样单元的确定

因土壤本身在空间分布上具有很大的不均匀性，所以一个采样单元是指由若干个不同方位上的样品经过均匀混合后所得到的样品。

采样点的数量和间距大小可由调查的目的和条件来确定，一般来说，靠近污染源的采样点间距小些，远离污染源的采样点间距可稍大。对照点应设在远离污染源、不受其影响的地方。

样品数量可按数理统计学的要求结合人力、物力等条件确定。

3.3.6.3　布点方法

土壤监测的布点方法有网格布点法、对角线布点法、梅花形布点法、蛇形布点法等。可根据评价范围、评价工作等级等选择合适的布点方法。

3.3.6.4　采样点的深度

采样点可取表层（0～20cm）和底层（20～40cm）土，主要土类和母质的样点，应根据土壤剖面在相应位置取样。每个采样点取土1kg。

3.4 定性信息的获取

对于环境评价的某些定性质量指标，既不能通过资料收集进行赋值，也不能通过调查、采样、监测甚至预测进行赋值，在此情况下，可考虑专家咨询法进行赋值。

3.4.1 专家咨询法的特点

专家咨询法是一种古老的方法，它的具体做法是组织环境科学领域（或相关领域）的专家，运用专业方面的经验和理论对环境质量指标进行赋值。这种方法在缺乏原始资料或难以用数学模型定量的情况下，显得格外重要。

现代专家咨询法具有如下特点：

（1）充分利用专家的创造性思维对环境进行评价。

（2）依靠专家集体的智慧而不是依靠个别或少数专家，从而消除了个别专家的片面性和局限性。

（3）现代专家咨询是在定性分析的基础上，以打分方式进行定量评价。

3.4.2 专家咨询法的实施

3.4.2.1 确定咨询主题

咨询主题是否合理、是否具有代表性是专家咨询法能否取得客观、公正结论的关键，在确定咨询主题时要注意以下几个问题。

（1）问题要集中。环境问题所涉及的范围比较广泛，对于某一环境质量评价，通常有一两个主要环境问题是制约经济发展的因素。由此可见，问题要集中并且具有针对性，不要过于分散，以便使整个时间构成一个有机的整体。

（2）调查表要简明。调查表应有助于而不是误导专家做出评价，应使专家把主要精力用于思考问题上，而不是用来理解复杂的、混乱的调查表。调查表的应答要求最好是选择或填空。调查表还应留有足够的位置，以便专家发表自己的意见。

（3）向专家提供背景资料。环境科学是多学科相互交叉、相互渗透的学科，无法要求每一个专家对所有知识都了解透彻。因此，有必要提供必要的背景材料，以便专家答题时参考。

3.4.2.2 专家的选择

专家的选择是决定咨询法成败的关键。专家一般是指在该领域从事 10 年以上技术工作的专业人员。在组织预测或评价时，所选的专家不能仅仅局限于一个领域，应注意选择一些相关领域的专家参与。专家的选择还与评价的目的有关。如果要求对本地区的环境质量和经济状况比较了解，最好选择本地区的专家。由于本地区的专家可以直接从专家库中选择，相对来说比较简单。但是，如果评价任务关系重大工程项目或重大决策，对当地的社会、经济、人口影响重大，那么，除了选择本地区的专家外，最好再从外地选择几个专家，以确保咨询意见的中立性和客观性。

选择专家时不仅要考虑专家的业务水平，尽可能选择精通技术、有一定名望、有学科代表性的专家，同时，还要考虑专家是否有足够的时间认真填写调查表，认真的态度也很重要。专家的人数要根据评价规模确定，人数太少会影响咨询结果的代表性和权威性，人数太多则难以组织，结果处理也比较复杂，一般以 10～50 人为宜。

3.4.2.3 咨询结果的处理

对咨询结果的分析和处理是专家咨询法最重要的阶段。处理的方法和表达的方式取决于评价问题的类型和对评价的要求。

任何一个专家都无法做到对预测中的每一个问题都进行权威的解读，而权威与否对评价的可靠性有非常大的影响。因此，在对评价结果进行处理时，通常要求考虑专家对某一问题的权威程度。

专家的权威程度由两个因素决定：一个是专家对方案做出判断的依据；另一个是专家对问题的熟悉程度。专家的权威程度以自我评价为主，有时也可以相互评价。权威程度为判断系数和熟悉程度系数的算术平均值。以权威程度为权数，对专家评分值进行加权平均即为评价的最终结果。

3.5 环境模拟试验

环境模拟试验也是获取评价信息的方法之一。尤其是在进行环境影响评价时，如果没有类比的资料可以借鉴，就可以考虑通过试验方法进行环境影响的模拟预测。

环境模拟试验应根据相似理论，在按一定比例缩小的环境模型上进行，以预测由建设项目引起的环境变化。不过该方法需要相应的实验条件，制作试验模型需要花费大量的人力、物力和时间。如果评价级别较高，对预测结果要求很严，没有类似工程可类比或无法利用数学模型进行预测时，可以采用这种方法。但是，模拟试验的条件毕竟不能完全和实际环境一致，因此，评价环境影响时应留有一定的安全系数。

思 考 题

1. 获取环境评价信息的途径包括哪些？
2. 如何进行污染源调查？污染源调查在环境评价中有什么作用？
3. 如何估算污染物的排放量？如何进行污染源评价？

4. 专家咨询法适合于哪类环境信息的获取？如何进行？

5. 在什么情况下需要通过环境模拟试验获取环境评价信息？

6. 环境质量监测有什么作用？如何确定环境质量监测方案？

7. 环境现状调查的内容包括哪些？

8. 确定环境背景值时需要注意哪些问题？

9. 某厂有一台往复炉，年耗煤量 2000t，煤的含硫量为 0.48%，灰分为 24%，装有脉冲布袋除尘器，求全年 SO₂ 和烟尘的排放量。

10. 已知某化工厂全年排放废水 900 万 t，测得废水中砷的平均浓度为 1mg/L，COD 浓度为 400mg/L，求该厂砷和 COD 的年排放量。

扫二维码查看本章学习
重难点及思考题与参考答案

4 水环境影响评价

水环境是河流、湖泊、海洋、地下水等各种水体的总称。水环境是一个统一的整体。河流和湖泊等地表水体与地下水是相互补充、相互影响的,海洋是内陆水的受体。如果把水体看成完整的生态系统或综合的自然体,还应包括水中的悬浮物、溶解物质、底泥和水生生物等,它们之间是相互联系、相互影响的。在进行水环境评价时,一定要注意水体之间和水体内各组成部分之间的相互关系。

污染物从不同途径进入水环境以后,在迁移运动、分散以及衰减转化等作用下得到稀释和扩散,从而降低污染物在水体中的浓度。对不同地区、不同水域而言,污染物在水体中的运动形式和运动规律是不同的,如污染物在河流、湖泊、海洋等水体中具有各自不同的运动形式和运动规律。因此,在进行水环境质量评价时,就必须要了解污染物在评价范围水体中的运动形式和运动规律,掌握污染物在水体中的时空变化规律。

水环境评价通常包括地表水环境影响评价和地下水环境影响评价。

4.1 地表水环境影响评价

4.1.1 地表水环境影响评价的准备阶段

4.1.1.1 地表水环境影响评价基本术语

地表水(surface water):存在于陆地表面的河流(江河、运河及渠道)、湖泊、水库等地表水体以及入海河口和近岸海域。

水环境保护目标(water environment protection target):饮用水水源保护区、饮用水取水口,涉水的自然保护区、风景名胜区,重要湿地、重点保护与珍稀水生生物的栖息地、重要水生生物的自然产卵场及索饵场、越冬场和洄游通道,天然渔场等渔业水体,以及水产种质资源保护区等。

水污染当量(water pollution equivalent):根据污染物或者污染排放活动对地表水环境的有害程度以及处理的技术经济性,衡量不同污染物对地表水环境污染的综合性指标或者计量单位。

控制单元(control unit):综合考虑水体、汇水范围和控制断面三要素而划定的水环境空间管控单元。

生态流量(ecological flows):满足河流、湖库生态保护要求、维持生态系统结构和功能所需要的流量(水位)与过程。

安全余量（margin of safety）：考虑污染负荷和受纳水体水环境质量之间关系的不确定因素，为保障受纳水体水环境质量改善目标安全而预留的负荷量。

4.1.1.2 地表水环境影响评价总则

（1）基本任务。在调查和分析评价范围地表水环境质量现状与水环境保护目标的基础上，预测和评价建设项目对地表水环境质量、水环境功能区或水环境保护目标及水环境控制单元的影响范围与影响程度，提出相应的环境保护措施、环境管理要求与监测计划，明确给出地表水环境影响是否可接受的结论。

（2）基本要求：①建设项目的地表水环境影响主要包括水污染影响与水文要素影响。根据其主要影响，建设项目的地表水环境影响评价划分为水污染影响型、水文要素影响型以及两者兼有的复合影响型。②地表水环境影响评价应按本标准规定的评价等级开展相应的评价工作。建设项目评价等级分为三级，分级原则与判据见4.1.1.3节中"2.评价等级确定"。复合影响型建设项目的评价工作，应按类别分别确定评价等级并开展评价工作。③建设项目排放水污染物应符合国家或地方水污染物排放标准要求，同时应满足受纳水体环境质量管理要求，并与排污许可管理制度相关要求衔接。水文要素影响型建设项目还应满足生态流量的相关要求。

（3）工作程序。地表水环境影响评价的工作程序见图4-1，一般分为三个阶段。

第一阶段，研究有关文件，进行工程方案和环境影响的初步分析，开展区域环境状况的初步调查，明确水环境功能区或水功能区管理要求，识别主要环境影响，确定评价类别。根据不同评价类别，进一步筛选评价因子，确定评价等级与评价范围，明确评价标准、评价重点和水环境保护目标。

第二阶段，根据评价类别、评价等级及评价范围等，开展与地表水环境影响评价相关的污染源、水环境质量现状、水文水资源与水环境保护目标调查与评价，必要时开展补充监测；选择适合的预测模型，开展地表水环境影响预测评价，分析与评价建设项目对地表水环境质量、水文要素及水环境保护目标的影响范围与程度，在此基础上核算建设项目的污染源排放量、生态流量等。

第三阶段，根据建设项目地表水环境影响预测与评价的结果，制定地表水环境保护措施，开展地表水环境保护措施的有效性评价，编制地表水环境监测计划，给出建设项目污染物排放清单和地表水环境影响评价的结论，完成环境影响评价文件的编写。

4.1.1.3 评价等级与评价范围的确定

1. 环境影响识别与评价因子筛选

（1）地表水环境影响因素识别应按照《建设项目环境影响评价技术导则 总纲》（HJ 2.1—2016）的要求，分析建设项目建设阶段、生产运行阶段和服务期满后（可根据项目情况选择，下同）各阶段对地表水环境质量、水文要素的影响行为。

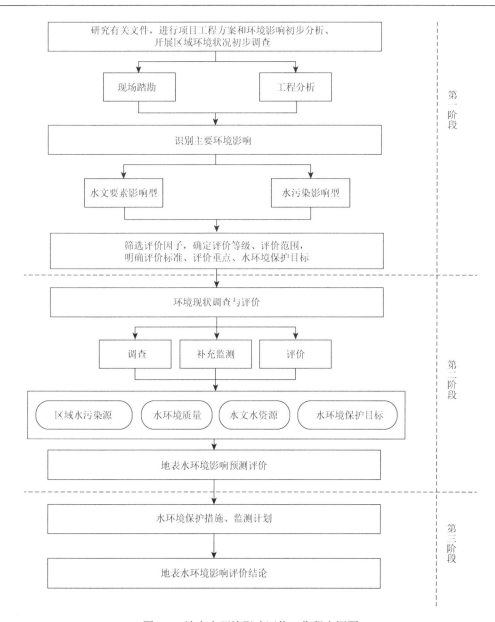

图 4-1 地表水环境影响评价工作程序框图

（2）水污染影响型建设项目评价因子的筛选应符合以下要求：①按照《污染源源强核算技术指南 准则》（HJ 884—2018），开展建设项目污染源与水污染因子识别，结合建设项目所在水环境控制单元或区域水环境质量现状，筛选水环境现状调查评价与影响预测评价的因子。②行业污染物排放标准中涉及的水污染物应作为评价因子。③在车间或车间处理设施排放口排放的第一类污染物应作为评价因子。④水温作为评价因子。⑤面源污染所含的主要污染物应作为评价因子。⑥建设项目排放的且为建设项目所在控制单元的水质超标因子或潜在污染因子（指近 3 年来水质浓度值呈上升趋势的水质因子）应作为评价因子。

（3）水文要素影响型建设项目评价因子应根据建设项目对地表水体水文要素影响的

特征确定。河流、湖泊及水库主要评价水面面积、水量、水温、径流过程、水位、水深、流速、水面宽、冲淤变化等因子,湖泊和水库需要重点关注水域面积、蓄水量及水力停留时间等因子。感潮河段、入海河口及近岸海域主要评价流量、流向、潮区界、潮流界、纳潮量、水位、流速、水面宽、水深、冲淤变化等因子。

（4）建设项目可能导致受纳水体富营养化的,评价因子还应包括与富营养化有关的因子（如总磷、总氮、叶绿素 a、高锰酸盐指数和透明度等。其中,叶绿素 a 为必须评价因子）。

2. 评价等级确定

（1）建设项目地表水环境影响评价等级按照影响类型、排放方式、排放量或影响情况、受纳水体环境质量现状、水环境保护目标等综合确定。

（2）水污染影响型建设项目主要根据废水排放方式和废水排放量划分评价等级,见表 4-1。

表 4-1　水污染影响型建设项目评价等级判定表

评价等级	判定依据	
	废水排放方式	废水排放量 Q/(m³/d),水污染物当量数 W（量纲一）
一级	直接排放	$Q \geqslant 20000$ 或 $W \geqslant 600000$
二级	直接排放	其他
三级 A	直接排放	$Q < 200$ 且 $W < 6000$
三级 B	间接排放	—

注：①水污染物当量数等于该污染物的年排放量除以该污染物的污染当量值,计算排放污染物的污染物当量数,应区分第一类水污染物和其他类水污染物,统计第一类污染物当量数总和,然后与其他类污染物按照污染物当量数从大到小排序,取最大当量数作为建设项目评价等级确定的依据。

②废水排放量按行业排放标准中规定的废水种类统计,没有相关行业排放标准要求的通过工程分析合理确定,应统计含热量大的冷却水的排放量,可不统计间接冷却水、循环水及其他含污染物极少的清净下水的排放量。

③厂区存在堆积物（露天堆放的原料、燃料、废渣等以及垃圾堆放场）、降尘污染的,应将初期雨污水纳入废水排放量,相应的主要污染物纳入水污染当量计算。

④建设项目直接排放第一类污染物的,其评价等级为一级;建设项目直接排放的污染物为受纳水体超标因子的,评价等级不低于二级。

⑤直接排放受纳水体影响范围涉及饮用水水源保护区、饮用水取水口、重点保护与珍稀水生生物的栖息地、重要水生生物的自然产卵场等保护目标时,评价等级不低于二级。

⑥建设项目向河流、湖库排水引起受纳水体水温变化超过水环境质量标准要求,且评价范围有水温敏感目标时,评价等级为一级。

⑦建设项目利用海水作为调节温度介质。排水量 ≥ 500 万 m³/d,评价等级为一级;排水量 < 500 万 m³/d,评价等级为二级。

⑧仅涉及清净下水排放的,如其排放水质满足受纳水体水环境质量标准要求的,评价等级为三级 A。

⑨依托现有排放口,且对外环境未新增排放污染物的直接排放建设项目,评价等级参照间接排放,定为三级 B。

⑩建设项目生产工艺中有废水产生,但作为回水利用,不排放到外环境的,按三级 B 评价。

直接排放建设项目评价等级分为一级、二级和三级 A,根据废水排放量、水污染物污染当量数确定。间接排放建设项目评价等级为三级 B。

（3）水文要素影响型建设项目评价等级划分主要根据径流与受影响地表水域水文要素的影响程度进行判定,见表 4-2。

表 4-2 水文要素影响型建设项目评价等级判定表

评价等级	径流			受影响地表水域		
	年径流量与总库容之比 α	兴利库容占年径流量比例 β/%	取水量占多年平均径流量比例 γ/%	工程垂直投影面积及外扩范围 A_1/km², 工程扰动水底面积 A_2/km², 过水断面宽度占用比例或占用水域面积比例 R/%		工程垂直投影面积及外扩范围 A_1/km², 工程扰动水底面积 A_2/km²
				河流	湖库	入海河口、近岸海域
一级	$\alpha \leqslant 10$；或稳定分层	$\beta \geqslant 20$；或完全年调节与多年调节	$\gamma \geqslant 30$	$A_1 \geqslant 0.3$ 或 $A_2 \geqslant 1.5$ 或 $R \geqslant 10$	$A_1 \geqslant 0.3$ 或 $A_2 \geqslant 1.5$ 或 $R \geqslant 20$	$A_1 \geqslant 0.5$ 或 $A_2 \geqslant 3$
二级	$20 > \alpha > 10$；或不稳定分层	$20 > \beta > 2$；或季调节与不完全年调节	$30 > \gamma > 10$	$0.3 > A_1 > 0.05$ 或 $1.5 > A_2 > 0.2$ 或 $10 > R > 5$	$0.3 > A_1 > 0.05$ 或 $1.5 > A_2 > 0.2$ 或 $20 > R > 5$	$0.5 > A_1 > 0.15$ 或 $3 > A_2 > 0.5$
三级	$\alpha \geqslant 20$；或混合型	$\beta \leqslant 2$；或无调节	$\gamma \leqslant 10$	$A_1 \leqslant 0.05$ 或 $A_2 \leqslant 0.2$ 或 $R \leqslant 5$	$A_1 \leqslant 0.05$ 或 $A_2 \leqslant 0.2$ 或 $R \leqslant 5$	$A_1 \leqslant 0.15$ 或 $A_2 \leqslant 0.5$

注：①影响范围涉及饮用水水源保护区、重点保护与珍稀水生生物的栖息地、重要水生生物的自然产卵场、自然保护区等保护目标，评价等级应不低于二级。

②跨流域调水、引水式电站、可能受到大型河流感潮河段咸潮影响的建设项目，评价等级不低于二级。

③造成入海河口（湾口）宽度束窄（束窄尺度达到原宽度的5%以上），评价等级应不低于二级。

④对不透水的单方向建筑尺度较大的水工建筑物（如防波堤、导流堤等），其与潮流或水流主流向切线垂直方向投影长度大于 2km 时，评价等级应不低于二级。

⑤允许在一类海域建设的项目，评价等级为一级。

⑥同时存在多个水文要素影响的建设项目，分别判定各水文要素影响评价等级，并取其中最高等级作为水文要素影响型建设项目评价等级。

3. 评价范围确定

建设项目地表水环境影响评价范围指建设项目整体实施后可能对地表水环境造成的影响范围。水污染影响型建设项目评价范围根据评价等级、工程特点、影响方式及程度、地表水环境质量管理要求等确定。

对于一级、二级及三级 A，其评价范围应符合以下要求：①应根据主要污染物迁移转化状况，至少需覆盖建设项目污染影响所及水域。②受纳水体为河流时，应满足覆盖对照断面、控制断面与削减断面等关心断面的要求。③受纳水体为湖泊、水库时，一级评价，评价范围宜不小于以入湖（库）排放口为中心、半径为5km 的扇形区域；二级评价，评价范围宜不小于以入湖（库）排放口为中心、半径为3km 的扇形区域；三级 A 评价，评价范围宜不小于以入湖（库）排放口为中心、半径为1km 的扇形区域。④受纳水体为入海河口和近岸海域时，评价范围按照《海洋工程环境影响评价技术导则》（GB/T 19485—2014）执行。⑤影响范围涉及水环境保护目标的，评价范围至少应扩大到水环境保护目标内受到影响的水域。⑥同一建设项目有两个及两个以上废水排放口，或排入不同地表水体时，按各排放口及所排入地表水体分别确定评价范围；有叠加影响的，叠加影响水域应作为重点评价范围。

对于三级 B，其评价范围应符合以下要求：①应满足其依托污水处理设施环境可行性分析的要求。②涉及地表水环境风险的，应覆盖环境风险影响范围所及的水环境保护目标水域。

水文要素影响型建设项目评价范围根据评价等级、水文要素影响类别、影响及恢复程度确定,评价范围应符合以下要求:①水温要素影响评价范围为建设项目形成水温分层的水域,以及下游未恢复到天然(或建设项目建设前)水温的水域。②径流要素影响评价范围为水体天然性状发生变化的水域,以及下游增减水影响的水域。③地表水域影响评价范围为相对建设项目建设前日均或潮均流速及水深或高(累积频率5%)低(累积频率90%)水位(潮位)变化幅度超过±5%的水域。④建设项目影响范围涉及水环境保护目标的,评价范围至少应扩大到水环境保护目标内受影响的水域。⑤存在多类水文要素影响的建设项目,应分别确定各水文要素影响评价范围,取各水文要素评价范围的外包线作为水文要素的评价范围。

评价范围应以平面图的方式表示,并明确起止位置等控制点坐标。

4. 评价时期确定

建设项目地表水环境影响评价时期根据受影响地表水体类型、评价等级等确定,见表4-3。三级B评价可不考虑评价时期。

表4-3　评价时期确定表

受影响地表水体类型	评价等级		
	一级	二级	水污染影响型(三级A)/水文要素影响型(三级)
河流、湖库	丰水期、平水期、枯水期;至少丰水期和枯水期	丰水期和枯水期;至少枯水期	至少枯水期
入海河口(感潮河段)	河流,丰水期、平水期和枯水期;河口,春季、夏季和秋季;至少丰水期和枯水期,春季和秋季	河流,丰水期和枯水期;河口,春季、秋季;至少枯水期或1个季节	至少枯水期或1个季节
近岸海域	春季、夏季和秋季;至少春季、秋季	春季或秋季;至少1个季节	至少1次调查

注:①感潮河段、入海河口、近岸海域在丰水期、枯水期(或春夏秋冬四季)均应选择大潮期或小潮期中一个潮期开展评价(无特殊要求时,可不考虑一个潮期内高潮期、低潮期的差别)。选择原则为:依据调查监测海域的环境特征,以影响范围较大或影响程度较重为目标,定性判别和选择大潮期或小潮期作为调查潮期。

②冰封期较长且作为生活饮用水与食品加工用水的水源或有渔业用水需求的水域,应将冰封期纳入评价时期。

③具有季节性排水特点的建设项目,根据建设项目排水期对应的水期或季节确定评价时期。

④水文要素影响型建设项目对评价范围内的水生生物生长、繁殖与洄游有明显影响的时期,需将对应的时期作为评价时期。

⑤复合影响型建设项目分别确定评价时期,按照覆盖所有评价时期的原则综合确定。

5. 水环境保护目标确定

依据环境影响因素识别结果,调查评价范围内水环境保护目标,确定主要水环境保护目标。应在地图中标注各水环境保护目标的地理位置、四至范围,并列表给出水环境保护目标内主要保护对象和保护要求,以及与建设项目占地区域的相对距离、坐标、高差,与排放口的相对距离、坐标等信息,同时说明与建设项目的水力联系。

6. 环境影响评价标准确定

(1)对于建设项目地表水环境影响评价标准,应根据评价范围内水环境质量管理要求和相关污染物排放标准的规定，确定各评价因子适用的水环境质量标准与相应的污染物排放标准。根据《海水水质标准》(GB 3097—1997)、《地表水环境质量标准》(GB 3838—2002)、《农田灌溉水质标准》(GB 5084—2021)、《渔业水质标准》(GB 11607—1989)、《海洋生物质量》(GB 18421—2001)、《海洋沉积物质量》(GB 18668—2002)及相应的地方标准，结合受纳水体水环境功能区或水功能区、近岸海域环境功能区、水环境保护目标、生态流量等水环境质量管理要求，确定地表水环境质量评价标准。根据现行国家和地方排放标准的相关规定，结合项目所属行业、地理位置，确定建设项目污染物排放评价标准。对于间接排放建设项目，若建设项目与污水处理厂在满足排放标准允许范围内，签订了纳管协议和排放浓度限值，并报相关生态环境主管部门备案，可将此浓度限值作为污染物排放评价的依据[《环境影响评价技术导则　地表水环境（HJ 2.3—2018)》]。

（2）未划定水环境功能区或水功能区、近岸海域环境功能区的水域，或未明确水环境质量标准的评价因子，由地方人民政府生态环境主管部门确认应执行的环境质量要求；在国家及地方污染物排放标准中未包括的评价因子，由地方人民政府生态环境主管部门确认应执行的污染物排放要求。

4.1.2 地表水环境现状评价

4.1.2.1 地表水环境现状评价内容与要求

地表水环境现状评价应该根据建设项目水环境影响特点与水环境质量管理要求，选择以下全部或部分内容开展。

（1）水环境功能区或水功能区、近岸海域环境功能区水质达标状况。评价建设项目评价范围内水环境功能区或水功能区、近岸海域环境功能区各评价时期的水质状况与变化特征，给出水环境功能区或水功能区、近岸海域环境功能区达标评价结论，明确水环境功能区或水功能区、近岸海域环境功能区水质超标因子、超标程度，分析超标原因。

（2）水环境控制单元或断面水质达标状况。评价建设项目所在控制单元或断面各评价时期的水质现状与时空变化特征，评价控制单元或断面的水质达标状况，明确控制单元或断面的水质超标因子、超标程度，分析超标原因。

（3）水环境保护目标质量状况。评价涉及水环境保护目标水域各评价时期的水质状况与变化特征，明确水质超标因子、超标程度，分析超标原因。

（4）对照断面、控制断面等代表性断面的水质状况。评价对照断面水质状况，分析对照断面水质水量变化特征，给出水环境影响预测的设计水文条件。评价控制断面水质现状、达标状况，分析控制断面来水水质水量状况，识别上游来水不利组合状况，分析不利条件下的水质达标问题。评价其他监测断面的水质状况，根据断面所在水域的水环境保护目标水质要求，评价水质达标状况与超标因子。

（5）底泥污染评价。评价底泥污染项目及污染程度，识别超标因子，结合底泥处置排放去向，评价退水水质与超标情况。

（6）水资源开发利用程度及水文情势评价。根据建设项目水文要素影响特点，评价所在流域（区域）水资源开发利用程度、生态流量满足程度、水域岸线空间占用状况等。

（7）水环境质量回顾评价。结合历史监测数据与国家及地方生态环境主管部门公开发布的环境状况信息，评价建设项目所在水环境控制单元或断面、水环境功能区或水功能区、近岸海域环境功能区的水质变化趋势，评价主要超标因子变化状况，分析建设项目所在区域或水域的水质问题，从水污染、水文要素等方面，综合分析水环境质量现状问题的原因，明确水环境质量与建设项目排污影响的关系。

（8）流域（区域）水资源（包括水能资源）与开发利用总体状况、生态流量管理要求与现状满足程度、建设项目占用水域空间的水流状况与河湖演变状况。

（9）依托污水处理设施稳定达标排放评价，评价建设项目依托的污水处理设施稳定达标状况，分析建设项目依托污水处理设施的环境可行性。

4.1.2.2 地表水环境现状评价方法

水环境功能区或水功能区、近岸海域环境功能区及水环境控制单元或断面水质达标状况评价方法，参考国家或地方政府相关部门制定的水环境质量评价技术规范、水体达标方案编制指南、水功能区水质达标评价技术规范等（徐新阳和陈熙，2010）。

监测断面或点位水环境质量现状评价方法采用水质指数法。底泥污染状况评价方法采用单项污染指数法。

4.1.2.3 地表水体底泥的评价

在水环境污染的研究中，区分"水"和"水体"的概念十分重要。例如，重金属污染容易从水中转移到底泥中，水中重金属离子的含量一般不高，仅仅从水着眼，似乎未受到污染，但着眼于整个水体，则可能受到较为严重的污染。有人把污染物由水转向底泥称为水的自净作用，这是以"水"为研究对象的，如果从整个"水体"来看，这种转移可能使该水体成为长期的次生污染源。因此，进行水体环境评价时，有时需要同时进行底泥的评价。

1）水质指数法

（1）一般性水质因子（随着浓度增加而水质变差的水质因子）的指数计算公式：

$$S_{i,j} = C_{i,j} / C_{si} \tag{4-1}$$

式中，$S_{i,j}$ 为评价因子 i 在 j 点的水质指数，大于 1 表明该水质因子超标；$C_{i,j}$ 为评价因子 i 在 j 点的实测统计代表值（mg/L）；C_{si} 为评价因子 i 的水质评价标准限值（mg/L）。

（2）溶解氧（DO）的标准指数计算公式：

$$S_{DO,j} = DO_s / DO_j, \ DO_j \leqslant DO_f \tag{4-2}$$

$$S_{DO,j} = \frac{|DO_f - DO_j|}{DO_f - DO_s}, \ DO_j > DO_f \tag{4-3}$$

式中，$S_{DO,j}$ 为 j 点处溶解氧的标准指数，大于 1 表明该水质因子超标；DO_j 为溶解氧在 j 点的实测统计代表值（mg/L）；DO_s 为溶解氧的水质评价标准限值（mg/L）；DO_f 为饱和溶解氧浓度（mg/L），对于河流，$DO_f = 468 / (31.6 + T)$，对于盐度比较高的湖泊、水库及入海河口、近岸海域，$DO_f = (491 - 2.65S) / (33.5 + T)$，$S$ 为实用盐度符号（量纲一），T 为水温（℃）。

（3）pH 的指数计算公式：

$$S_{pH,j} = \frac{7.0 - pH_j}{7.0 - pH_{sd}}, \quad pH_j \leqslant 7.0 \tag{4-4}$$

$$S_{pH,j} = \frac{pH_j - 7.0}{pH_{su} - 7.0}, \quad pH_j > 7.0 \tag{4-5}$$

式中，$S_{pH,j}$ 为 j 点处 pH 的指数，大于 1 表明该水质因子超标；pH_j 为 j 点处 pH 实测统计代表值；pH_{sd} 为评价标准中 pH 的下限值；pH_{su} 为评价标准中 pH 的上限值。

2）底泥污染指数法

$$P_{i,j} = C_{i,j} / C_{si} \tag{4-6}$$

式中，$P_{i,j}$ 为底泥污染因子 i 在 j 点处的单项污染指数，大于 1 表明该污染因子超标；$C_{i,j}$ 为在 j 点污染因子 i 的实测值（mg/L）；C_{si} 为污染因子 i 的评价标准值或参考值（mg/L）。

可以根据土壤环境质量标准或所在水域底泥的背景值，确定底泥污染评价标准值或参考值。

4.1.3 地表水环境影响评价内容

4.1.3.1 水环境影响评价的目的

水环境影响评价的目的是通过调查分析、预测、评估，定量地预测未来的开发行动或建设项目向受纳水体中排放的污染物量，弄清污染物在水体中的迁移、转化规律，提出建设项目和区域环境污染物的控制和防治对策，以实现环境保护的目标。特定环境目标的实现需对污染源采取各种优化分配和控制削减措施，合理分配环境资源。资源的优化分配是建立在水环境容量的定量化、水质模拟程序化的基础上的，是对建设项目生产工艺、污水处理技术的全面评估，是在成本、效益分析定量化的前提下，对社会-环境-经济效益的综合分析（徐新阳和陈熙，2010）。

4.1.3.2 地表水环境影响预测

1. 总体要求

地表水环境影响预测应遵循《建设项目环境影响评价技术导则 总纲》（HJ 2.1—2016）中规定的原则。一级、二级、水污染影响型三级 A 与水文要素影响型三级评价应定量预测建设项目水环境影响，水污染影响型三级 B 评价可不进行水环境影响预测。影响预测应考虑评价范围内已建、在建和拟建项目中，与建设项目排放同类（种）污染物、对相同水文要素产生的叠加影响。建设项目分期规划实施的，应估算规划水平年进入评价范围的污染负荷，预测分析规划水平年评价范围内地表水环境质量变化趋势。

2. 预测因子与预测范围

预测因子应根据评价因子确定，重点选择与建设项目水环境影响关系密切的因子。预测范围应覆盖评价范围，并根据受影响地表水体水文要素与水质特点合理拓展。

3. 预测时期

水环境影响预测的时期应满足不同评价等级的评价时期要求（表 4-3）。对于水污染影响型建设项目，水体自净能力最不利以及水质状况相对较差的不利时期、水环境现状补充监测时期应作为重点预测时期；对于水文要素影响型建设项目，以水质状况相对较差或对评价范围内水生生物影响最大的不利时期为重点预测时期。

4. 预测情景

根据建设项目特点分别选择建设期、生产运行期和服务期满后三个阶段进行预测。生产运行期应预测正常排放、非正常排放两种工况对水环境的影响，如建设项目具有充足的调节容量，可只预测正常排放对水环境的影响。应对建设项目污染控制和减缓措施方案进行水环境影响模拟预测。对受纳水体环境质量不达标区域，应考虑区（流）域环境质量改善目标要求情景下的模拟预测。

5. 预测内容

预测分析内容根据影响类型、预测因子、预测情景、预测范围地表水体类别、所选用的预测模型及评价要求确定。水污染影响型建设项目主要包括：

（1）各关心断面（控制断面、取水口、污染源排放核算断面等）水质预测因子的浓度及变化。

（2）到达水环境保护目标处的污染物浓度。

（3）各污染物最大影响范围。

（4）湖泊、水库及半封闭海湾等，还需关注富营养化状况与水华、赤潮等。

（5）排放口混合区范围。

水文要素影响型建设项目主要包括：

（1）河流、湖泊及水库的水文情势预测分析，如水域形态、径流条件、水力条件以及冲淤变化等内容，具体包括水面面积、水量、水温、径流过程、水位、水深、流速、水面宽、冲淤变化等，湖泊和水库需要重点关注湖库水域面积、蓄水量及水力停留时间等因子。

（2）感潮河段、入海河口及近岸海域水动力条件预测分析，如流量、流向、潮区界、潮流界、纳潮量、水位、流速、水面宽、水深、冲淤变化等因子。

6. 预测模型

1）地表水环境影响预测模型的选用

地表水环境影响预测模型包括数学模型、物理模型。地表水环境影响预测宜选用数学模型。评价等级为一级且有特殊要求时选用物理模型，物理模型应遵循水工模型实验技术规程等要求。数学模型包括：面源污染负荷估算模型、水动力模型、水质（包括水温及富营养化）模型等，可根据地表水环境影响预测的需要选择。

地表水环境影响预测模型应优先选用生态环境主管部门发布的推荐模型。根据污染源类型分别选择适用的污染源负荷估算或模拟方法，预测污染源排放量与入河量。面源污染负荷预测可根据评价要求与数据条件，采用源强系数法、水文分析法以及面源模型法等，有条件的地方可以综合采用多种方法进行比对分析确定，各方法适用条件如下：①源强系数法。当评价区域有可采用的源强产生、流失及入河系数等面源污染负荷估算参数时，可采用源强系数法。②水文分析法。当评价区域具备一定数量的同步水质水量监测资料时，可基于基流分割确定暴雨径流污染物浓度、基流污染物浓度，采用通量法估算面源的负荷量。③面源模型法。面源模型选择应结合污染特点、模型适用条件、基础资料等综合确定。

水动力模型及水质模型按照时间分为稳态模型与非稳态模型，按照空间分为零维、一维（包括纵向一维及垂向一维，纵向一维包括河网模型）、二维（包括平面二维及立面二维）以及三维模型，按照是否需要采用数值离散方法分为解析解模型与数值解模型。根据建设项目的污染源特性、受纳水体类型、水力学特征、水环境特点及评价等级等要求，选取适宜的水动力及水质预测模型[《环境影响评价技术导则 地表水环境》（HJ 2.3—2018）]。

各地表水体适用的数学模型选择要求如下。

（1）河流数学模型。河流数学模型适用条件见表4-4。在模拟河流顺直、水流均匀且排污稳定时可以采用解析解模型。

表4-4 河流数学模型适用条件

	模型空间分类						模型时间分类	
	零维模型	纵向一维模型	河网模型	平面二维模型	立面二维模型	三维模型	稳态模型	非稳态模型
适用条件	水域基本均匀混合	沿程横断面均匀混合	多条河道相互连通，使得水流运动和污染物交换相互影响的河网地区	垂向均匀混合	垂向分层特征明显	垂向及平面分布差异明显	水流恒定、排污稳定	水流不恒定，或排污不稳定

（2）湖库数学模型。湖库数学模型适用条件见表4-5。在模拟湖库水域形态规则、水流均匀且排污稳定时可以采用解析解模型。

表4-5 湖库数学模型适用条件

	模型空间分类						模型时间分类	
	零维模型	纵向一维模型	平面二维模型	垂向一维模型	立面二维模型	三维模型	稳态模型	非稳态模型
适用条件	水流交换作用较充分、污染物质分布基本均匀	污染物在断面上均匀混合的河道型水库	浅水湖库，垂向分层不明显	深水湖库，水平分布差异不明显，存在垂向分层	深水湖库，横向分布差异不明显，存在垂向分层	垂向及平面分布差异明显	流场恒定、源强稳定	流场不恒定或源强不稳定

（3）感潮河段、入海河口数学模型。污染物在断面上均匀混合的感潮河段、入海河口，可采用纵向一维非恒定数学模型，感潮河网区宜采用一维河网数学模型。浅水感潮河段和入海河口宜采用平面二维非恒定数学模型。如感潮河段、入海河口的下边界难以确定，宜采用一维、二维连接数学模型。

（4）近岸海域数学模型。近岸海域宜采用平面二维非恒定模型。如果评价海域的水流和水质分布在垂向上存在较大的差异（如排放口附近水域），宜采用三维数学模型。

2）河流、湖库、入海河口及近岸海域常用数学模型

（1）混合过程段长度估算公式：

$$L_m = \left\{ 0.11 + 0.7[0.5 - \frac{a}{B} - 1.1(0.5 - \frac{a}{B})^2]^{1/2} \right\} \frac{uB^2}{E_y} \tag{4-7}$$

式中，L_m 为混合过程段长度（m）；B 为水面宽度（m）；a 为排放口到岸边的距离（m）；u 为断面流速（m/s）；E_y 为污染物横向扩散系数（m²/s）。

（2）零维数学模型。

河流均匀混合模型：

$$C = (C_p Q_p + C_h Q_h) / (Q_p + Q_h) \tag{4-8}$$

式中，C 为污染物浓度（mg/L）；C_p 为污染物排放浓度（mg/L）；Q_p 为污水排放量（m³/s）；C_h 为河流上游污染物浓度（mg/L）；Q_h 为河流流量（m³/s）。

湖库均匀混合模型：

$$V \frac{dC}{dt} = W - QC + f(C)V \tag{4-9}$$

式中，V 为水体体积（m³）；t 为时间（s）；W 为单位时间污染物排放量（g/s）；Q 为水量平衡时流入与流出湖（库）的流量（m³/s）；$f(C)$ 为生化反应项 [g/(m³·s)]。

如果生化过程可以用一级动力学反应表示，$f(C) = -kC$，上式存在解析解，当稳定时：

$$C = \frac{W}{Q + kV} \tag{4-10}$$

式中，k 为污染物综合衰减系数（s⁻¹）。

狄龙模型：

$$[P] = \frac{I_p(1 - R_p)}{rV} = \frac{L_p(1 - R_p)}{rH} \tag{4-11}$$

$$R_p = 1 - \frac{\sum q_a [P]_a}{\sum q_i [P]_i} \tag{4-12}$$

$$r = Q / V \tag{4-13}$$

式中，$[P]$ 为湖（库）中氮（磷）的平均浓度（mg/L）；I_p 为单位时间进入湖（库）的氮（磷）质量（g/a）；L_p 为单位时间、单位面积进入湖（库）的氮（磷）负荷量 [g/(m²·a)]；H 为平均水深（m）；R_p 为氮（磷）在湖（库）中的滞留率（量纲一）；q_a 为年出流的水量（m³/a）；q_i 为年入流的水量（m³/a）；$[P]_a$ 为年出流的氮（磷）平均浓度（mg/L）；$[P]_i$ 为年入流的氮（磷）平均浓度（mg/L）；Q 为湖（库）年出流水量（m³/a）；r 为冲刷速度常数；V 为水体体积（m³）。

（3）纵向一维数学模型。

A. 基本方程。水动力数学模型的基本方程为

$$\frac{\partial A}{\partial t}+\frac{\partial Q}{\partial x}=q \tag{4-14}$$

$$\frac{\partial Q}{\partial t}+\frac{\partial}{\partial x}\left(\frac{Q^2}{A}\right)-q\frac{Q}{A}=-g\left(A\frac{\partial Z}{\partial x}+\frac{nQ|Q|}{Ah^{4/3}}\right) \tag{4-15}$$

式中，Q 为断面流量（m³/s）；q 为单位河长的旁侧入流（m²/s）；A 为断面面积（m²）；Z 为断面水位（m）；n 为河道糙率（量纲一）；h 为断面水深（m）；g 为重力加速度（m/s²）；x 为笛卡儿坐标系 X 向的坐标（m）；t 为时间（d）。

水温数学模型的基本方程为

$$\frac{\partial(AT)}{\partial t}+\frac{\partial(uAT)}{\partial x}=\frac{\partial}{\partial x}\left(AE_{tx}\frac{\partial T}{\partial x}\right)+qT_{L}+\frac{BS}{\rho C_{p}} \tag{4-16}$$

式中，A 为断面面积（m²）；T 为水温（℃）；u 为断面流速（m/s）；E_{tx} 为水温纵向扩散系数（m²/s）；q 为单位河长的旁侧入流（m²/s）；T_{L} 为旁侧出入流（源汇项）水温（℃）；ρ 为水体密度（kg/m³）；C_{p} 为水的比热 [J/(kg·℃)]；B 为水面宽度（m）；S 为表面积净热交换通量（W/m²）；x 为笛卡儿坐标系 X 向的坐标（m）；t 为时间（d）。

水质数学模型的基本方程为

$$\frac{\partial(AC)}{\partial t}+\frac{\partial(QC)}{\partial x}=\frac{\partial}{\partial x}\left(AE_{x}\frac{\partial C}{\partial x}\right)+Af(C)+qC_{L} \tag{4-17}$$

式中，A 为断面面积（m²）；Q 为断面流量（m³/s）；E_{x} 为污染物纵向扩散系数（m²/s）；q 为单位河长的旁侧入流（m²/s）；C_{L} 为旁侧出入流（源汇项）污染物浓度（mg/L）；x 为笛卡儿坐标系 X 向的坐标（m）；t 为时间（d）；C 为污染物浓度（mg/L）。

B. 解析方法。

a. 连续稳定排放。

根据河流纵向一维水质模型方程的简化、分类判别条件（即 O'Connor 数 α 和佩克莱数 Pe 的临界值），选择相应的解析解公式：

$$\alpha=\frac{kE_{x}}{u^2} \tag{4-18}$$

$$Pe=\frac{uB}{E_{x}} \tag{4-19}$$

式中，k 为污染物的衰减常数（d⁻¹）；E_{x} 为污染物纵向扩散系数（m²/s）；u 为断面流速（m/s）；B 为水面宽度（m）。

当 $\alpha\leqslant0.027$、$Pe\geqslant1$ 时，适用对流降解模型：

$$C=C_{0}\exp\left(-\frac{kx}{u}\right),\ x\geqslant0 \tag{4-20}$$

当 $\alpha\leqslant0.027$、$Pe<1$ 时，适用对流扩散降解简化模型：

$$C=C_{0}\exp\left(\frac{ux}{E_{x}}\right),\ x<0 \tag{4-21}$$

$$C = C_0 \exp\left(-\frac{kx}{u}\right), \ x \geqslant 0 \tag{4-22}$$

$$C_0 = (C_p Q_p + C_h Q_h) / (Q_p + Q_h) \tag{4-23}$$

当 $0.027 < \alpha \leqslant 380$ 时，适用对流扩散降解模型：

$$C(x) = C_0 \exp\left[\frac{ux}{2E_x}(1 + \sqrt{1+4\alpha})\right], \ x < 0 \tag{4-24}$$

$$C(x) = C_0 \exp\left[\frac{ux}{2E_x}(1 - \sqrt{1+4\alpha})\right], \ x \geqslant 0 \tag{4-25}$$

$$C_0 = (C_p Q_p + C_h Q_h) / [(Q_p + Q_h)\sqrt{1+4\alpha}] \tag{4-26}$$

当 $\alpha > 380$ 时，适用扩散降解模型：

$$C = C_0 \exp\left(x\sqrt{\frac{k}{E_x}}\right), \ x < 0 \tag{4-27}$$

$$C = C_0 \exp\left(-x\sqrt{\frac{k}{E_x}}\right), \ x \geqslant 0 \tag{4-28}$$

$$C_0 = (C_p Q_p + C_h Q_h) / [(2A\sqrt{kE_x})] \tag{4-29}$$

式中，α 为 O'Connor 数（量纲一），表征物质离散降解通量与移流通量比值；Pe 为佩克莱数（量纲一），表征物质移流通量与离散通量比值；C_0 为河流排放口初始断面混合浓度（mg/L）；x 为河流沿程坐标（m），$x = 0$ 表示排放口处，$x > 0$ 表示排放口下游段，$x < 0$ 表示排放口上游段；k 为污染物的衰减常数（d^{-1}）；u 为断面流速（m/s）；E_x 为污染物纵向扩散系数（m^2/s）；C_p 为污染物排放浓度（mg/L）；Q_p 为污水排放量（m^3/s）；C_h 为河流上游污染物浓度（mg/L）；Q_h 为河流流量（m^3/s）。

b. 瞬时排放。

瞬时排放源河流一维对流扩散方程的浓度分布公式为

$$C(x,t) = \frac{M}{A\sqrt{4\pi E_x t}} \exp(-kt) \exp\left[-\frac{(x-ut)^2}{4E_x t}\right] \tag{4-30}$$

在 t 时刻，距离污染源下游 $x = ut$ 处的污染物浓度峰值为

$$C_{max}(x) = \frac{M}{A\sqrt{4\pi E_x x / u}} \exp(-kx/u) \tag{4-31}$$

式中，$C(x,t)$ 为在距离排放口 x 处 t 时刻的污染物浓度（mg/L）；x 为与排放口的距离（m）；t 为排放发生后的扩散历时（s）；M 为污染物的瞬时排放总质量（g）；A 为断面面积（m^2）；E_x 为污染物纵向扩散系数（m^2/s）；k 为污染物的衰减常数（d^{-1}）；u 为断面流速（m/s）。

c. 有限时间段排放。

有限时间段排放源河流一维对流扩散方程的浓度分布在排放持续期间（$0 < t_j \leqslant t_0$）的公式为

$$C(x,t_j) = \frac{\Delta t}{A\sqrt{4\pi E_x}} \sum_{i=1}^{j} \frac{W_i}{\sqrt{t_j - t_{i-0.5}}} \exp[-k(t_j - t_{i-0.5})] \exp\left\{ -\frac{[x - u(t_j - t_{i-0.5})]^2}{4E_x(t_j - t_{i-0.5})} \right\} \quad (4\text{-}32)$$

在排放停止后（$t_j > t_0$）的公式为

$$C(x,t_j) = \frac{\Delta t}{A\sqrt{4\pi E_x}} \sum_{i=1}^{n} \frac{W_i}{\sqrt{t_j - t_{i-0.5}}} \exp[-k(t_j - t_{i-0.5})] \exp\left\{ -\frac{[x - u(t_j - t_{i-0.5})]^2}{4E_x(t_j - t_{i-0.5})} \right\} \quad (4\text{-}33)$$

式中，$C(x,t_j)$ 为在距离排放口 x 处 t_j 时刻的污染物浓度（mg/L）；t_0 为污染源的排放持续时间（s）；Δt 为计算时间步长（s）；n 为计算分段数，$n = t_0 / \Delta t$；$t_{i-0.5}$ 为污染源排放的时间变量（s），$t_{i-0.5} = (i - 0.5)\Delta t < t_0$；$i$ 为最大为 n 的自然数；j 为自然数；W_i 为 t_{i-1} 到 t_i 时间段内，单位时间污染物的排放质量（g/s）；A 为断面面积（m²）；E_x 为污染物纵向扩散系数（m²/s）；k 为污染物的衰减常数（d^{-1}）。

3）河网模型

河网数学模型基于一维非恒定模型的基本方程，在汊口采用水量守恒连续条件、动量守恒连续条件和质量守恒连续条件，结合边界条件对基本方程进行求解。

汊口水量守恒连续条件：一般情况下认为进出各汊口流量的代数和为 0，如果汊口体积较大，可以采用进出汊点水量与汊口水量增减率相平衡作为控制条件。

汊口动量守恒连续条件：当汊口连接的各河段断面距汊口很近，出入汊口各河段的水位平缓，在不考虑汊口阻力损失情况下，可近似地认为汊口处各河段断面水位相同。如果各河段的过水面积相差悬殊，流速有较明显的差别，当略去汊口的局部损耗时，可以采用伯努利（Bernoulli）方程。

汊口质量守恒连续条件：进出汊点的物质质量与汊口实际质量的增减率相平衡。

4）垂向一维数学模型

适用于模拟预测水温在面积较小、水深较大的水库或湖泊水体中，除太阳辐射外没有其他热源交换的状况。

水量平衡的基本方程为

$$\frac{\partial(\omega A)}{\partial z} = (u_i - u_o)B \quad (4\text{-}34)$$

水温数学模型的基本方程为

$$\frac{\partial T}{\partial t} + \frac{1}{A}\frac{\partial}{\partial z}(\omega A T) = \frac{1}{A}\frac{\partial}{\partial z}\left(AE_{tz}\frac{\partial T}{\partial z}\right) + \frac{B}{A}(u_i T_i - u_o T) + \frac{1}{\rho C_p A}\frac{\partial(\varphi A)}{\partial z} \quad (4\text{-}35)$$

式中，T 为 t 时刻、z 高度处的水温（℃）；A 为断面面积（m²）；ω 为垂向流速（m/s）；E_{tz} 为水温垂向扩散系数（m²/s）；u_i 为入流流速（m/s）；u_o 为出流流速（m/s）；B 为水面宽度（m）；T_i 为入流水温（℃）；ρ 为水的密度（kg/m³）；C_p 为污染物排放浓度（mg/L）；φ 为太阳热辐射通量 [J/(m²·s)]；z 为笛卡儿坐标系 Z 向的坐标（m）。

5）平面二维数学模型

适用于模拟预测物质在宽浅水体（大河、湖库、入海河口及近岸海域）中垂向均匀混合的状况。

（1）基本方程。

水动力数学模型的基本方程为

$$\frac{\partial h}{\partial t} + \frac{\partial (uh)}{\partial x} + \frac{\partial (vh)}{\partial y} = hS \tag{4-36}$$

$$\frac{\partial u}{\partial t} + u\frac{\partial u}{\partial x} + v\frac{\partial u}{\partial y} = -g\frac{\partial (h+z_b)}{\partial x} + fv - \frac{g}{C_z^2} \cdot \frac{\sqrt{u^2+v^2}}{h}u + \frac{\tau_{sx}}{\rho h} + A_m\left(\frac{\partial^2 u}{\partial x^2} + \frac{\partial^2 u}{\partial y^2}\right) \tag{4-37}$$

$$\frac{\partial v}{\partial t} + u\frac{\partial v}{\partial x} + v\frac{\partial v}{\partial y} = -g\frac{\partial (h+z_b)}{\partial y} - fu - \frac{g}{C_z^2} \cdot \frac{\sqrt{u^2+v^2}}{h}v + \frac{\tau_{sy}}{\rho h} + A_m\left(\frac{\partial^2 v}{\partial x^2} + \frac{\partial^2 v}{\partial y^2}\right) \tag{4-38}$$

式中，u 为对应于 x 轴的平均流速分量（m/s）；v 为对应于 y 轴的平均流速分量（m/s）；z_b 为河底高程（m）；f 为科氏系数（s^{-1}），$2\sin f\varphi = \Omega$；C_z 为谢才系数（$m^{1/2}$/s）；τ_{sx}，τ_{sy} 分别为 x 轴和 y 轴方向的风应力，$\tau_{sx} = r^2\rho_a\omega^2\sin\alpha$，$\tau_{sy} = r^2\rho_a\omega^2\cos\alpha$，$r^2$ 为风应力系数，ρ_a 为空气密度（kg/m³），ω 为风速（m/s），α 为风方向角；A_m 为水平涡动黏滞系数（m²/s）；x 为笛卡儿坐标系 X 向的坐标（m）；y 为笛卡儿坐标系 Y 向的坐标（m）；S 为源（汇）项（s^{-1}）；h 为水深（m）；g 为重力加速度（m/s²）。

水温数学模型的基本方程为

$$\frac{\partial (hT)}{\partial t} + \frac{\partial (uhT)}{\partial x} + \frac{\partial (vhT)}{\partial y} = \frac{\partial}{\partial x}\left(E_{tx}h\frac{\partial T}{\partial x}\right) + \frac{\partial}{\partial y}\left(E_{ty}h\frac{\partial T}{\partial y}\right) + \frac{S_\varphi}{\rho C_p} + hST \tag{4-39}$$

式中，E_{tx} 为水温纵向扩散系数（m²/s）；E_{ty} 为水温横向扩散系数（m²/s）；S_φ 为水流边界面净获得的热交换通量，表示水流与外界（太阳、空气、河道边界）之间的热交换量 [J/(m²·s)]；T 为源（汇）项温度（℃）。

水质数学模型的基本方程为

$$\frac{\partial (hC)}{\partial t} + \frac{\partial (uhC)}{\partial x} + \frac{\partial (vhC)}{\partial y} = \frac{\partial}{\partial x}\left(E_x h\frac{\partial C}{\partial x}\right) + \frac{\partial}{\partial y}\left(E_y h\frac{\partial C}{\partial y}\right) + hf(C) + hSC_s \tag{4-40}$$

式中，C_s 为源（汇）项污染物浓度（mg/L）。

（2）解析方法。

A. 连续稳定排放。

不考虑岸边反射影响的宽浅型平直恒定均匀河流，岸边点源稳定排放浓度分布公式为

$$C(x,y) = C_h + \frac{m}{h\sqrt{\pi E_y u x}}\exp\left(-\frac{uy^2}{4E_y x}\right)\exp\left(-k\frac{x}{u}\right) \tag{4-41}$$

式中，$C(x,y)$ 为纵向距离 x、横向距离 y 点的污染物浓度（mg/L）；m 为污染物排放速率（g/s）；C_h 为排污口上游河水中的污染物浓度（mg/L）。

当 $k=0$ 时，由式（4-41）得到污染混合区外边界等浓度线方程为

$$y = b_s\sqrt{-\mathrm{e}\frac{x}{L_s}\ln\left(\frac{x}{L_s}\right)} \tag{4-42}$$

式中，$L_s = \dfrac{1}{\pi u E_y}\left(\dfrac{m}{hC_a}\right)^2$ 为污染混合区纵向最大长度，C_a 为允许升高浓度，$C_a = C_s - C_h$

（mg/L），C_s 为水功能区所执行的污染物浓度标准限值（mg/L）；$b_s = \sqrt{\dfrac{2E_y L_s}{eu}}$ 为污染混合区

横向最大宽度；$x = \dfrac{L_s}{e}$ 为污染混合区最大宽度对应的纵坐标；e 为数学常数，取值 2.718。

考虑岸边反射影响的宽浅型平直恒定均匀河流，岸边点源稳定排放，浓度分布公式为

$$C(x,y) = C_h + \frac{m}{h\sqrt{\pi E_y ux}}\exp\left(-k\frac{x}{u}\right)\sum_{n=-1}^{1}\exp\left[-\frac{u(y-2nB)^2}{4E_y x}\right] \quad (4\text{-}43)$$

对于宽浅型平直恒定均匀河流，离岸点源排放，浓度分布公式为

$$C(x,y) = C_h + \frac{m}{h\sqrt{4\pi E_y ux}}\exp\left(-k\frac{x}{u}\right)\sum_{n=-1}^{1}\left\{\exp\left[-\frac{u(y-2nB)^2}{4E_y x}\right]+\exp\left[-\frac{u(y-2nB+2a)^2}{4E_y x}\right]\right\}$$

$$(4\text{-}44)$$

B. 瞬时排放。

不考虑岸边反射影响的宽浅型平直恒定均匀河流，岸边点源排放浓度分布公式为

$$C(x,y,t) = C_h + \frac{m}{2\pi ht\sqrt{E_x E_y}}\exp\left[-\frac{(x-ut)^2}{4E_x t}-\frac{y^2}{4E_y t}\right]\exp(-kt) \quad (4\text{-}45)$$

考虑岸边反射影响的宽浅型平直恒定均匀河流，岸边点源排放浓度分布公式为

$$C(x,y,t) = C_h + \frac{m}{2\pi ht\sqrt{E_x E_y}}\exp\left(-\frac{(x-ut)^2}{4E_x t}-kt\right)\sum_{n=-1}^{1}\exp\left[-\frac{(y-2nB)^2}{4E_y t}\right] \quad (4\text{-}46)$$

对于宽浅型平直恒定均匀河流，离岸点源排放浓度分布公式为

$$C(x,y,t) = C_h + \frac{m}{4\pi ht\sqrt{E_x E_y}}\exp\left(-\frac{(x-ut)^2}{4E_x t}-kt\right)\sum_{n=-1}^{1}\left\{\exp\left[-\frac{(y-2nB)^2}{4E_y t}\right]+\exp\left[-\frac{(y-2nB+2a)^2}{4E_y t}\right]\right\}$$

$$(4\text{-}47)$$

C. 有限时段排放。

将有限时段源按时间步长Δt划分为n个"瞬时源"，然后采用瞬时排放源二维对流扩散的浓度分布公式累计叠加得到河流有限时段源二维浓度分布。

6）立面二维数学模型

水动力数学模型的基本方程为

$$\frac{\partial(Bu)}{\partial x}+\frac{\partial(B\omega)}{\partial z}=Bq \quad (4\text{-}48)$$

$$\frac{\partial(Bu)}{\partial t}+\frac{\partial(Bu^2)}{\partial x}+\frac{\partial(B\omega u)}{\partial z}+\frac{B}{\rho}\frac{\partial P}{\partial x}=\frac{\partial}{\partial x}\left(BA_h\frac{\partial u}{\partial x}\right)+\frac{\partial}{\partial z}\left(BA_z\frac{\partial u}{\partial z}\right)-\frac{\tau_{\omega x}}{\rho} \quad (4\text{-}49)$$

$$\frac{\partial P}{\partial z}+\rho g=0 \quad (4\text{-}50)$$

式中，u 为对应于 x 轴的平均流速分量（m/s）；ω 为风速（m/s）；B 为水面宽度（m）；P 为压力（Pa）；A_h 为水平方向的涡黏性系数（m^2/s）；A_z 为垂直方向的涡黏性系数（m^2/s）；$\tau_{\omega x}$ 为边壁阻力（N）；q 为旁侧出入流（源汇项）（s^{-1}）。

水温数学模型的基本方程为

$$\frac{\partial(BT)}{\partial t}+\frac{\partial(BuT)}{\partial x}+\frac{\partial(B\omega T)}{\partial z}=\frac{\partial}{\partial x}\left(BE_{tx}\frac{\partial T}{\partial x}\right)+\frac{\partial}{\partial z}\left(BE_{tz}\frac{\partial T}{\partial z}\right)+\frac{1}{\rho C_p}\frac{\partial(B\varphi)}{\partial z}+BqT_L \quad (4\text{-}51)$$

水质数学模型的基本方程为

$$\frac{\partial(BC)}{\partial t}+\frac{\partial(BuC)}{\partial x}+\frac{\partial(B\omega C)}{\partial z}=\frac{\partial}{\partial x}\left(BE_x\frac{\partial C}{\partial x}\right)+\frac{\partial}{\partial z}\left(BE_z\frac{\partial C}{\partial z}\right)+BqC_L+Bf(C) \quad (4\text{-}52)$$

式中，T 为水温（℃）；T_L 为旁侧出入流（源汇项）水温（℃）；C_p 为水的比热[J/(kg·℃)]；C_L 为旁侧出入流（源汇项）污染物浓度（mg/L）。

7）三维数学模型

水动力数学模型的基本方程为

$$\frac{\partial u}{\partial x}+\frac{\partial v}{\partial y}+\frac{\partial \omega}{\partial \sigma}=S \quad (4\text{-}53)$$

$$\frac{\partial u}{\partial t}+\frac{\partial(u^2)}{\partial x}+\frac{\partial(uv)}{\partial y}+\frac{\partial(u\omega)}{\partial z}+\frac{1}{\rho}\frac{\partial P}{\partial x}=\frac{\partial}{\partial x}\left(A_h\frac{\partial u}{\partial x}\right)+\frac{\partial}{\partial y}\left(A_h\frac{\partial u}{\partial y}\right)+\frac{\partial}{\partial z}\left(A_z\frac{\partial u}{\partial z}\right)+2\theta v\sin\phi+Su_s$$

$$(4\text{-}54)$$

$$\frac{\partial v}{\partial t}+\frac{\partial(uv)}{\partial x}+\frac{\partial(v^2)}{\partial y}+\frac{\partial(v\omega)}{\partial z}+\frac{1}{\rho}\frac{\partial P}{\partial y}=\frac{\partial}{\partial x}\left(A_h\frac{\partial v}{\partial x}\right)+\frac{\partial}{\partial y}\left(A_h\frac{\partial v}{\partial y}\right)+\frac{\partial}{\partial z}\left(A_z\frac{\partial v}{\partial z}\right)-2\theta u\sin\phi+Sv_s$$

$$(4\text{-}55)$$

$$\frac{\partial P}{\partial z}+\rho g=0 \quad (4\text{-}56)$$

式中，θ 为地球自转角速度（°/s）；ϕ 为当地纬度（°）；P 为压力（Pa）；A_h 为水平方向的涡黏性系数（m^2/s）；u_s 为污染物对应于 x 轴的平均流速分量（m/s）；v_s 为污染物对应于 y 轴的平均流速分量（m/s）。

水温数学模型的基本方程为

$$\frac{\partial T}{\partial t}+\frac{\partial(uT)}{\partial x}+\frac{\partial(vT)}{\partial y}+\frac{\partial(\omega T)}{\partial z}=\frac{\partial}{\partial x}\left(E_{tx}\frac{\partial T}{\partial x}\right)+\frac{\partial}{\partial y}\left(E_{ty}\frac{\partial T}{\partial y}\right)+\frac{\partial}{\partial z}\left(E_{tz}\frac{\partial T}{\partial z}\right)+\frac{q_T}{\rho C_p}+ST_s$$

$$(4\text{-}57)$$

式中，q_T 为单位时间内水体与外界的总传热量（J）；T_s 为水温。

水质数学模型的基本方程为

$$\frac{\partial C}{\partial t}+\frac{\partial(uC)}{\partial x}+\frac{\partial(vC)}{\partial y}+\frac{\partial(\omega C)}{\partial z}=\frac{\partial}{\partial x}\left(E_x\frac{\partial C}{\partial x}\right)+\frac{\partial}{\partial y}\left(E_y\frac{\partial C}{\partial y}\right)+\frac{\partial}{\partial z}\left(E_z\frac{\partial C}{\partial z}\right)+SC_s+f(C)$$

$$(4\text{-}58)$$

式中，C_p 为水的比热 [J/(kg·℃)]；C_s 为污染物浓度（mg/L）。

8）常见污染物转化过程的一般描述

对于不同种类的污染物，基本方程中的 $f(C)$ 有相应的数学表达式，《环境影响评价技术导则　地表水环境》（HJ 2.3—2018）列出了常见污染物转化过程的一般性描述方法，评价过程中可以根据评价水域的实际情况进行选取或者进行一定的调整。对于不同空间维数的数学模型，这些表达式中与某些系数相关的空间变量应有相应的变化。

A. 持久性污染物。

如果污染物在水体中难以通过物理、化学及生物作用进行转化，并且污染物在水体中是溶解状态，可以作为非降解物质进行处理。

$$f(C) = 0 \tag{4-59}$$

B. 化学需氧量（COD）：

$$f(C_{COD}) = -k_{COD} C_{COD} \tag{4-60}$$

式中，$f(C_{COD})$ 为 COD 浓度的影响函数；k_{COD} 为 COD 降解系数（s^{-1}）；C_{COD} 为 COD 浓度（mg/L）。

C. 五日生化需氧量（BOD_5）：

$$f(C_{BOD_5}) = -k_1 C_{BOD_5} \tag{4-61}$$

式中，$f(C_{BOD_5})$ 为 BOD_5 浓度的影响函数；k_1 为耗氧系数（s^{-1}）；C_{BOD_5} 为 BOD_5 浓度（mg/L）。

D. 溶解氧（DO）：

$$f(C_{DO}) = -k_1 C_b + k_2 (C_s - C_{DO}) - \frac{S_o}{h} \tag{4-62}$$

式中，$f(C_{DO})$ 为 DO 浓度的影响函数；C_{DO} 为 DO 浓度（mg/L）；k_1 为耗氧系数（s^{-1}）；k_2 为复氧系数（s^{-1}）；C_b 为 BOD_5 的浓度（mg/L）；C_s 为饱和溶解氧的浓度（mg/L）；S_o 为底泥耗氧系数 [$g/(m^2 \cdot s)$]。

E. 氮循环。

水体中的氮包括氨氮（NH_4^+-N）、亚硝酸盐氮（NO_2^--N）、硝酸盐氮（NO_3^--N）三种形态，三种形态之间的转换关系可以表示为

$$f(N_{NH_4^+\text{-}N}) = -b_1 N_{NH_4^+\text{-}N} + \frac{S_{NH_4^+\text{-}N}}{h} \tag{4-63}$$

$$f(N_{NO_2^-\text{-}N}) = b_1 N_{NH_4^+\text{-}N} - b_2 N_{NO_2^-\text{-}N} \tag{4-64}$$

$$f(N_{NO_3^-\text{-}N}) = b_2 N_{NO_2^-\text{-}N} \tag{4-65}$$

式中，$N_{NH_4^+\text{-}N}$、$N_{NO_2^-\text{-}N}$、$N_{NO_3^-\text{-}N}$ 为分别为氨氮、亚硝酸盐氮、硝酸盐氮浓度（mg/L）；b_1、b_2 分别为氨氮氧化成亚硝酸盐氮、亚硝酸盐氮氧化成硝酸盐氮的反应速率（s^{-1}）；$S_{NH_4^+\text{-}N}$ 为氨氮的底泥释放（沉积）率 [$g/(m^2 \cdot s)$]；$f(N_{NH_4^+\text{-}N})$、$f(N_{NO_2^-\text{-}N})$、$f(N_{NO_3^-\text{-}N})$ 分别为氨氮浓度、亚硝酸盐浓度、硝酸盐浓度的影响函数。

F. 总氮（TN）：

$$f(C_{TN}) = -k_{TN} C_{TN} + \frac{S_{TN}}{h} \tag{4-66}$$

式中，$f(C_{TN})$ 为 TN 浓度的影响函数；C_{TN} 为 TN 浓度（mg/L）；k_{TN} 为总氮的综合沉降

系数（s^{-1}）；S_{TN} 为总氮的底泥释放（沉积）率 [g/(m^2·s)]；h 为水深（m）。

G. 磷循环。

水体中的磷可以分为无机磷和有机磷两种形态，两种形态之间的转换关系可以表示为

$$f(C_{PS}) = -G_P C_{PS} A_P + c_P C_{PD} + \frac{S_{PS}}{h} \tag{4-67}$$

$$f(C_{PD}) = D_P C_{PD} A_P - c_P C_{PD} + \frac{S_{PD}}{h} \tag{4-68}$$

式中，$f(C_{PS})$、$f(C_{PD})$ 分别为无机磷浓度、有机磷浓度的影响函数；C_{PS} 为无机磷浓度（mg/L）；C_{PD} 为有机磷浓度（mg/L）；G_P 为浮游植物生长速率（s^{-1}）；A_P 为浮游植物磷含量系数，量纲一；c_P 为有机磷氧化成无机磷的反应速率（s^{-1}）；D_P 为浮游植物死亡速率（s^{-1}）；S_{PS} 为无机磷的底泥释放（沉积）率 [g/(m^2·s)]；h 为水深（m）；S_{PD} 为有机磷的底泥释放（沉积）率 [g/(m^2·s)]。

H. 总磷（TP）：

$$f(C_{TP}) = -k_{TP} C_{TP} + \frac{S_{TP}}{h} \tag{4-69}$$

式中，$f(C_{TP})$ 为 TP 浓度的影响函数；C_{TP} 为 TP 浓度（mg/L）；k_{TP} 为总磷的综合沉降系数（s^{-1}）；S_{TP} 为总磷的底泥释放（沉积）率 [g/(m^2·s)]。

I. 叶绿素 a（Chl-a）：

$$f(C_a) = (G_P - D_P) C_a \tag{4-70}$$

$$G_P = \mu_{max} f(T) \cdot f(L) \cdot f(C_{TP}) \cdot f(C_{TN}) \tag{4-71}$$

式中，C_a 为叶绿素 a 浓度（mg/L）；G_P 为浮游植物生长速率（s^{-1}）；D_P 为浮游植物死亡速率（s^{-1}）；μ_{max} 为浮游植物最大生长速率（s^{-1}）；$f(T)$、$f(L)$、$f(C_{TP})$、$f(C_{TN})$ 分别为水温、光照、TP 浓度、TN 浓度的影响函数，可以根据评价水域的实际情况以及基础资料条件选择适合的函数形式。

J. 重金属。

泥沙对水体重金属污染物具有显著的吸附和解吸作用，因此，重金属污染物的模拟需要考虑泥沙冲淤、吸附解吸的影响。一般情况下，泥沙淤积时，吸附在泥沙上的重金属由悬浮相转化为底泥相，对水相浓度影响不大；泥沙冲刷时，水体中重金属浓度会发生一定的变化。吸附解吸作用可以采用动力学方程进行描述，由于吸附作用一般历时较短，也可以采用吸附热力学方程进行描述。重金属污染物数学模型可以根据评价工作的实际情况，查阅相关文献，选择适宜的模型。

K. 热排放：

$$f(C_{水}) = -\frac{k_T C_{水}}{\rho C_P} + q T_0 \tag{4-72}$$

式中，$f(C_{水})$ 为水体温升的影响函数；$C_{水}$ 为水体温升（℃）；k_T 为水面综合散热系数 [J/(S·m^2·℃)]；ρ 为水的密度（kg/m^3）；C_P 为水的比热 [J/(kg·℃)]；q 为温排水的源强（m/s）；T_0 为温排水的温升（℃）。

L. 余氯:

$$f(C_{cl}) = -k_{Cl}C_{cl} \tag{4-73}$$

式中，$f(C_{cl})$ 为余氯浓度的影响函数；C_{cl} 为余氯浓度（mg/L）；k_{Cl} 为余氯衰减系数（s^{-1}）。

M. 泥沙:

$$f(S) = \alpha\omega(S_* - S) \tag{4-74}$$

式中，α 为恢复饱和系数；ω 为泥沙颗粒沉速（m/s）；S_* 为水流挟沙能力（kg/m^3）；S 为泥沙含量（kg/m^3）。

9）入海河口及近岸海域特殊数学模型

（1）潮汐河口水体交换数学模型。

A. 潮棱体方法及其改进。

假定涨潮水体进入河口并在潮周期内与淡水完全混合，而混合后的水体在落潮时完全排出河口。根据河口冲刷时间的定义则有

$$T_f = \frac{V_c + P}{P}T \tag{4-75}$$

式中，T_f 为河口冲刷时间（h）；V_c 为低潮时河口水体流量（m^3/s）；P 为潮棱体流量（m^3/s）；T 为潮周期（h）。

B. 淡水组分法。

将河口分段，则每一段的淡水组分 f_n 为

$$f_n = (S_s - S_n)S_s \tag{4-76}$$

式中，S_s 为海水盐度（g/kg）；S_n 为分段潮棱体平均盐度（g/kg）。

整个河口的淡水体积 V_f 为

$$V_f = \sum f_n V_n \tag{4-77}$$

则冲刷时间为

$$T_f = V_f / V_c$$

式中，V_n 为分段河口水体流量（m^3/s）；V_c 为低潮时河口水体流量（m^3/s）。

（2）河口解析解模式。

A. 充分混合段。

河口类型 1：适用于狭长、均匀河口连续点源稳定排放的情况。

上溯（$x < 0$，自 $x = 0$ 处排入）：

$$C = \frac{C_P Q_P}{(Q_h + Q_P)M} \exp\left[\frac{ux}{2E_x}(1+m)\right] + C_h \tag{4-78}$$

下泄（$x > 0$）：

$$C = \frac{C_P Q_P}{(Q_h + Q_P)M} \exp\left[\frac{ux}{2E_x}(1-m)\right] + C_h \tag{4-79}$$

$$M = (1 + 4kE_x / u^2)^{1/2} \tag{4-80}$$

河口类型 2：适用于狭长、均匀河口点源瞬时排放的情况：

$$C(x,t) = \frac{W}{A_0\sqrt{4\pi E_x t}} \exp\left\{-\left[\frac{(x-ut)^2}{4E_x t} + kt\right]\right\} + C_h \qquad (4\text{-}81)$$

式中，C 为污染物浓度（mg/L）；C_p 为污染物排放浓度（mg/L）；Q_p 为污水排放量（m³/s）；M 为污染物的瞬时排放总质量（g）；E_x 为污染物纵向扩散系数（m²/s）；E_y 为污染物的横向扩散系数（m²/s）；u 为断面流速（m/s）；k 为污染物的衰减常数（d⁻¹）；$C(x,t)$ 为经过时间 t 后 x 点处的污染物浓度（mg/L）；W 为在 $x=0$、$t=0$ 时污染物的排放量（g）；A_0 为河流断面面积（m²）；Q_h 为河流流量（m³/s）；C_h 为河流来水污染物浓度（mg/L）。

B. 混合过程段。

河口类型 3：适用于狭长、均匀河口，点源江心稳定排放的情况：

$$C(x,y) = \frac{Q_p C_P}{uh} \frac{1}{2\sqrt{\pi E_y \frac{x}{u}}} \exp\left(-\frac{uy^2}{4E_y x} - k\frac{x}{u}\right) + C_h \qquad (4\text{-}82)$$

式中，C 为纵向距离 x、横向距离 y 点的污染物浓度（mg/L）；u 为当进行急性浓度分析预测时，采用断面的半潮平均流速，当进行功能区浓度达标分析时，采用断面的潮平均流速（m/s）；h 为水深（m）。

（3）拉格朗日余流模型。

海水微团经过一个潮周期后，不再回到初始位置，而有了一个净位移 Δx，用公式表示，即

$$\Delta x = y(x_0, t_0 + T) - y(x_0, t_0) \qquad (4\text{-}83)$$

式中，x_0 为质点初始位置；t_0 为初始时刻；$y(x_0, t_0)$ 为轨迹方程；T 为潮周期。

一个周期的净位移除以潮周期定义为拉格朗日余流速度：

$$U_L = \Delta x / T \qquad (4\text{-}84)$$

式中，U_L 为拉格朗日余流速度（m/s）。

（4）河口海洋近场及近远场联合计算的主要方法。

A. 近区、远区耦合数值模型。

按空间分类：三维、二维（平面或垂向）和一维模型。由于河口、河流或近海水深尺度比横向、纵向都小很多，因此多数情况下用二维模型可满足需要。

按处理方法分类：近区、远区耦合模型，非耦合模型（即近区单独计算，作为内边界条件输入远区方程）。

a. 立面二维潮流、物质输移模型。

当排污管的扩散器长度比河口、近岸海域宽度、纵向长度小很多，垂线深度也有一定尺度（1~100m），扩散器从床底向上排放，且为多孔喷口排放时，认为是均匀的，评价重点为垂向分布和纵向分布，可采用侧向平均的二维潮流、物质输移模型。

①模型计算域的确定。

模型计算域应远大于研究水域，以保证边界值不受排放口影响。

近区尺度为 10~100 m，排放口上下游对称布置，网格尺寸一般 2~10m，垂向分 5~10 层。

远区尺度为 100～10000m，排放口上下游对称布置，网格尺寸一般 20～100m，垂向分 5～10 层。

②边界条件的设置。

下边界：通常为潮位资料。为了解大、中、小潮边界对计算成果的差别，要求计算时段较长，取稳定后的大、中、小潮的 15d 等浓度线。

上边界：通常为径流（若上边界仍为感潮段，也可取潮位边界），取 10%、50%保证率的最枯月平均径流。

喷口边界：给出扩散器、放流管的长度，污水流量，喷口个数，喷口间距，喷口流速及喷口水深条件。

③计算方法。

近区模型的边界条件由与之重合的远区模型提供，近区模型的计算结果反馈到与之重合的远区内边界。实际操作中要求远区计算的时间步长是近区计算时间步长的整数倍。

b. 平面二维潮流、输移模型。

当排放口附近水深较小（1～10m），污染物可以很快在水深方向被掺混均匀，需了解污染物在平面的变化，宜采用平面二维模型。

B. 近区、远区准动态数值模型。

由于近区、远区耦合模型需求解 6 个未知数（z、u、v、k、ε 和 c），计算工作量很大，对一般中小型排放口可采用近区、远区分开计算的准动态数值模型。该模型认为近区浓度随潮流变化比较快，可将全潮过程分割为 10～12 个时刻，取其平均值。用射流理论或半理论半经验的公式求近区的初始稀释度，作为该时刻远区模型的边界条件，而远区模型仍采用二维方程进行求解。

a. 准动态时段的划分。

对可用二维或一维模型计算得到排放口处水位、流速的全潮过程。由于近区范围小，污染物在 1h 内就可以掺混均匀，可将全潮按每小时划分，采用近区的半理论半经验公式计算平均水文变量（如水位、流速等）和浓度值。以此获得的浓度作为源强输入动态远区方程，能保证一定精度。

b. 近区的动态浓度计算。

对于近区浓度的计算，以往采用圆形（或窄缝）等密度（或半变密度）的解析解射流公式求得轴对称最大流速、浓度、稀释度及断面平均稀释度，但多数情况下污染物都是多孔排放，计算不准且复杂。本书推荐以下公式。

引入两个重要参数：密度弗劳德数 $F = \dfrac{u_0^3}{b}$，喷口参数 $\dfrac{S}{H}$。当 $F<1$ 时，水流为浮力羽流；当 $F>1$ 时，水流为浮射流。

①浮力羽流。

当 $\dfrac{S}{H}<1$ 时污染源为线源，初始稀释度计算公式为

$$\frac{S_n q}{uH} = 0.49F^{\frac{1}{3}} \tag{4-85}$$

当 $\dfrac{S}{H}>1$ 时污染源为点源,初始稀释度计算公式为

$$\frac{S_n q}{uH}=0.41\left(\frac{S}{H}\right)^{\frac{2}{3}}F^{\frac{1}{3}} \qquad (4\text{-}86)$$

②浮射流。

初始稀释度计算公式为

$$\frac{S_n q}{uH}=2C_2\left(\frac{S}{H}\right)^{-1},\ C_2=0.25\sim0.41 \qquad (4\text{-}87)$$

当 $F>0.3$ 时,初始稀释度计算公式为

$$\frac{S_n q}{uH}=0.77\pm15\% \qquad (4\text{-}88)$$

或者

$$\frac{S_n q}{uH}=0.55\left(\frac{S}{H}\right)^{\frac{1}{2}}\pm20\% \qquad (4\text{-}89)$$

近区污染物扩散长度计算公式为

$$\text{当}\ \frac{S}{H}<0.2\ \text{时,}\ \frac{X_n}{H}=2.5F^{\frac{1}{3}} \qquad (4\text{-}90)$$

$$\text{当}\ 0.5<\frac{S}{H}<5\ \text{时,}\ \frac{X_n}{H}=5.2F^{\frac{1}{3}}\pm10\% \qquad (4\text{-}91)$$

式中,u 为排放口喷口处的射流流速(m/s);n 为喷口数目;S 为喷口间的距离(m);q 为线源单位长度上的流量(m²/s),$q=\dfrac{Q}{L}$,L 为扩散管的总长度(m),Q 为流量(m³/s);F 为惯性力与浮力的比值,称密度弗劳德数;X_n 为近区混合的纵向距离(m);H 为喷口高度(m);b 为喷口宽度(m);u_0 为出流流速(m/s)。

7. 模型概化

当选用解析解方法进行水环境影响预测时,可对预测水域进行合理的概化。

(1)河流水域概化:①预测河段及代表性断面的宽深比大于等于 20 时,可视为矩形河段。②河段弯曲系数大于 1.3 时,可视为弯曲河段,其余可概化为平直河段。③对于河流水文特征值、水质急剧变化的河段,应分段概化,并分别进行水环境影响预测;河网应分段概化,分别进行水环境影响预测。

(2)湖库水域概化。根据湖库的入流条件、水力停留时间、水质及水温分布等情况,分别概化为稳定分层型、混合型和不稳定分层型。

(3)受人工控制的河流,根据涉水工程(如水利水电工程)的运行调度方案及蓄水、泄流情况,分别视其为水库或河流进行水环境影响预测。

(4)入海河口、近岸海域概化:①可将潮区界作为感潮河段的边界。②采用解析解方法进行水环境影响预测时,可按潮周平均、高潮平均和低潮平均三种情况,概化为稳态进行预测。③预测近岸海域可溶性物质水质分布时,可只考虑潮汐作用,预测密度小

于海水的不可溶物质时应考虑潮汐、波浪及风的作用。④注入近岸海域的小型河流可视为点源，可忽略其对近岸海域流场的影响。

8. 基础数据要求

（1）水文、气象、水下地形等基础数据原则上应与工程设计保持一致，采用其他数据时，应说明数据来源、有效性及数据预处理情况。获取的基础数据应能够支持模型参数率定、模型验证的基本需求。

a. 水文数据。水文数据应采用水文站点实测数据或根据站点实测数据进行推算，数据精度应与模拟预测结果精度要匹配。河流、湖库建设项目水文数据时间精度应根据建设项目调控影响的时空特征，分析典型时段的水文情势与过程变化影响，涉及日调度影响的，时间精度宜不小于1h。感潮河段、入海河口及近岸海域建设项目应考虑盐度对污染物运移扩散的影响，一级评价时间精度不得低于1h。

b. 气象数据。气象数据应根据模拟范围内或附近的常规气象监测站点数据进行合理确定。气象数据应采用多年平均气象资料或典型年实测气象资料数据。气象数据应包括气温、相对湿度、日照时数、降水量、云量、风向、风速等。

c. 水下地形数据。采用数值解模型时，原则上应采用最新的现有或补充测绘成果，水下地形数据精度原则上应与工程设计保持一致。建设项目实施后可能导致河道地形改变的，如疏浚及堤防建设以及水底泥沙淤积造成的库底、河底高程发生的变化，应考虑地形变化的影响。

d. 涉水工程资料。包括预测范围内的已建、在建及拟建涉水工程，其取水量或工程调度情况、运行规则应与国家或地方发布的统计数据、环评及环保验收数据保持一致。

（2）一致性及可靠性分析。对评价范围调查收集的水文资料（如流速、流量、水位、蓄水量等）、水质资料、排放口资料（污水排放量与水质浓度）、支流资料（支流水量与水质浓度）、取水口资料（取水量、取水方式、水质数据）、污染源资料（排污量、排污去向与排放方式、污染物种类及排放浓度）等进行数据一致性分析。应明确模型采用基础数据的来源，保证基础数据的可靠性。

（3）建设项目所在水环境控制单元如有国家生态环境主管部门发布的标准化土壤及土地利用数据、地形数据、环境水力学特征参数的，影响预测模拟时应优先使用标准化数据。

9. 初始条件

初始条件（如水文、水质、水温等）设定应满足所选用数学模型的基本要求，需合理确定初始条件，控制预测结果不受初始条件的影响。当初始条件对计算结果的影响在短时间内无法有效消除时，应延长模拟计算的初始时间，必要时应开展初始条件敏感性分析。

10. 边界条件

（1）设计水文条件确定要求。

a. 河流、湖库设计水文条件。

河流不利枯水条件下，宜采用90%保证率最枯月流量或近10年最枯月平均流量作为不利枯水水量；流向不定的河网地区和潮汐河段，宜采用 90%保证率流速为零时的低水位相应水量作为不利枯水水量；湖库不利枯水条件下，应采用近 10 年最低月平均水位或90%保证率最枯月平均水位相应的蓄水量,水库也可采用死库容相应的蓄水量作为不利枯水水量。其他水期的设计水量则应根据水环境影响预测需求确定。

受人工调控的河段，可采用最小下泄流量或河道内生态流量作为设计流量。

根据设计流量，采用水力学、水文学等方法，确定水位、流速、河宽、水深等其他水力学数据。

b. 入海河口、近岸海域设计水文条件。

感潮河段、入海河口的下游水位边界的确定，应选择对应时段潮周期作为基本水文条件进行计算，可取用保证率为 10%、50%和 90%潮差，或上游计算流量条件下相应的实测潮位。

近岸海域的潮位边界条件界定，应选择一个潮周期作为基本水文条件，选用历史实测潮位过程或人工构造潮型作为设计水文条件。

河流、湖库设计水文条件的计算可按《水利水电工程水文计算规范》（SL/T 278—2020）的规定执行。

（2）污染负荷的确定。

a. 根据预测情景，确定各情景下建设项目排放的污染负荷量，应包括建设项目所有排放口（涉及一类污染物的车间或车间处理设施排放口、企业总排口、雨水排放口、温排水排放口等）的污染物源强。

b. 应覆盖预测范围内的所有与建设项目排放污染物相关的污染源或污染源负荷占预测范围总污染负荷的比例超过 95%。

（3）规划水平年污染源负荷预测要求。

a. 点源及面源污染源负荷预测要求。应包括已建、在建及拟建项目的污染物排放，综合考虑区域经济社会发展及水污染防治规划、区（流）域环境质量改善目标要求，按照点源、面源分别确定预测范围内的污染源的排放量与入河量。采用面源模型预测规划水平年污染源负荷时，面源模型的构建、率定、验证等要求参照 4.1.3.2 节相关规定执行。

b. 内源负荷预测要求。内源负荷估算可采用释放系数法，必要时可采用释放动力学模型方法。内源释放系数可采用静水、动水试验进行测定或者参考类似工程资料确定；水环境影响敏感且资料缺乏区域需开展静水试验、动水试验确定释放系数；类比时需结合施工工艺、沉积物类型、水动力等因素进行修正。

11. 参数确定与验证要求

（1）水动力及水质模型参数包括水文及水力学参数、水质（包括水温及富营养化）参数等。其中，水文及水力学参数包括流量、流速、坡度、糙率等；水质参数包括污染物综合衰减系数、扩散系数、耗氧系数、复氧系数、蒸发散热系数等。

（2）模型参数确定可采用类比、经验公式、实验室测定、物理模型试验、现场实测及模型率定等方法，可以采用多类方法比对确定模型参数。当采用数值解模型时，宜采用模型率定法核定模型参数。

（3）在模型参数确定的基础上，通过模型计算结果与实测数据进行比较分析，验证模型的适用性与误差及精度。

（4）选择模型率定法确定模型参数的，模型验证应采用与模型参数率定不同组实测资料数据进行。

（5）应对模型参数确定与模型验证的过程和结果进行分析说明，并以河宽、水深、流速、流量以及主要预测因子的模拟结果作为分析依据，当采用二维或三维模型时，应开展流场分析。模型验证应分析模拟结果与实测结果的拟合情况，阐明模型参数率定取值的合理性。

12. 预测点位设置及结果合理性分析要求

（1）预测点位设置要求。

应将常规监测点、补充监测点、水环境保护目标、水质水量突变处及控制断面等作为预测重点。当需要预测排放口所在水域形成的混合区范围时，应适当加密预测点位。

（2）模型结果合理性分析。

模型计算结果的内容、精度和深度应满足环境影响评价要求。采用数值解模型进行影响预测时，应说明模型时间步长、空间步长设定的合理性，在必要的情况下应对模拟结果开展质量或热量守恒分析。应对模型计算的关键影响区域和重要影响时段的流场、流速分布、水质（水温）等模拟结果进行分析，并给出相关图件。受区域水环境影响较大的建设项目，宜采用不同模型进行比对分析。

4.1.3.3　地表水环境影响评价

1）评价内容

（1）一级、二级、水污染影响型三级 A 及水文要素影响型三级评价，主要评价内容包括：

a. 水污染控制和水环境影响减缓措施有效性评价。

b. 水环境影响评价。

（2）水污染影响型三级 B 评价，主要评价内容包括：

a. 水污染控制和水环境影响减缓措施有效性评价。

b. 依托污水处理设施的环境可行性评价。

2）评价要求

（1）水污染控制和水环境影响减缓措施有效性评价应满足以下要求。

a. 污染控制措施及各类排放口排放浓度限值等应满足国家和地方相关排放标准及符合有关标准规定的排水协议关于水污染物排放的条款要求。

b. 水动力影响、生态流量、水温影响减缓措施应满足水环境保护目标的要求。

c. 涉及面源污染的，应满足国家和地方有关面源污染控制治理要求。

d. 受纳水体环境质量达标区的建设项目选择废水处理措施或多方案比选时，应满足行业污染防治可行技术指南要求，确保废水稳定达标排放且环境影响可以接受。

e. 受纳水体环境质量不达标区的建设项目选择废水处理措施或多方案比选时，应满足区（流）域水环境质量限期达标规划和替代源的削减方案要求、区（流）域环境质量改善目标要求及行业污染防治可行技术指南中最佳可行技术要求，确保废水污染物达到最低排放强度和排放浓度，环境影响可以接受。

（2）水环境影响评价应满足以下要求。

a. 排放口所在水域形成的混合区，应限制在达标控制（考核）断面以外水域，不得与已有排放口形成的混合区叠加，混合区外水域应满足水环境功能区或水功能区的水质目标要求。

b. 水环境功能区或水功能区、近岸海域环境功能区水质达标。说明建设项目对评价范围内的水环境功能区或水功能区、近岸海域环境功能区的水质影响特征，分析水环境功能区或水功能区、近岸海域环境功能区水质变化状况，在考虑叠加影响的情况下，评价建设项目建成以后各预测时期水环境功能区或水功能区、近岸海域环境功能区达标状况。涉及富营养化问题的，还应评价水温、水文要素、营养盐等变化特征与趋势，分析判断富营养化演变趋势。

c. 满足水环境保护目标水域水环境质量要求。评价水环境保护目标水域各预测时期的水质（包括水温）变化特征、影响程度与达标状况。

d. 水环境控制单元或断面水质达标。说明建设项目污染排放或水文要素变化对所在控制单元各预测时期的水质影响特征，在考虑叠加影响的情况下，分析水环境控制单元或断面的水质变化状况，评价建设项目建成以后水环境控制单元或断面在各预测时期的水质达标状况。

e. 满足重点水污染物排放总量控制指标要求，重点行业建设项目主要污染物排放满足等量或减量替代要求。

f. 满足区（流）域水环境质量改善目标要求。

g. 水文要素影响型建设项目的评价应包括水文情势变化评价、主要水文特征值影响评价、生态流量符合性评价。

h. 对于新设或调整入河（湖库、近岸海域）排放口的建设项目，应包括排放口设置的环境合理性评价。

i. 满足"三线一单"（生态保护红线、水环境质量底线、资源利用上线和环境准入清单）管理要求。

（3）依托污水处理设施的环境可行性评价，主要从污水处理设施的日处理能力、处理工艺、设计进水水质、处理后的废水稳定达标排放情况及排放标准是否涵盖建设项目排放的有毒有害的特征水污染物等方面开展评价，满足依托的环境可行性要求。

3）污染源排放量核算

（1）一般要求。

a. 污染源排放量是新（改、扩）建项目申请污染物排放许可的依据。

b. 对改建、扩建项目，除应核算新增源的污染物排放量外，还应核算项目建成后全厂的污染物排放量，污染源排放量为污染物的年排放量。

c. 建设项目在批复的区域或水环境控制单元达标方案的许可排放量分配方案中有规定的，按规定执行。

d. 污染源排放量核算，应在满足地表水环境影响评价要求前提下进行核算。

e. 规划环评污染源排放量核算与分配应遵循水陆统筹、河海兼顾、满足"三线一单"约束要求的原则，综合考虑水环境质量改善目标，水环境功能区或水功能区、近岸海域环境功能区管理要求，经济社会发展，行业排污绩效等因素，确保发展不超载，底线不突破。

（2）间接排放建设项目污染源排放量核算根据依托污水处理设施的控制要求核算确定。

（3）直接排放建设项目污染源排放量核算，根据建设项目达标排放的地表水环境影响、污染源源强核算技术指南及排污许可申请与核发技术规范进行核算，并从严要求（徐颂，2016）。

（4）直接排放建设项目污染源排放量核算应在满足地表水环境影响评价要求的基础上，遵循以下原则要求。

a. 污染源排放量的核算水体为有水环境功能要求的水体。

b. 建设项目排放的污染物属于现状水质不达标的，包括本项目在内的区（流）域污染源排放量应调减至满足区（流）域水环境质量改善目标要求（赵丽，2018）。

c. 当受纳水体为河流时，不受回水影响的河段，建设项目污染源排放量核算断面位于排放口下游，与排放口的距离应小于 2km；受回水影响的河段，应在排放口的上下游设置建设项目污染源排放量核算断面，与排放口的距离应小于 1km。建设项目污染源排放量核算断面应根据区间水环境保护目标位置、水环境功能区或水功能区及控制单元断面等情况调整。当排放口污染物进入受纳水体在断面混合不均匀时，应以污染源排放量核算断面污染物最大浓度作为评价依据。

d. 当受纳水体为湖库时，建设项目污染源排放量核算点位应布置在以排放口为中心、半径不超过 50m 的扇形水域内，且扇形面积占湖库面积比例不超过 5%，核算点位应不少于 3 个。建设项目污染源排放量核算点应根据区间水环境保护目标位置、水环境功能区或水功能区及控制单元断面等情况调整（王庆改等，2019）。

e. 遵循地表水环境质量底线要求，主要污染物（如化学需氧量、氨氮、总磷、总氮）需预留必要的安全余量。安全余量可根据地表水环境质量标准、受纳水体环境敏感性等确定：受纳水体为《地表水环境质量标准》（GB 3838—2002）Ⅲ类水域，以及涉及水环境保护目标的水域，安全余量按照不低于建设项目污染源排放量核算断面（点位）处环境质量标准的 10% 确定（安全余量≥环境质量标准×10%）；受纳水体水环境质量标准为《地表水环境质量标准》（GB 3838—2002）Ⅳ、Ⅴ类水域，安全余量按照不低于建设项目污染源排放量核算断面（点位）环境质量标准的 8% 确定（安全余量≥环境质量标准×8%）；地方如有更严格的环境管理要求，按地方要求执行。

f. 当受纳水体为近岸海域水体时，参照《污水海洋处置工程污染控制标准》（GB 18486—2001）执行。

（5）按照地表水环境影响评价要求预测评价范围的水质状况，如预测的水质因子满足地表水环境质量管理及安全余量要求，污染源排放量即为水污染控制措施有效性评价确定的排污量。如果不满足地表水环境质量管理及安全余量要求，则进一步根据水质目标核算污染源排放量。

4）生态流量确定

（1）一般要求。

a. 根据河流、湖库生态环境保护目标的流量（水位）及过程需求确定生态流量（水位）。河流应确定生态流量，湖库应确定生态水位。

b. 根据河流和湖库的形态、水文特征及生物重要生境分布，选取有代表性的控制断面综合分析评价河流和湖库的生态环境状况、主要生态环境问题等。生态流量控制断面或点位选择应结合重要生境和重要环境保护对象等保护目标的分布、水文站网分布以及重要水利工程位置等统筹考虑。

c. 依据评价范围内各水环境保护目标的生态环境需水确定生态流量，生态环境需水的计算方法可参考有关规定执行。

（2）河流、湖库生态环境需水计算要求。

河流生态环境需水包括水生生态需水、水环境需水、湿地需水、景观需水、河口压咸需水等。应根据河流生态环境保护目标要求，选择合适方法计算河流生态环境需水及其过程。

A. 河流生态环境需水计算要求。

a. 水生生态需水计算中，应采用水力学法、生态水力学法、水文学法等方法计算水生生态流量。水生生态流量最少采用两种方法计算，基于不同计算方法成果对比分析，合理选择水生生态流量成果；鱼类繁殖期的水生生态需水宜采用生境分析法计算，确定繁殖期所需的水文过程，并取外包线作为计算成果，鱼类繁殖期所需水文过程应与天然水文过程相似。

b. 水环境需水计算中，应根据水环境功能区或水功能区确定控制断面水质目标，结合计算范围内的河段特征和控制断面与概化后污染源的位置关系，采用 4.1.3.2 节的数学模型方法计算水环境需水。

c. 湿地需水计算中，应综合考虑湿地水文特征和生态保护目标需水特征，综合不同方法合理确定湿地需水。河岸植被需水量采用单位面积用水量法、潜水蒸发法、间接计算法、彭曼公式法等方法计算；河道内湿地补给水量采用水量平衡法计算。保护目标在繁育生长关键期对水文过程有特殊需求时，应计算湿地关键期需水量及过程。

d. 景观需水计算中，应综合考虑水文特征和景观保护目标要求。

e. 河口压咸需水计算中，应根据调查成果，确定河口类型，可采用 4.1.3.2 节"预测模型"中的相关数学模型计算河口压咸需水。

f. 其他需水应根据评价区域实际情况进行计算，主要包括冲沙需水、河道蒸发和渗漏需水等。对于多泥沙河流，需考虑河流冲沙需水。

B. 湖库生态环境需水计算要求：

a. 湖库生态环境需水包括维持湖库生态水位的生态环境需水及入（出）湖河流生态环境需水。湖库生态环境需水可采用最小值、年内不同时段值和全年值表示。

b. 湖库生态环境需水计算中，可采用不同频率最枯月平均值法或近 10 年最枯月平均水位法确定湖库生态环境需水最小值。年内不同时段值应根据湖库生态环境保护目标所对应的生态环境功能，分别计算各项生态环境功能敏感水期要求的需水量。维持湖库形态功能的水量，可采用湖库形态分析法计算。维持生物栖息地功能的需水量，可采用生物空间法计算。

c. 入（出）湖库河流的生态环境需水应根据地表水环境影响评价要求计算确定，计算成果应与湖库生态水位计算成果相协调。

（3）河流、湖库生态流量综合分析与确定。

河流生态流量，应根据水生生态需水、水环境需水、湿地需水、景观需水、河口压咸需水和其他需水等计算成果，考虑各项需水的外包关系和叠加关系，综合分析需水目标要求，确定生态流量。湖库生态流量，应根据湖库生态环境需水确定最低生态水位及不同时段内的水位。

应根据国家或地方政府批复的综合规划、水资源规划、水环境保护规划等成果中相关的生态流量控制等要求，综合分析生态流量成果的合理性（中华人民共和国环境影响评价法与规划、设计、建设项目实施手册编委会等，2002）。

4.1.4 地表水环境影响评价结论

（1）根据水污染控制和水环境影响减缓措施有效性评价、地表水环境影响评价的结果，明确给出地表水环境影响是否可接受的结论。

（2）达标区的建设项目环境影响评价，依据地表水环境影响评价要求，在同时满足水污染控制和水环境影响减缓措施有效性评价、水环境影响评价的情况下，认为地表水环境影响可以接受，否则认为地表水环境影响不可接受。

（3）不达标区的建设项目环境影响评价，在考虑区（流）域环境质量改善目标要求、削减替代源的基础上，同时满足水污染控制和水环境影响减缓措施有效性评价、水环境影响评价的情况下，认为地表水环境影响可以接受，否则认为地表水环境影响不可接受（国家环境保护总局监督管理司，2000）。

4.1.4.1 污染源排放量与生态流量

（1）明确给出污染源排放量核算结果，填写建设项目污染物排放信息表。

（2）新建项目的污染物排放指标需要等量替代或减量替代时，还应明确给出替代项目的基本信息，主要包括项目名称、排污许可证编号、污染物排放量等。

（3）有生态流量控制要求的，根据水环境保护管理要求，明确给出生态流量控制节点及控制目标（赵丽，2018）。

4.1.4.2 地表水环境影响评价自查

地表水环境影响评价完成后，应对地表水环境影响评价主要内容与结论进行自查，将影响预测中应用的输入、输出原始资料进行归档，随评价文件一并提交给审查部门。

4.2　地下水环境影响评价

地下水（ground water），是指赋存于地面以下岩石空隙中的水，狭义上是指地下水面以下饱和含水层中的水。在国家标准《水文地质术语》（GB/T 14157—2023）中，地下水是指埋藏在地表以下各种形式的重力水。地下水是水资源的重要组成部分，由于其水量稳定、水质好，是农业灌溉、工矿和城市的重要水源之一。但在一定条件下，地下水的变化也会引起沼泽化、盐渍化、滑坡、地面沉降等不利自然现象的发生（刘丽娟，2017）。地下水的水文地质条件包括了地下水的埋藏和分布、含水介质和含水构造等条件。其中，常见的基本概念如下。

包气带：地面与地下水之间与大气相通的，含有气带的地方为包气带。

饱水带：地下水面以下，岩层的空隙全部被水充满的地带为饱水带。

潜水：地面以下，第一个稳定隔水层以上具有自由水面的地下水为潜水。

承压水：充满于上下两个相对隔水层之间具有承压性质的地下水为承压水。

地下水补给区：含水层出露或接近地表接受大气降水和地表水等入渗补给的地区为地下水补给区。

地下水排泄区：含水层的地下水向外部排泄的范围为地下水排泄区。

地下水径流区：含水层的地下水从补给区至排泄区的流经范围为地下水径流区。

根据供水人口的规模不同，地下水饮用水源分为集中式饮用水水源（＞1000 人）和分散式饮用水水源（＜1000 人）。

地下水污染：人为原因直接导致地下水化学、物理、生物性质改变，使地下水水质恶化的现象称为地下水污染。

地下水环境现状值：项目实施之前地下水环境质量监测值为地下水环境现状值。

地下水污染对照值：调查评价区内有历史记录的地下水水质指标统计值，或调查评价区内受人类活动影响程度较小的地下水水质指标统计值为地下水污染对照值。

评价过程中，根据建设项目的工艺设备和地下水环境保护措施是否达标，可以判断地下水环境是否属于正常状况。地下水环境保护目标就是寻找并落实潜水含水层和可能受建设项目影响且具有饮用水开发利用价值的含水层，集中式饮用水水源和分散式饮用水水源地，以及《建设项目环境影响评价分类管理名录》中所界定的涉及地下水的环境敏感区 [《环境影响评价技术导则　地下水环境》（HJ 610—2016）]。

4.2.1　地下水环境影响评价的原则、任务和程序

4.2.1.1　一般性原则

地下水环境影响评价应对建设项目在建设期、运营期和服务期满后对地下水水质可

能造成的直接影响进行分析、预测和评估,提出预防或者减轻不良影响的对策和措施,制订地下水环境影响跟踪监测计划,为建设项目地下水环境保护提供科学依据。根据建设项目对地下水环境影响的程度,结合《建设项目环境影响评价分类管理名录》,将建设项目分为四类。I类、II类、III类建设项目的地下水环境影响评价应执行本标准,IV类建设项目不开展地下水环境影响评价(林云琴等,2017)。

4.2.1.2　评价基本任务

地下水环境影响评价应按本标准划分的评价工作等级开展相应评价工作,基本任务包括:识别地下水环境影响,确定地下水环境影响评价工作等级;开展地下水环境现状调查,完成地下水环境现状监测与评价;预测和评价建设项目对地下水水质可能造成的直接影响,提出有针对性的地下水污染防控措施与对策,制订地下水环境影响跟踪监测计划和应急预案。

4.2.1.3　工作程序

地下水环境影响评价工作可划分为准备阶段、现状调查与评价阶段、影响预测与评价阶段和结论阶段。地下水环境影响评价工作程序见图4-2。

4.2.1.4　各阶段主要工作内容

1)准备阶段
搜集和分析国家和地方有关地下水环境保护的法律、法规、政策、标准及相关规划等资料;了解建设项目工程概况,进行初步工程分析,识别建设项目对地下水环境可能造成的直接影响;开展现场踏勘工作,识别地下水环境敏感程度;确定评价工作等级、评价范围以及评价重点。
2)现状调查与评价阶段
开展现场调查、勘探,地下水监测、取样、分析,室内外试验和室内资料分析等工作,进行现状评价。
3)影响预测与评价阶段
进行地下水环境影响预测,依据国家、地方有关地下水环境的法规及标准,评价建设项目对地下水环境可能造成的直接影响。
4)结论阶段
综合分析各阶段成果,提出地下水环境保护措施与防控措施,制订地下水环境影响跟踪监测计划,给出地下水环境影响评价结论。

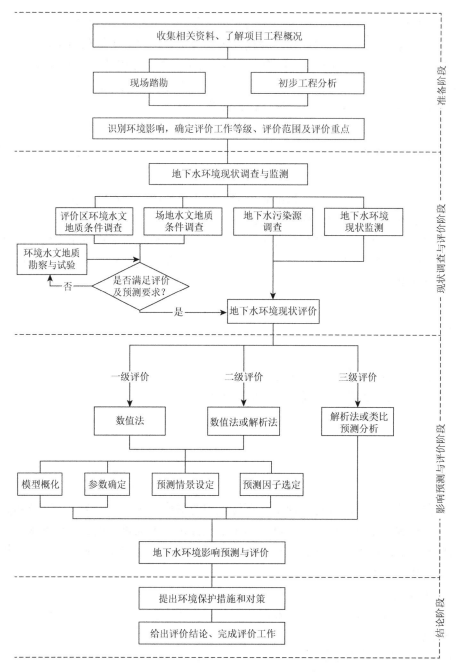

图 4-2　地下水环境影响评价工作程序图

4.2.2　地下水环境影响评价技术要求

4.2.2.1　原则性要求

在地下水环境影响评价中，应充分利用已有资料和数据，当已有资料和数据不能满足评价工作要求时，应开展相应评价工作等级要求的补充调查，必要时进行勘察试验。

4.2.2.2　一级评价要求

（1）详细掌握调查评价区环境水文地质条件，主要包括含（隔）水层结构及其分布特征、地下水补径排条件、地下水流场、地下水动态变化特征、各含水层之间以及地表水与地下水之间的水力联系等，详细掌握调查评价区内地下水开发利用现状与规划。

（2）开展地下水环境现状监测，详细掌握调查评价区地下水环境质量现状和地下水动态监测信息，进行地下水环境现状评价。

（3）基本查清场地环境水文地质条件，有针对性地开展勘察试验，确定场地包气带特征及其防污性能。

（4）采用数值法进行地下水环境影响预测，对于不宜概化为等效多孔介质的地区，可根据自身特点选择适宜的预测方法。

（5）预测评价应结合相应环保措施，针对可能的污染情景，预测污染物运移趋势，评价建设项目对地下水环境保护目标的影响。

（6）根据预测评价结果和场地包气带特征及其防污性能，提出切实可行的地下水环境保护措施与地下水环境影响跟踪监测计划，制订应急预案。

4.2.2.3　二级评价要求

（1）基本掌握调查评价区的环境水文地质条件，主要包括含（隔）水层结构及其分布特征、地下水补径排条件、地下水流场等。了解调查评价区地下水开发利用现状与规划。

（2）开展地下水环境现状监测，基本掌握调查评价区地下水环境质量现状，进行地下水环境现状评价。

（3）根据场地环境水文地质条件的掌握情况，有针对性地补充必要的勘察试验。

（4）根据建设项目特征、水文地质条件及资料掌握情况，采用数值法或解析法进行影响预测，评价建设项目对地下水环境保护目标的影响。

（5）提出切实可行的环境保护措施与地下水环境影响跟踪监测计划。

4.2.2.4　三级评价要求

（1）了解调查评价区和场地环境水文地质条件。

（2）基本掌握调查评价区的地下水补径排条件和地下水环境质量现状。

（3）采用解析法或类比分析法进行地下水环境影响分析与评价。

（4）提出切实可行的环境保护措施与地下水环境影响跟踪监测计划。

（5）其他技术要求：①一级评价要求场地环境水文地质资料的调查精度应不低于

1：10000 比例尺，调查评价区的环境水文地质资料的调查精度应不低于 1：50000 比例尺。②二级评价环境水文地质资料的调查精度要求能够清晰反映建设项目与环境敏感区、地下水环境保护目标的位置关系，并根据建设项目特点和水文地质条件复杂程度确定调查精度，建议以不低于 1：50000 比例尺为宜（林云琴等，2017）。

4.2.3 地下水环境现状调查与评价

4.2.3.1 调查与评价原则

地下水环境现状调查与评价工作应遵循资料搜集与现场调查相结合、项目所在场地调查（勘察）与类比考察相结合、现状监测与长期动态资料分析相结合的原则。其工作的深度应满足相应的工作级别要求。当现有资料不能满足要求时，应通过组织现场监测或环境水文地质勘察与试验等方法获取。对于一级、二级评价的改建、扩建类建设项目，应开展现有工业场地的包气带污染现状调查。对于长输油品、化学品管线等线性工程，调查评价工作应重点针对场站、服务站等可能对地下水产生污染的地区开展。

4.2.3.2 调查评价范围

1）基本要求

地下水环境现状调查评价范围应包括与建设项目相关的地下水环境保护目标，以能说明地下水环境的现状，反映调查评价区地下水基本流场特征，满足地下水环境影响预测和评价为基本原则。污染场地修复工程项目的地下水环境影响现状调查参照《环境影响评价技术导则 地下水环境》（HJ 610—2016）执行。

2）调查评价范围确定

（1）建设项目（除线性工程外）地下水环境影响现状调查评价范围可采用公式计算法、查表法和自定义法确定。当建设项目所在地水文地质条件相对简单，且所掌握的资料能够满足公式计算法的要求时，应采用公式计算法确定；当不满足公式计算法的要求时，可采用查表法确定；当计算或查表范围超出所处水文地质单元边界时，应以所处水文地质单元边界为宜。

a. 公式计算法。

$$L = \alpha \cdot K \cdot I \cdot T / n_e \quad (4\text{-}92)$$

式中，L 为下游迁移距离（m）；α 为变化系数，$\alpha \geqslant 1$，一般取 2；K 为渗透系数（m/d）；I 为水力坡度（量纲一）；T 为质点迁移天数，取值不小于 5000d；n_e 为有效孔隙度（量纲一）。

采用该方法时应包含重要的地下水环境保护目标，所得的调查评价范围示意图如图 4-3 所示。

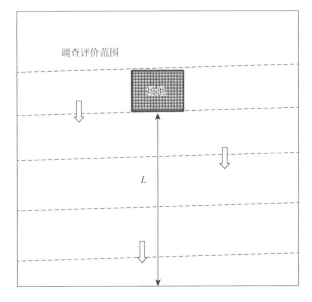

图 4-3 调查评价范围示意图

虚线表示等水位线；空心箭头表示地下水流向；
场地上游距离根据评价需求确定，场地两侧不小于 *L*/2

b. 查表法。

根据表格内容确定评级范围，详见表 4-6。

表 4-6 地下水环境现状调查评价范围参考表

评价工作等级	调查评价面积/km²	备注
一级	≥20	
二级	6～20	应包括重要的地下水环境保护目标，必要时适当扩大范围
三级	≤6	

c. 自定义法。

可根据建设项目所在地水文地质条件自行确定，须说明理由。

（2）线性工程应以工程边界两侧分别向外延伸 200m 作为调查评价范围；穿越饮用水源准保护区时，调查评价范围应至少包含水源保护区；线性工程站场的调查评价范围确定参照（1）。

4.2.3.3 调查内容与要求

1）水文地质条件调查

在充分收集资料的基础上，根据建设项目特点和水文地质条件复杂程度，开展调查工作，主要内容包括：

（1）气象、水文、土壤和植被状况。

（2）地层岩性、地质构造、地貌特征与矿产资源。

（3）包气带岩性、结构、厚度、分布及垂向渗透系数等。

（4）含水层岩性、分布、结构、厚度、埋藏条件、渗透性、富水程度等；隔水层（弱透水层）的岩性、厚度、渗透性等。

（5）地下水类型、地下水补径排条件。

（6）地下水水位、水质、水温、地下水化学类型。

（7）泉的成因类型、出露位置、形成条件及泉水流量、水质、水温，开发利用情况。

（8）集中供水水源地和水源井的分布情况（包括开采层的成井密度、水井结构、深度以及开采历史）。

（9）地下水现状监测井的深度、结构以及成井历史、使用功能。

（10）地下水环境现状值（或地下水污染对照值）。

场地范围内应重点调查（3）。

2）地下水污染源调查

调查评价区内具有与建设项目产生或排放同种特征因子的地下水污染源。对于一级、二级的改建、扩建项目，应在可能造成地下水污染的主要装置或设施附近开展包气带污染现状调查，对包气带进行分层取样，一般在 0～20cm 埋深范围内取一个样品，其他取样深度应根据污染源特征和包气带岩性、结构特征等确定，并说明理由。样品进行浸溶试验，测试分析浸溶液成分。

3）地下水环境现状监测

（1）建设项目地下水环境现状监测应通过对地下水水质、水位的监测，掌握或了解调查评价区地下水水质现状及地下水流场，为地下水环境现状评价提供基础资料。

（2）污染场地修复工程项目的地下水环境现状监测参照（1）执行。

（3）现状监测点的布设原则。

A. 地下水环境现状监测点采用控制性布点与功能性布点相结合的布设原则。监测点应主要布设在建设项目场地、周围环境敏感点、地下水污染源以及对于确定边界条件有控制意义的地点。当现有监测点不能满足监测位置和监测深度要求时，应布设新的地下水现状监测井，现状监测井的布设应兼顾地下水环境影响跟踪监测计划。

B. 监测层位应包括潜水含水层、可能受建设项目影响且具有饮用水开发利用价值的含水层。

C. 一般情况下，地下水水位监测点数以不小于相应评价级别地下水水质监测点数的 2 倍为宜。

D. 地下水水质监测点布设的具体要求：

a. 监测点布设应尽可能靠近建设项目场地或主体工程，监测点数应根据评价工作等级和水文地质条件确定。

b. 一级评价项目潜水含水层的水质监测点应不少于 7 个，可能受建设项目影响且具有饮用水开发利用价值的含水层监测点在 3～5 个。原则上建设项目场地上游和两侧的地下水水质监测点均不得少于 1 个，建设项目场地及其下游影响区的地下水水质监测点不得少于 3 个。

c. 二级评价项目潜水含水层的水质监测点应不少于 5 个，可能受建设项目影响且具有饮用水开发利用价值的含水层监测点在 2～4 个。原则上建设项目场地上游和两侧的地下水水质监测点均不得少于 1 个，建设项目场地及其下游影响区的地下水水质监测点不得少于 2 个。

d. 三级评价项目潜水含水层水质监测点应不少于 3 个，可能受建设项目影响且具有饮用水开发利用价值的含水层监测点在 1～2 个。原则上建设项目场地上游及下游影响区的地下水水质监测点均不得少于 1 个。

e. 管道型岩溶区等水文地质条件复杂的地区，地下水现状监测点应视情况确定，并说明布设理由。

f. 在包气带厚度超过 100m 的地区或监测井较难布置的基岩山区，当地下水质监测点数无法满足 d. 要求时，可视情况调整数量，并说明调整理由。一般情况下，该类地区一级、二级评价项目应至少设置 3 个监测点，三级评价项目可根据需要设置一定数量的监测点。

（4）地下水水质现状监测取样要求：

a. 应根据特征因子在地下水中的迁移特性选取适当的取样方法。

b. 一般情况下，只取一个水质样品，取样点深度宜在地下水位以下 1.0m 左右。

c. 建设项目为改建、扩建项目，且特征因子为重质非水相液体（dense non-aqueous phase liquids，DNAPLs）时，应至少在含水层底部取一个样品。

（5）地下水水质现状监测因子。

A. 检测分析地下水中 K^+、Na^+、Ca^{2+}、Mg^{2+}、CO_3^{2-}、HCO_3^-、Cl^-、SO_4^{2-} 的浓度。

B. 地下水水质现状监测因子原则上应包括两类：

a. 基本水质因子以 pH、氨氮、硝酸盐、亚硝酸盐、挥发性酚类、氰化物、砷、汞、铬（六价）、总硬度、铅、氟、镉、铁、锰、溶解性总固体、高锰酸盐指数、硫酸盐、氯化物、总大肠菌群、细菌总数等以及背景值超标的水质因子为基础，可根据区域地下水水质状况、污染源状况适当调整。

b. 根据地下水影响识别结果确定特征因子，可根据区域地下水水质状况、污染源状况适当调整。

（6）地下水环境现状监测频率要求：

A. 水位监测频率要求。

a. 评价工作等级为一级的建设项目，若掌握近 3 年内至少一个连续水文年的枯、平、丰水期地下水水位动态监测资料，评价期内应至少开展一期地下水位监测；若无上述资料，应依据表 4-7 开展水位监测。

表 4-7　地下水环境现状监测频率参照表

分布区	水位监测频率			水质监测频率		
	一级	二级	三级	一级	二级	三级
山前冲（洪）积	枯、平、丰	枯、丰	一期	枯、丰	枯	一期
滨海（含填海区）	二期*	一期	一期	一期	一期	一期

续表

分布区	水位监测频率			水质监测频率		
	一级	二级	三级	一级	二级	三级
其他平原区	枯、丰	一期	一期	枯	一期	一期
黄土地区	枯、平、丰	一期	一期	二期	一期	一期
沙漠地区	枯、丰	一期	一期	一期	一期	一期
丘陵山区	枯、丰	一期	一期	一期	一期	一期
岩溶裂隙	枯、丰	一期	一期	枯	一期	一期
岩溶管道	二期	一期	一期	二期	一期	一期

*表示"二期"的间隔有明显水位变化，其变化幅度接近年内变幅。

b. 评价工作等级为二级的建设项目，若掌握近 3 年内至少一个连续水文年的枯、丰水期地下水水位动态监测资料，评价期可不再开展地下水位现状监测；若无上述资料，应依据表 4-7 开展水位监测。

c. 评价工作等级为三级的建设项目，若掌握近 3 年内至少一期的监测资料，评价期内可不再进行地下水位现状监测；若无上述资料，应依据表 4-7 开展水位监测。

B. 基本水质因子的水质监测频率应参照表 4-7，若掌握近 3 年至少一期水质监测数据，可在评价期补充开展一期基本水质因子现状监测；在评价期内应至少开展一期特征因子现状监测。

C. 在包气带厚度超过 100m 的评价区或监测井较难布置的基岩山区，若掌握近 3 年内至少一期的监测资料，评价期内可不进行地下水位、水质现状监测；若无上述资料，至少开展一期现状水位、水质监测（林云琴等，2017）。

（7）地下水样品采集与现场测定：

a. 应采用自动式采样泵或人工活塞闭合式与敞口式定深采样器进行地下水样品采集。

b. 样品采集前，应先测量井孔地下水位（或地下水位埋深）并做好记录，然后采用潜水泵或离心泵对采样井（孔）进行全井孔清洗，抽汲的水量不得小于 3 倍的井筒水（量）体积。

c. 地下水水质样品的管理、分析化验和质量控制按照《地下水环境监测技术规范》（HJ 164—2020）执行。pH、Eh（氧化还原电位）、DO、水温等不稳定项目应在现场测定（生态环境部环境影响评价司，2018）。

4）环境水文地质勘察与试验

（1）环境水文地质勘察与试验是在充分收集已有资料和地下水环境现状调查的基础上，为进一步查明含水层特征和获取预测评价中必要的水文地质参数而进行的工作。

（2）除一级评价应进行必要的环境水文地质勘察与试验外，对环境水文地质条件复杂且资料缺少的地区，二级、三级评价也应在区域水文地质调查的基础上对场地进行必要的水文地质勘察。

（3）环境水文地质勘察可采用钻探、物探和水土化学分析以及室内外测试、试验等手段开展，具体参见相关标准与规范。

（4）环境水文地质试验项目通常有抽水试验、注水试验、渗水试验、浸溶试验及土柱淋滤试验等，有关试验原则与方法参见《环境影响评价技术导则　地下水环境》（HJ 610—2016）环境水文地质试验方法。在评价工作过程中可根据评价工作等级和资料掌握情况选用试验项目。

（5）进行环境水文地质勘察时，除采用常规方法外，还可采用其他辅助方法配合勘察。

4.2.3.4　地下水环境现状评价

1）地下水水质现状评价

（1）《地下水质量标准》（GB/T 14848—2017）和有关法规及当地的环保要求是地下水环境现状评价的基本依据。对属于《地下水质量标准》（GB/T 14848—2017）水质指标的评价因子，应按其规定的水质分类标准值进行评价；对不属于《地下水质量标准》（GB/T 14848—2017）水质指标的评价因子，可参照国家（行业、地方）相关标准［如《地表水环境质量标准》（GB 3838—2002）、《生活饮用水卫生标准》（GB 5749—2022）、《地下水水质标准》（DZ/T 0290—2015）等］进行评价。应对现状监测结果进行统计分析，给出最大值、最小值、均值、标准差、检出率和超标率等。

（2）地下水水质现状评价应采用标准指数法。标准指数＞1，表明该水质因子已超标，标准指数越大，超标越严重。标准指数计算公式分为以下两种情况。

a. 对于评价标准为定值的水质因子，其标准指数计算方法见式（4-93）：

$$P_i = \frac{C_i}{C_{si}} \tag{4-93}$$

式中，P_i 为第 i 个水质因子的标准指数（量纲一）；C_i 为第 i 个水质因子的监测浓度值（mg/L）；C_{si} 为第 i 个水质因子的标准浓度值（mg/L）。

b. 对于评价标准为区间值的水质因子（如 pH），其标准指数计算方法见式（4-94）和式（4-95）：

$$P_{\mathrm{pH}} = \frac{7.0 - \mathrm{pH}}{7.0 - \mathrm{pH}_{\mathrm{sd}}}, \qquad \mathrm{pH} \leqslant 7时 \tag{4-94}$$

$$P_{\mathrm{pH}} = \frac{\mathrm{pH} - 7.0}{\mathrm{pH}_{\mathrm{su}} - 7.0}, \qquad \mathrm{pH} > 7时 \tag{4-95}$$

式中，P_{pH} 为 pH 的标准指数（量纲一）；pH 为 pH 的监测值；$\mathrm{pH}_{\mathrm{su}}$ 为标准中 pH 的上限值；$\mathrm{pH}_{\mathrm{sd}}$ 为标准中 pH 的下限值。

2）包气带环境现状分析

对于污染场地修复工程项目和评价工作等级为一级、二级的改建、扩建项目，应开展包气带污染现状调查，分析包气带污染状况。

4.2.3.5　水环境质量的生物学评价

水生生物与它们生存的水环境是相互依存、相互影响的统一体。水体受到污染后，必然会对生存其中的水生生物产生影响，水生生物发生不同的反应和变化。水生生物在污染水环境中的反应和变化可以作为水环境评价的一种指标，这正是水环境质量生物学评价的基础和依据（徐新阳和陈熙，2010）。

1）描述对比法

该方法主要根据调查水体中水生生物的区系组成、种类、数量、生态状况、资源特性等的描述，并与该区域内同类型水体或同一水体的历史状况进行比较，据此做出水体的水质评价。这是定性的方法，没有标准，因此可比性差，而且要求评价人员具有丰富的污染生态学知识和经验。

2）指示生物法

该方法主要根据对水体中有机污染物或某种特定污染物敏感的或有较高耐量的生物种类的存在或流失，来指示水体中有机污染物或某种特定污染物的含量与污染程度。

选作指示种的生物最好是那些生命较长、比较固定生活于某处的生物。它们在较长时期内能反映所在环境的综合质量。一般静水中主要用底栖动物或浮游生物作指示生物，在流水中主要用底栖生物或着生生物作指示生物。大型无脊椎动物是应用较多的指示生物。为了较准确地评价水质，最好将指示生物鉴定到种，因为同一大类中不同种的生物对污染的敏感程度或耐受程度是不同的。

3）生物指示法

由污染引起的水质变化对生物群落的生态效应主要包括以下几个方面。

（1）某些对污染有指示价值的生物种类出现或消失，导致群落结构的种类组成发生变化。

（2）群落中生物种类数，在污染严重的条件下减少，在水质较好时增加，但过于清洁的条件下，因食物缺乏，种类数也会减少。

（3）组成群落的个别种群的变化。

（4）种群中种类组成比例的变化。

（5）自养-异养程度上的变化。

（6）生产力的变化。

把水质变化引起的生物群落的生态效应用数学方法表达出来，可得到群落结构的定量数值，这就是生物指数。根据反映的群落结构的内容不同，生物指数可有多种形式，应用时最好用几种不同生物指数进行综合评价。

a. 贝克（Beck）生物指数：根据水体中底栖大型无脊椎动物对有机物污染的耐性将其分成两类：Ⅰ类是不耐有机物污染的种类；Ⅱ类是能耐中等程度有机物污染但非完全缺氧条件的种类。将一个调查点内Ⅰ类和Ⅱ类动物种类数 n_1 和 $n_{\text{Ⅱ}}$，按 $I = 2n_{\text{Ⅰ}} + n_{\text{Ⅱ}}$ 公式计算生物指数。此法要求调查采集的各监测站的环境因素一致，如水深、流速、底泥、有无水草等。这种生物指数值，在净水中为 10 以上，中等污染时为 1～10，重污染为 0。

b. 硅藻类生物指数：硅藻类生物指数是指用河流中硅藻的种类来计算的生物指数，其计算公式为

$$I = \frac{2A + B - 2C}{A + B - C} \times 100\% \tag{4-96}$$

式中，A 为不耐有机物污染的种类数；B 为对有机物污染无特殊反应的种类数；C 为有机物污染区内特有的种类数。

c. 污染生物指数：该方法是 1943 年由 Horasawa 提出的，污染生物指数（biotic index of pollution，BIP）的计算公式为

$$BIP = \frac{b}{a + b} \times 100\% \tag{4-97}$$

式中，a 为生产者（藻类）数量；b 为消费者（原生动物）数量。

Horasawa 提出按下列数值划分污染程度：BIP 为 0.6，属清水带；BIP 为 12.0，属中度分解带；BIP 为 30.9，属强烈分解带；BIP 为 55.1，属腐生带。

4）种的多样性指数

某一群落中种的多样性是群落生态水平独特的生物学特征。环境条件变化之后，群落结构会发生明显变化。例如，环境污染之后，被污染水体中生物群落内总的生物种类数会减少，而耐污染种类的个体数却显著增加。因此，种的多样性指数可以用来评价水环境质量。种的多样性指数很多，较常用的有以下两种。

（1）格利森（Gleason）多样性指数：

$$D_G = \frac{S}{\ln N} \tag{4-98}$$

式中，S 为种类数；N 为个体数；D_G 为格里森多样性指数，值越大表示水质越干净。

（2）辛普森（Simpson）多样性指数：

$$D_S = 1 - \sum \left(\frac{n_i}{N} \right)^2 \tag{4-99}$$

或

$$D_S = 1 / \sum \left(\frac{n_i}{N} \right)^2 \tag{4-100}$$

式中，n_i 为 i 种的个体数；N 为总个体数（或其他现存量参数）；D_S 为辛普森多样性指数，值越大表示水质越干净。

5）生产力指数

生产力指数是生物群落或群落在一个生态系统内物质转移及能量流的一个指标。它以有机物的生产过程和分解过程的强度为依据来评价水体被污染的程度，是生物学评价水环境质量的又一种方法。一般根据群落的初级生产量（P）和呼吸量（R）的比来划分水环境的污染等级。P/R 值在水质正常时一般在 1 左右，如果偏离 1 过大，则表明水体受到污染。

4.2.4　地下水环境影响预测

4.2.4.1　预测原则

考虑地下水环境污染的复杂性、隐蔽性和难恢复性，应遵循保护优先、预防为主的原则，预测应为评价各方案的环境安全和环境保护措施的合理性提供依据。

预测的范围、时段、内容和方法均应根据评价工作等级、工程特征与环境特征，结合当地环境功能和环保要求确定，应预测建设项目对地下水水质产生的直接影响，重点预测对地下水环境保护目标的影响。

在结合地下水污染防控措施的基础上，对工程设计方案或可行性研究报告推荐的选址（选线）方案可能引起的地下水环境影响进行预测。

4.2.4.2　预测范围

地下水环境影响预测范围一般与调查评价范围一致。预测层位应以潜水含水层或污染物直接进入的含水层为主，兼顾与其水力联系密切且具有饮用水开发利用价值的含水层。当建设项目场地天然包气带垂向渗透系数小于 1.0×10^{-6} cm/s 或厚度超过 100m 时，预测范围应扩展至包气带。

4.2.4.3　预测时段

应选取可能产生地下水污染的关键时段作为地下水环境影响预测时段，至少包括污染发生后 100d、1000d，服务年限或者能反映特征因子迁移规律的其他重要的时间节点。

4.2.4.4　情景设置

一般情况下，须对建设项目正常状况和非正常状况的情景分别进行预测。已依据《生活垃圾填埋场污染控制标准》（GB 16889—2008）、《危险废物贮存污染控制标准》（GB 18597—2023）、《石油化工工程防渗技术规范》（GB/T 50934—2013）等规范设计地下水污染防渗措施的建设项目，可不进行正常状况下的预测。

4.2.4.5　预测因子

预测因子应包括：

（1）根据地下水环境影响识别出的特征因子，按照重金属、持久性有机污染物和其他类别进行分类，并对每一类别中的各项因子采用标准指数法进行排序，分别取标准指数最大的因子作为预测因子。

（2）现有工程已经产生的且改建、扩建后将继续产生的特征因子，改建、扩建后新增加的特征因子。

（3）污染场地已查明的主要污染物，按照（1）筛选预测因子。

（4）国家或地方要求控制的污染物（宋保平和彭林，2016）。

4.2.4.6 预测源强

地下水环境影响预测源强的确定应充分结合工程分析。

（1）正常状况下，应结合建设项目工程分析和相关设计规范确定预测源强，如《给水排水构筑物工程施工及验收规范》（GB 50141—2008）、《给水排水管道工程施工及验收规范》（GB 50268—2008）等。

（2）非正常状况下，可根据地下水环境保护设施或工艺设备的系统老化或腐蚀程度等设定预测源强。

4.2.4.7 预测方法

（1）建设项目地下水环境影响预测方法包括数学模型法和类比分析法。其中，数学模型法包括解析法、数值法等。

A. 地下水溶质运移解析法。

a. 应用条件：求解复杂的水动力弥散方程定解问题非常困难，实际问题中多靠数值法求解。但可以用解析解对照数值解进行检验和比较，并用解析解去拟合观测资料以求得水动力弥散系数。

b. 预测模型。

①一维稳定流动一维水动力弥散问题。

一维无限长多孔介质柱体，示踪剂瞬时注入：

$$C(x,t) = \frac{m/w}{2n_e\sqrt{\pi D_L t}} e^{-\frac{(x-ut)^2}{4D_L t}} \tag{4-101}$$

式中，x 为距注入点的距离（m）；t 为时间（d）；$C(x,t)$ 为 t 时刻 x 处的示踪剂质量浓度（g/L）；m 为注入的示踪剂质量（kg）；w 为横截面面积（m²）；u 为水流速度（m/d）；n_e 为有效孔隙度（量纲一）；D_L 为纵向弥散系数（m²/d）。

一维半无限长多孔介质柱体，一端为定浓度边界：

$$\frac{C}{C_0} = \frac{1}{2}\operatorname{erfc}\left(\frac{x-ut}{2\sqrt{D_L t}}\right) + \frac{1}{2}e^{\frac{ux}{D_L}}\operatorname{erfc}\left(\frac{x+ut}{2\sqrt{D_L t}}\right) \tag{4-102}$$

式中，C 为示踪剂的实时质量浓度（g/L）；x 为距注入点的距离（m）；t 为时间（d）；C_0 为注入的示踪剂浓度（g/L）；u 为水流速度（m/d）；D_L 为纵向弥散系数（m²/d）；erfc 为余误差函数。

②一维稳定流动二维水动力弥散问题。

瞬时注入示踪剂——平面瞬时点源：

$$C(x,y,t) = \frac{m_M / M}{4\pi n_e t \sqrt{D_L D_T}} e^{-\left[\frac{(x-ut)^2}{4D_L t} + \frac{y^2}{4D_T t}\right]} \tag{4-103}$$

式中，x，y 为计算点处的位置坐标；t 为时间（d）；$C(x,y,t)$ 为 t 时刻点（x, y）处的示踪剂质量浓度（g/L）；M 为承压含水层的厚度（m）；m_M 为厚度为 M 的线源瞬时注入的示踪剂质量（kg）；u 为水流速度（m/d）；n_e 为有效孔隙度（量纲一）；D_L 为纵向弥散系数（m²/d）；D_T 为横向 y 方向的弥散系数（m²/d）。

连续注入示踪剂——平面连续点源：

$$C(x,y,t) = \frac{m_t}{4\pi M n_e \sqrt{D_L D_T}} e^{\frac{xu}{2D_L}} \left[2K_0(\beta) - W\left(\frac{u^2 t}{4D_L}, \beta\right) \right] \tag{4-104}$$

$$\beta = \sqrt{\frac{u^2 x^2}{4D_L^2} + \frac{u^2 y^2}{4D_L D_T}} \tag{4-105}$$

式中，x，y 为计算点处的位置坐标；t 为时间（d）；$C(x,y,t)$ 为 t 时刻点（x, y）处的示踪剂质量浓度（g/L）；M 为承压含水层的厚度（m）；m_t 为单位时间注入示踪剂的质量（kg/d）；u 为水流速度（m/d）；n_e 为有效孔隙度（量纲一）；D_L 为纵向弥散系数（m²/d）；D_T 为横向 y 方向的弥散系数（m²/d）；$K_0(\beta)$ 为第二类零阶修正贝塞尔函数；$W\left(\frac{u^2 t}{4D_L}, \beta\right)$ 为第一类越流系统井函数。

B. 地下水模型数值法。

a. 应用条件：数值法可以解决许多复杂水文地质条件和地下水开发利用条件下的地下水资源评价问题，并可以预测各种开采方案条件下地下水位的变化，即预报各种条件下的地下水状态，但不适用于管道流（如岩溶暗河系统等）的模拟评价。

b. 预测模型。

①地下水水流模型。

对于非均质、各向异性、空间三维结构、非稳定地下水流系统，地下水水流模型如下。

控制方程：

$$\mu_s \frac{\partial h}{\partial t} = \frac{\partial}{\partial x}\left(K_x \frac{\partial h}{\partial x}\right) + \frac{\partial}{\partial y}\left(K_y \frac{\partial h}{\partial y}\right) + \frac{\partial}{\partial z}\left(K_z \frac{\partial h}{\partial z}\right) + W \tag{4-106}$$

式中，μ_s 为储水率（1/m）；h 为水位（m）；K_x、K_y、K_z 分别为 x、y、z 方向上的渗透系数（m/d）；t 为时间（d）；W 为源汇项（m³/d）。

初始条件：

$$h(x,y,z,t) = h_0(x,y,z), \quad (x,y,z) \in \Omega, t = 0 \tag{4-107}$$

式中，$h_0(x,y,z)$ 为已知水位分布；Ω 为模型模拟区。

边界条件如下。

第一类边界：

$$h(x,y,z,t)\big|_{\Gamma_1} = h(x,y,z,t), \quad (x,y,z) \in \Gamma_1, t \geqslant 0 \tag{4-108}$$

式中，Γ_1 为一类边界；$h(x,y,z,t)$ 为一类边界上的已知水位函数。

第二类边界：

$$k\frac{\partial h}{\partial \boldsymbol{n}}\bigg|_{\Gamma_2} = q(x,y,z,t), \quad (x,y,z) \in \Gamma_2, t > 0 \tag{4-109}$$

式中，Γ_2 为二类边界；k 为三维空间上的渗透系数张量；$\boldsymbol{n}$ 为边界 Γ_2 的外法线方向；$q(x,y,z,t)$ 为二类边界上已知流量函数。

第三类边界：

$$\left[k(h-z)\frac{\partial h}{\partial \boldsymbol{n}} + \alpha h\right]\bigg|_{\Gamma_3} = q(x,y,z) \tag{4-110}$$

式中，α 为已知函数；Γ_3 为三类边界；k 为三维空间上的渗透系数张量；$\boldsymbol{n}$ 为边界 Γ_3 的外法线方向；$q(x,y,z)$ 为三类边界上已知流量函数。

②地下水水质模型。水是溶质运移的载体，地下水溶质运移数值模拟应在地下水流场模拟基础上进行。因此，地下水溶质运移数值模型包括水流模型和溶质运移模型两部分。

控制方程：

$$R\theta\frac{\partial C}{\partial t} = \frac{\partial}{\partial x_i}\left(\theta D_{ij}\frac{\partial C}{\partial x_j}\right) - \frac{\partial}{\partial x_i}(\theta v_i C) - WC_s - WC - \lambda_1\theta C - \lambda_2\rho_b C_b \tag{4-111}$$

式中，R 为迟滞系数（量纲一），$R = 1 + \dfrac{\rho_b}{\theta}\dfrac{\partial C_b}{\partial C}$；$\rho_b$ 为介质密度（kg/dm^3）；θ 为介质孔隙度（量纲一）；C 为组分的质量浓度（g/L）；C_b 为介质骨架吸附的溶质质量分数（g/kg）；t 为时间（d）；x_i、x_j 分别为地下水水流和溶质的空间位置坐标（m）；x，y，z 为空间位置坐标（m）；D_{ij} 为水动力弥散系数张量（m^2/d）；v_i 为地下水渗流速度张量（m/d）；W 为水流的源和汇（1/d）；C_s 为组分的浓度（g/L）；λ_1 为溶解相一级反应速率（1/d）；λ_2 为吸附相反应速率（1/d）。

初始条件：

$$C(x,y,z,t) = C_0(x,y,z), \quad (x,y,z) \in \Omega_1, t = 0 \tag{4-112}$$

式中，$C_0(x,y,z)$ 为已知浓度分布；Ω 为模型模拟区。

定解条件如下。

第一类边界——给定浓度边界：

$$C(x,y,z,t)\big|_{\Gamma_1} = C(x,y,z,t), \quad (x,y,z) \in \Gamma_1, t \geqslant 0 \tag{4-113}$$

式中，Γ_1 为给定浓度边界；$C(x,y,z,t)$ 为给定浓度边界上的浓度分布。

第二类边界——给定弥散通量边界：

$$\left. \theta D_{ij} \frac{\partial C}{\partial x_j} \right|_{\Gamma_2} = f_i(x,y,z,t), \quad (x,y,z) \in \Gamma_2, t \geqslant 0 \tag{4-114}$$

式中，Γ_2 为通量边界；$f_i(x,y,z,t)$ 为通量边界 Γ_2 上已知的弥散通量函数。

第三类边界——给定溶质通量边界：

$$\left. \left(\theta D_{ij} \frac{\partial C}{\partial x_j} - q_i C \right) \right|_{\Gamma_3} = g_i(x,y,z,t), \quad (x,y,z) \in \Gamma_3, t \geqslant 0 \tag{4-115}$$

式中，Γ_3 为混合边界；$g_i(x,y,z,t)$ 为 Γ_3 上已知的对流-弥散总的通量函数。

（2）预测方法的选取应根据建设项目工程特征、水文地质条件及资料掌握程度来确定，当数值法不适用时，可用解析法或其他方法预测。一般情况下，一级评价应采用数值法，不宜概化为等效多孔介质的地区除外；二级评价中水文地质条件复杂且适宜采用数值法时，建议优先采用数值法；三级评价可采用解析法或类比分析法 [《环境影响评价技术导则　地下水环境》（HJ 610—2016）]。

（3）采用数值法预测前，应先进行参数识别和模型验证。

（4）采用解析法预测污染物在含水层中的扩散时，一般应满足以下条件：

a. 污染物的排放对地下水流场没有明显的影响。

b. 调查评价区内含水层的基本参数（如渗透系数、有效孔隙度等）不变或变化很小。

（5）采用类比分析法时，应给出类比条件。类比分析对象与拟预测对象之间应满足以下要求：

a. 二者的环境水文地质条件、水动力场条件相似。

b. 二者的工程类型、规模及特征因子对地下水环境的影响具有相似性。

（6）地下水环境影响预测过程中，当采用非《环境影响评价技术导则　地下水环境》（HJ 610—2016）推荐模式进行预测评价时，需明确所采用模式的适用条件，给出模型中的各参数物理意义及参数取值，并尽可能地采用本导则中的相关模式进行验证。

4.2.4.8　预测模型概化

1）水文地质条件概化

根据调查评价区和场地环境水文地质条件，对边界性质、介质特征、水流特征和补径排等条件进行概化。

2）污染源概化

污染源概化包括排放形式与排放规律的概化。根据污染源的具体情况，排放形式可以概化为点源、线源、面源；排放规律可以概化为连续恒定排放或非连续恒定排放以及瞬时排放。

3）水文地质参数初始值的确定

包气带垂向渗透系数、含水层渗透系数、给水度等预测所需参数初始值的获取应以收集评价范围内已有水文地质资料为主，不满足预测要求时需通过现场试验获取。

4.2.4.9 预测内容

（1）给出特征因子不同时段的影响范围、程度、最大迁移距离。

（2）给出预测期内建设项目场地边界或地下水环境保护目标处特征因子随时间的变化规律。

（3）当建设项目场地天然包气带垂向渗透系数小于 1.0×10^{-6}cm/s 或厚度超过 100m 时，须考虑包气带阻滞作用，预测特征因子在包气带中的迁移规律。

（4）污染场地修复治理工程项目应给出污染物变化趋势或污染控制的范围。

4.2.5 地下水环境影响评价内容

4.2.5.1 评价原则

评价应以地下水环境现状调查和地下水环境影响预测结果为依据，对建设项目各实施阶段（建设期、运营期及服务期满后）不同环节及不同污染防控措施下的地下水环境影响进行评价。地下水环境影响预测未包括环境质量现状值时，应叠加环境质量现状值后再进行评价。应评价建设项目对地下水水质的直接影响，重点评价建设项目对地下水环境保护目标的影响。

4.2.5.2 评价范围

地下水环境影响评价范围一般与调查评价范围一致。

4.2.5.3 评价方法

采用标准指数法对建设项目地下水水质影响进行评价，具体方法同 4.2.3.4 节。

对属于《地下水质量标准》（GB/T 14848—2017）水质指标的评价因子，应按其规定的水质分类标准值进行评价。

对于不属于《地下水质量标准》（GB/T 14848—2017）水质指标的评价因子，可参照国家（行业、地方）相关标准的水质标准值［如《地表水环境质量标准》（GB 3838—2002）、《生活饮用水卫生标准》（GB 5749—2022）、《地下水水质标准》（DZ/T 0290—2015）等］进行评价。

4.2.5.4 评价结论

评价建设项目对地下水水质影响时，可采用以下判据评价水质能否满足标准的要求（梁秀娟等，2016）。

（1）以下情况应得出可以满足评价标准要求的结论：

a. 建设项目各个不同阶段，除场界内小范围以外地区，均能满足《地下水质量标准》（GB/T 14848—2017）或国家（行业、地方）相关标准要求的。

b. 在建设项目实施的某个阶段，有个别评价因子出现较大范围超标，但采取环保措施后，可满足《地下水质量标准》（GB/T 14848—2017）或国家（行业、地方）相关标准要求的。

（2）以下情况应得出不能满足评价标准要求的结论：

a. 新建项目排放的主要污染物，改建、扩建项目已经排放的及将要排放的主要污染物在评价范围内地下水中已经超标的。

b. 环保措施在技术上不可行，或在经济上明显不合理的。

4.2.6　地下水环境影响评价结论

本节概述调查评价区及场地环境水文地质条件和地下水环境现状；给出地下水环境影响预测评价结果，明确建设项目对地下水环境和保护目标的直接影响；根据地下水环境影响评价结论，提出建设项目地下水污染防控措施的优化调整建议或方案；结合环境水文地质条件、地下水环境影响、地下水环境污染防控措施、建设项目总平面布置的合理性等方面进行综合评价，明确给出建设项目地下水环境影响是否可接受的结论（徐新阳和陈熙，2010）。

思　考　题

1. 地表水环境质量现状评价的主要内容有哪些？

2. 如何确定水环境影响评价的工作等级和评价范围？

3. 为什么有时需要对地面水体底泥进行评价？

4. 水环境影响评价中常用的水质模型有哪些？各适合于什么场合？

5. 在流场均匀的河段中，河宽为 500m，平均水深为 3m，流速为 0.5m/s，横向弥散系数为 1.0m²/s。岸边排放污染物，排放速率为 1000kg/h，试求下游 2km 处污染物的最大浓度。

6. 某排污断面 BOD$_5$ 浓度为 50mg/L，DO 浓度为 6.9mg/L，受纳污水的河流断面平均流速为 2km/d，已知有机物降解常数 $k_d = 0.19d^{-1}$，大气复氧速度常数 $k_a = 2.11d^{-1}$：①求距离为 1km、2km、3km、4km、5km 时的 BOD$_5$ 浓度和 DO 浓度并绘制曲线；②求 DO 的临界浓度及其出现的相应距离。

7. 拟建一个化工厂，其废水排入附近河流，已知污水与河水在排放口下游 1.5km 处完全混合，在这个位置 BOD$_5$ 浓度为 7.8mg/L，DO 浓度为 5.6mg/L，河流的平均流速为 1.5m/s，在完全混合断面下游 25km 处是渔业用水的引水源，河流的有机物降解常数 $k_d = 0.351d^{-1}$，大气复氧速度常数 $k_a = 0.51d^{-1}$，若从 DO 的浓度分析，该厂排放污水对下游的渔业用水有何影响？

8. 有一条河段长 4km，河段起点 BOD$_5$ 的浓度为 38mg/L，河段末端 BOD$_5$ 的浓度为 16mg/L，河水平均流速为 1.5m/d，求该河段的自净系数。

9. 一个拟建工厂，废水经过处理后排入附近的一条河中，已知现状条件下，河流中 BOD$_5$ 浓度为 2.0mg/L，DO 浓度为 8.0mg/L，河水水温为 20℃，河流流量为 14m^3/s，污水处理前的 BOD$_5$ 浓度为 800mg/L，水温为 20℃，流量为 3.5m^3/s，污水排放前 DO 浓度为 4.0mg/L，假定污水与河水在排放口附近迅速混合，混合后河道中平均水深为 0.8m，河宽为 15m，有机物降解常数 k_d 为 0.23d^{-1}，大气复氧速度常数 k_a 为 3.0d^{-1}，若河流的 DO 标准为 5.0mg/L，计算允许进入河流的工厂污水的最大 BOD$_5$ 浓度。

扫二维码查看本章学习
重难点及思考题与参考答案

5 土壤环境影响评价

5.1 概 述

5.1.1 土壤的物质组成

土壤是陆地表层具有一定肥力、能支持植物生长的疏松层，它是由地球陆地表面的岩石经风化作用发育而形成的，呈不完全连续的状态存在于陆地表面。

土壤由固、液、气三相物质组成，固相物质以矿物质为主，一般占土壤固体重量的95%以上，构成土壤的骨架，对土壤的性质影响很大。土壤矿物质按成因分为原生矿物和次生矿物。原生矿物是指地壳中原先存在的，经风化作用后遗留在土壤中的一类矿物，主要由石英、长石类、云母类、辉石、角闪石等组成。原生矿物构成了土壤的骨架，是土壤主要营养元素和微量元素源。土壤中原生矿物的含量和状态与成土母岩的组成、性质及地理气候环境有关。次生矿物是指在土壤形成过程中，由原生矿物转化形成的新的矿物，包括各种简单盐类、游离的硅酸、次生硅酸盐、含水氧化物等，与土壤的许多重要的物理化学过程和性质有关。

土壤有机质是指土壤中各种含碳有机化合物的总称，是土壤固相的重要组成部分，是土壤肥力的重要物质基础，一般占土壤固相重量的 10%以下，耕作层土壤有机质占固相重量多在 5%以下。土壤有机质主要来源于动植物和微生物的残体，耕作层中的有机质主要来自人工施入的各种有机肥料和作物根系及其分泌物，部分来自各种土壤微生物。土壤有机质主要以机械混合物、生命体、溶液态以及有机与无机复合态形式存在。机械混合态有机质是土壤中处于未分解和半分解状态的有机残体与土壤矿物质颗粒机械地混合而成的。该部分有机质占土壤有机质总重量的 0.6%~48.4%；土壤生命体是土壤的一个独立组成部分，是土壤有机质的一部分；溶液态有机质是指存在于土壤溶液中的有机质，约占土壤有机质总量的 1%，该有机质以游离的单糖、氨基酸和有机酸等形式存在；有机与无机复合态有机质是土壤有机质的主要存在形式，占土壤有机质总量的 50%~90%。

在土壤微生物为主导的各种作用的综合影响下，土壤有机质发生矿质化和腐质化作用。有机质的矿质化过程是把复杂的有机物转化为简单的化合物，最后转变成 CO_2、H_2O、NH_3、H_2、 $H_2PO_4^-$ 和 SO_4^{2-} 等的过程；而有机质腐质化过程是把有机质矿质化过程形成的中间产物合成为比较复杂的有机化合物的过程。两个过程相互对立又相互联系，是同时发生的，矿质化是腐质化的前提，腐质化是矿质化过程的部分结果。土壤有机质及其转化过程决定了土壤生态系统中的物质循环和能量流动，对土壤生态系统及其生物圈的生态平衡都有着重要的影响。

土壤中的空气和水充填在土壤孔隙之中，以不同的形式存在。土壤水在重力、土粒吸附力和毛细力的共同作用下以固态水、气态水、吸附水和自由水形式存在；土壤空气的组成与大气组成相近，与大气相比，土壤中的气体 CO_2、H_2O 含量相对较高，并含有一定量的还原气体。土壤中的气体组成与含量受土壤本身的特性、施肥情况和耕作方式以及气候、土壤水分条件和土层深度等因素影响，土壤含气量与含水量呈负相关关系。

就土壤环境影响评价而言，所涉及的土壤环境包含了土壤环境生态影响、土壤环境污染影响、土壤环境敏感目标等基本概念（徐新阳和陈熙，2010）。

（1）土壤环境：是指受自然或人为因素影响的，由矿物质、有机质、水、空气、生物有机体等组成的陆地表面疏松综合体，包括陆地表层能够生长植物的土壤层和污染物能够影响的松散层等。

（2）土壤环境生态影响：是指人为因素引起土壤环境特征变化导致其生态功能变化的过程或状态。

（3）土壤环境污染影响：是指人为因素导致某种物质进入土壤环境，引起土壤物理、化学、生物等方面特性的改变，导致土壤质量恶化的过程或状态。

（4）土壤环境敏感目标：是指可能受人为活动影响的、与土壤环境相关的敏感区或对象 [《环境影响评价技术导则　土壤环境（试行）》（HJ 964—2018）]。

5.1.2　土壤环境的特点与功能

土壤是自然界赋予人类的宝贵资源，是人类赖以生存的物质基础，也是人类环境的重要组成部分。土壤环境是一个被能量流和物质流所贯穿的开放系统，具有吸收和储存各种物质、净化环境、缓冲和生产植物的功能。土壤具有一定的肥力，可以通过调节土壤水、热、空气、养分等植物根系适宜的生活环境，从环境条件和营养条件两方面供应和协调植物生长发育。土壤的肥力受土壤的组成、结构、温度等因素影响；土壤的纳污和净化功能主要通过土壤同化和代谢外界进入土壤的物质，使有毒、有害的污染物质变成无毒、无害物质的过程实现。土壤中存在的多种性质的化合物、无机与有机胶体和微生物，这些物质与进入土壤中的有毒有害物质，通过物理作用、化学作用、物理化学作用和生物作用，使土壤中的有毒有害物质的浓度、数量或活性、毒性降低。但是，土壤中有毒有害物质的输入、积累与土壤的自净作用是两个方向相反、同时存在的过程，二者处于动态平衡状态。当土壤中有毒有害物质的输入数量和速度超出土壤的自净能力，打破二者的动态平衡时，土壤就会被污染，土壤的环境质量和功能就会下降。土壤的纳污与自净能力与土壤的环境容量有关，当土壤中污染物质超出其临界值时，土壤的组成、结构和功能均会发生变化，最终导致土壤资源的破坏。同时，污染土壤作为二次污染源，向环境输出污染物，使其他环境要素受到污染。土壤作为生态系统，具有维持系统生态平衡的自动调节能力。土壤通过抵抗、缓冲土壤中酸性物质和碱性物质，对大气降水和水温有调节和缓冲作用，并具有调节和平衡大气中 CO_2、N_2O、SO_2 等温室气体的能力。

5.1.3　土壤污染的特点与危害

土壤是连接有机界与无机界的重要枢纽，是人类生存的重要物质基础。污染物一旦进入土壤，就变成影响一切生物循环的一部分，影响人类的健康和生命。特别是重金属元素和难降解的有机污染物，它们的土壤污染具有长期性、隐蔽性和积累性等特点，一旦污染土壤，就难以清除。同时，污染的土壤将作为次生污染源污染周围的大气、土壤和水系，通过天然淋滤过程，对地下水源造成污染。

土壤污染的危害主要表现为改变土壤性质、引起土壤板结，造成作物减产，且污染物的食物链传输造成其在生物体和人体内的积累，直接危害人体的健康以及畜禽业的发展。

5.1.4　土壤环境质量的影响因素

土壤环境质量是指土壤环境适宜人类健康的程度，包括土壤污染与土壤退化两个方面。影响土壤环境质量的因素有建设项目的类型、污染物的性质、污染源的特征与排放强度、污染途径，以及土壤类型、特性和区域地理环境特征等。

不同的建设项目，排放的污染物类型不同。有色金属冶炼或矿山，主要污染物为重金属和酸性物质；化学工业或油田，主要污染物是矿物油和其他有机污染物；以煤为能源的火电厂，主要污染物为 SO_2 和粉尘。不同的污染因子性质不同，对环境的危害也不同。不同的污染源污染类型不同，对环境的影响范围也不同：工业污染源以点源污染为主，污染特征为污染局限、影响范围窄；而农业和交通污染源，主要为面源污染和线源污染，具有污染面大、影响范围宽的特点。污染源的排放强度与污染程度和污染范围有关。污染物通过大气与水的传输、扩散速度快，对土壤的污染地域宽，而垃圾和污泥等固体废物进入土壤后，污染的范围相对较小。土壤所处的区域地理环境条件决定了土壤的类型、性质和土壤演化，从而影响污染物进入土壤的速度、浓度和范围，影响土壤被污染的程度。特别是人类对土地的不合理利用和过度开发，会引起土壤系统的严重退化。农业生产中不合理的耕作方式和过度施肥，不仅不能增加土壤的肥力，反而会引起土壤的退化。例如，平原区的过度灌溉，引起地下水位上升，土壤沼泽化，在地下水矿化度较高地区，则引起土壤的次生盐渍化；草原的过度放牧、牧草破坏，引起土壤沙化；丘陵、山区的过度垦殖，林地破坏，则导致严重的土壤侵蚀，造成水土流失；工矿企业的发展，在占用大量的土地，减少土壤资源的同时，破坏了成土因素之间的平衡，导致土壤退化和破坏（徐新阳和陈熙，2010）。

5.1.5　土壤环境影响评价的基本任务、工作程序和主要工作内容

5.1.5.1　土壤环境影响评价的基本任务

根据建设项目对土壤环境可能产生的影响，可以将土壤环境影响类型划分为生态影

响型与污染影响型，其中，土壤环境生态影响重点指土壤环境的盐化、酸化、碱化等。根据行业特征、工艺特点或规模大小等将建设项目分为Ⅰ类、Ⅱ类、Ⅲ类、Ⅳ类。其中，Ⅳ类建设项目可不开展土壤环境影响评价；自身为敏感目标的建设项目，可根据需要仅对土壤环境现状进行调查 [《环境影响评价技术导则 土壤环境（试行）》（HJ 964—2018）]。

　　土壤环境影响评价应按本标准划分的评价工作等级开展工作，识别建设项目土壤环境影响类型、影响途径、影响源及影响因子，确定土壤环境影响评价工作等级；开展土壤环境现状调查，完成土壤环境现状监测与评价；预测与评价建设项目对土壤环境可能造成的影响，提出相应的防控措施与对策。涉及两个或两个以上场地或地区的建设项目的，应分别开展评价工作。涉及土壤环境生态影响型与污染影响型两种影响类型的也应该分别开展评价工作。

5.1.5.2　土壤环境影响评价的工作程序

　　土壤环境影响评价工作可划分为准备阶段、现状调查与评价阶段、预测分析与评价阶段和结论阶段。土壤环境影响评价工作程序见图 5-1。

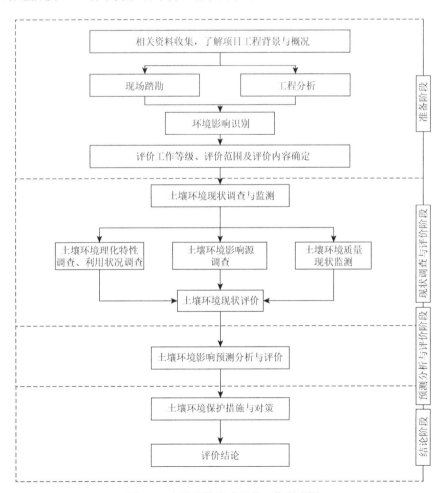

图 5-1　土壤环境影响评价工作程序图

5.1.5.3　土壤环境影响评价各阶段的主要工作内容

在评价的准备阶段，需要收集和分析国家和地方土壤环境相关的法律、法规、政策、标准及规划等资料；了解建设项目工程概况，结合工程分析，识别建设项目对土壤环境可能造成的影响类型，分析可能造成土壤环境影响的主要途径；开展现场踏勘工作，识别土壤环境敏感目标；之后在前者的基础上确定评价等级、范围与内容。然后，采用相应标准与方法，开展现场调查、取样、监测和数据分析与处理等工作，进行土壤环境现状评价，并预测分析与评价建设项目对土壤环境可能造成的影响。最后，综合分析各阶段成果，提出土壤环境保护措施与对策，对土壤环境影响评价结论进行总结。

5.1.6　土壤环境影响评价的分级

5.1.6.1　等级划分

土壤环境影响评价工作等级划分为一级、二级、三级。

5.1.6.2　划分依据

（1）生态影响型：建设项目所在地土壤环境敏感程度分为敏感、较敏感、不敏感，判别依据见表 5-1。同一建设项目涉及两个或两个以上场地或地区，应分别判定其敏感程度；产生两种或两种以上生态影响后果的，敏感程度按相对最高级别判定。

表 5-1　生态影响型土壤环境敏感程度分级表

敏感程度	判别依据		
	盐化	酸化	碱化
敏感	建设项目所在地干燥度 a >2.5 且常年地下水位平均埋深<1.5m 的地势平坦区域；或土壤含盐量>4g/kg 的区域	pH≤4.5	pH≥9.0
较敏感	建设项目所在地干燥度>2.5 且常年地下水位平均埋深≥1.5m 的，或 1.8<干燥度≤2.5 且常年地下水位平均埋深<1.8m 的地势平坦区域；建设项目所在地干燥度>2.5 或常年地下水位平均埋深<1.5m 的平原区；或 2g/kg<土壤含盐量≤4g/kg 的区域	4.5<pH≤5.5	8.5≤pH<9.0
不敏感	其他	5.5<pH<8.5	

a 是指多年平均水面蒸发量与降水量的比值，即蒸降比值。

根据土壤环境影响评价项目类别与表 5-1 敏感程度分级结果划分评价工作等级，详见表 5-2。

表 5-2　生态影响型土壤环境评价工作等级划分表

敏感程度	Ⅰ类	Ⅱ类	Ⅲ类
敏感	一级	二级	三级
较敏感	二级	二级	三级
不敏感	二级	三级	—

注："—"表示可不开展土壤环境影响评价工作。

（2）污染影响型：评价过程中将建设项目占地规模分为大型（≥50hm²）、中型（5～50hm²）、小型（≤5hm²），建设项目占地主要为永久占地。建设项目所在地周边的土壤环境敏感程度分为敏感、较敏感、不敏感，判别依据见表 5-3。

表 5-3　污染影响型土壤环境敏感程度分级表

敏感程度	判别依据
敏感	建设项目周边存在耕地、园地、牧草地、饮用水水源地或居民区、学校、医院、疗养院、养老院等土壤环境敏感目标的
较敏感	建设项目周边存在其他土壤环境敏感目标的
不敏感	其他情况

根据土壤环境影响评价项目类别、占地规模与敏感程度划分评价工作等级，详见表 5-4。

表 5-4　污染影响型土壤环境评价工作等级划分表

敏感程度	Ⅰ类			Ⅱ类			Ⅲ类		
	大	中	小	大	中	小	大	中	小
敏感	一级	一级	一级	二级	二级	二级	三级	三级	三级
较敏感	一级	一级	二级	二级	二级	三级	三级	三级	—
不敏感	一级	二级	二级	二级	三级	三级	三级	—	—

注："—"表示可不开展土壤环境影响评价工作。

（3）建设项目同时涉及土壤环境生态影响型与污染影响型时，应分别判定评价工作等级，并按相应等级分别开展评价工作。

（4）当同一建设项目涉及两个或两个以上场地时，应分别判定各场地评价工作等级，并按相应等级分别开展评价工作。

（5）线性工程重点针对主要站场位置（如输油站、泵站、阀室、加油站、维修场所等）参照（2）分段判定评价等级，并按相应等级分别开展评价工作。

5.2　土壤环境影响的识别

5.2.1　土壤环境影响的类型

土壤作为人类生存环境中不可分割的组成部分，必然受到人类活动的影响。不同活动对土壤产生的影响不同。按照活动对土壤影响的性质、方式、程度和方向，土壤环境影响可分为以下几种类型（徐新阳和陈熙，2010）。

（1）按影响结果，土壤环境影响分为土壤污染型、土壤退化破坏型两种。土壤污染型影响是指人类活动排出的有毒有害污染物对土壤环境产生的化学性、物理性和生物性的污染危害，如工业生产排放的重金属元素对土壤的污染和化工生产释放的有机污染物对土壤的危害等均属于这种类型。土壤退化破坏型影响是指由人类活动本身的特性对土壤环境条件的改变而导致的土壤退化、破坏，如矿石开采将改变矿区的水文、地质及地貌条件，破坏植被，从而引起矿区的土壤侵蚀、水土流失，甚至造成地面塌陷等。水利工程建设、交通工程建设和森林开采等均属于土壤退化破坏型影响。另外，根据建设项目对土壤环境可能产生的影响结果，将土壤环境影响类型划分为生态影响型与污染影响型，其中一般的土壤环境生态影响重点指土壤环境的盐化、酸化、碱化等。目前我国的环境影响评价技术导则中土壤环境影响的类型即是按此划分。

（2）按影响方式，土壤环境影响分为直接影响和间接影响。直接影响是指影响因子产生后直接作用于被影响的对象，直接显示出因果关系，如土壤侵蚀、土壤沙化、土壤污灌等对土壤的影响对土壤环境对象而言均属直接影响；间接影响是指影响因子产生后需要通过中间转化过程才能作用于被影响的对象，如土壤的沼泽化、盐渍化是经过地下水或地表水的浸泡作用或矿物盐的浸渍作用后产生的对土壤环境的影响。

（3）按影响的性质，土壤环境影响分为可逆影响、不可逆影响、积累影响和协同影响。可逆影响是指施加影响的活动停止以后，土壤可迅速或逐渐恢复到原来的状态，如经过恢复植被、地下水位下降和生物化学作用对有机物的降解，土壤可逐步消除沙化、沼泽化、盐渍化和有机物污染，恢复到原来的状况。不可逆影响是指施加影响的活动停止后，土壤不能或很难恢复到原来的状态，如严重的土壤侵蚀很难恢复原来的土层和土壤剖面。土壤重金属污染和难降解有机物污染具有持久性、难降解性的特点，易被土壤黏土矿物和有机物吸附，难以从土壤中淋溶、迁移。因此，重金属污染和难降解有机物污染的土壤一般难以恢复。积累影响是指排放到土壤中的某些污染物，需要经过长期的作用，其危害性直到积累的浓度超过其临界值时才能表现出来，如土壤重金属影响对作物的影响就是积累影响。协同影响是指两种以上的污染物同时作用于土壤时所产生的影响大于每一种污染物单独影响的总和。

（4）按土壤污染的成因，土壤环境影响分为水体污染型、大气污染型、农业污染型、生物污染型和固体废物污染型。水体污染型影响是指利用工业污水或城市污水进行灌溉，使污染物质在土壤中积累而造成的土壤污染，如日本已被污染的土壤中 80%以上为污水造成的。我国污水灌溉也使大面积土壤受到污染，如北京、天津、上海、沈阳等地区重金属污染土壤就与污水灌溉有关。大气污染型影响是指工业生产等向大气排放的污染物，通过降水、扩散和重力作用降落到地面后进入土壤，导致土壤污染。该类污染物主要为粉尘、SO_2、重金属元素和核爆炸尘埃等。农业污染型土壤的污染源为垃圾、污泥、农药、化肥等。该类污染中重金属污染和农药污染尤其严重。生物污染型影响是指土壤施用了未经适当消毒灭菌处理的垃圾、粪便和生活污水，使土壤受到某些病原菌的污染。固体废物污染型影响是指垃圾、碎屑、矿渣、煤渣、堆厩肥、动植物残体等造成的土壤污染。

5.2.2　土壤污染的识别

5.2.2.1　土壤污染的源识别

不同的工业建设项目由于生产过程不同，所涉及的原材料、生产工艺不同，排放的废物及其对土壤环境的影响也不尽相同。

1）工业项目对土壤环境的影响

工业生产过程中将产生大量的烟气、粉尘和 SO_2、CO、氟化物等有毒有害气体，它们通过降水、扩散和重力作用降落回地表，渗透进入土壤，导致土壤酸化和营养物质流失，降低土壤肥力。特别是废气中含有大量的重金属飘尘，它们随废气进入大气，再沉降进入土壤，污染土壤环境。据有关统计资料，全球因矿冶排放的 SO_2 在 $7\times10^6\sim10\times10^6$ t/a，约占全球 SO_2 总排放量的 10%。2000 年我国 SO_2 的排放量约为 1995 万 t，其中，工业来源的排放量为 1612 万 t，生活来源的排放量为 383 万 t。这些 SO_2 在大气中经过复杂的物理、化学反应之后，以酸沉降的形式返回地面，使土壤酸化，进而淋溶土壤营养物质，造成土壤肥力下降。2000 年，研究人员对 254 个城市的监测结果表明，157 个城市出现过酸雨，占监测城市总数的 61.8%，其中，92 个城市降水的年均 pH 小于 5.6，占监测城市总数的 36.2%。"酸雨控制区"中 102 个城市和地区降水年均 pH 范围在 4.10～6.90，其中 95 个城市出现酸雨，占 93.1%，72 个城市年均降水 pH 小于 5.6，占 70.6%。我国降水年均 pH 小于 5.6 的城市主要分布在长江以南、青藏高原以东的广大地区及四川盆地。华中、华南、西南及华东地区仍是酸雨污染严重的区域。

工业废水中含有多种有机和无机毒物。有机毒物主要为酚类、氰化物、多环芳烃、苯、醛、吡啶、有机氯、有机磷和硝基化合物等；无机毒物主要为重金属（如 Hg、Cd、Cr、Ni、Zn、Pb、Cu 等）、硫化物、砷化物、氯化物、硼和石油、酸、碱、各种悬浮物、放射性物质等。采用未经处理的工业废水或经过处理的工业废水灌溉农田，或用工业废水污染的河水灌溉农田，会使土壤受到污染，其污染效应与污水的性质有关。污水灌溉引起的土壤重金属污染对农作物的危害作用与污水中重金属的种类、含量、灌溉量和灌溉的时间有关；工业污水生化处理后的活性污泥的田间施用，也将改变土壤的性质、结构和土壤中元素的分布与分配，进而影响植物的生长和土壤环境。活性污泥的使用可以使土壤的有机质、氮和重金属含量升高，土壤容重减小，其提高的幅度与污泥中重金属的含量、污泥使用量和使用时间有关。

工业生产过程中将产生各种类型的固体废物，如钢渣、铁渣、瓦斯泥等各种废渣和各种尾矿等，在填埋和堆放它们的过程中可能通过各种途径引起其中污染物质的迁移，污染土壤环境。各种原材料的生产、运输、储藏和各种工业产品的消费与使用过程也将对土壤环境产生影响。

2）水利工程建设项目对土壤环境的影响

水利工程建设项目对土壤环境的影响主要表现为占用土地资源、诱发土壤地质灾害、和引发土壤沼泽化、盐渍化，降低土壤肥力。

水利工程施工期间对土地资源的占用，一部分在工程施工结束后可以恢复，一部分在工程建成使用后将永久损失。

水利工程建设中挖掘土石，直接破坏了土体岩层结构，可能引起滑坡、山体崩塌和泥石流等地质灾害。水库蓄水导致库岸坡的水蚀作用增强，库区易发地震、崩塌、滑坡、泥石流等次生地质灾害。由此可加剧土壤侵蚀，威胁大坝的安全。

水利工程运行后，库区的水位上升引起附近地区地下水位的升高和农灌面积的增大以及水库下泄水量的减少，将引起库区附近土壤反盐，使河道两岸土壤盐渍化。

水库的运行，将导致向下游的输沙量减少，破坏河流侵蚀河岸与淤泥沿河岸沉积的平衡，下游土壤得不到原有水平淤泥的补充，下游土壤的质量降低。

3）矿业工程建设项目对土壤环境的影响

矿业工程建设项目的土壤环境影响包括土壤资源的损失、污染土壤环境、引起土壤退化。

矿业开发将侵占大量的土地。矿业开采过程中一方面产生大量的粉尘，对土壤环境产生污染；另一方面，矿石中含有各种金属元素，容易造成土壤环境的污染。矿山开采过程产生的粉尘气体可漂浮 10~12km 远。特大型矿山在数公里直径的范围内降落的粉尘量每年可达百吨。含有硫化物的废岩在表生环境条件下经氧化作用形成酸性废水，将引起土壤硫酸盐盐渍化，使土壤生产力下降。由于采矿粉尘和酸性废水中含有大量的重金属元素，因此，有粉尘回落的地面和受酸性废水影响的土壤，也存在着严重的重金属污染。根据 2001 年国土资源部公报，我国的矿业开发累计毁坏土地面积近 400 万 hm^2。

矿业开发深刻地改变了矿区的地质地貌特点和植被条件，加快了土壤流失速度，同时可诱发地震、地面塌陷、崩塌、滑坡和泥石流等次生地质灾害。例如，美国宾夕法尼亚州的 135 座煤矸石山，其中，60 座含硫煤矸石山经雨水淋滤产生酸性废水，引起河水污染。

目前，我国环评技术导则中，在工程分析结果的基础上，结合土壤环境敏感目标，根据建设项目建设期、运营期和服务期满后（可根据项目情况选择）三个阶段的具体特征，识别土壤环境影响类型与影响途径；对于运营期内土壤环境影响源可能发生变化的建设项目，还应按其变化特征分阶段进行环境影响识别。

5.2.2.2　土壤环境影响的识别

需要根据建设项目所属行业的土壤环境影响评价项目类别，来识别建设项目土壤环境影响类型与影响途径、影响源与影响因子，初步分析可能影响的范围，同时根据《土地利用现状分类》（GB/T 21010—2017）识别建设项目及周边的土地利用类型，分析建设项目可能影响的土壤环境敏感目标。

5.3 土壤环境质量现状调查与评价

土壤环境质量现状调查与评价是土壤环境保护的基础性工作，是土壤环境影响预测、分析和影响评价的依据（徐新阳和陈熙，2010）。

5.3.1 土壤环境质量现状调查

5.3.1.1 基本原则与要求

土壤环境现状调查与评价工作应遵循资料收集与现场调查相结合、资料分析与现状监测相结合的原则，深度应满足相应的工作级别要求，当现有资料不能满足要求时，应通过组织现场调查、监测等方法获取。如果建设项目同时涉及土壤环境生态影响型与污染影响型时，应分别按相应评价工作等级要求开展土壤环境现状调查，可根据建设项目特征适当调整、优化调查内容。对于工业园区内的建设项目，应重点在建设项目占地范围内开展现状调查工作，并兼顾其可能影响的园区外围土壤环境敏感目标。

5.3.1.2 调查评价范围

调查评价范围应包括建设项目可能影响的范围，能满足土壤环境影响预测和评价要求；改建、扩建类建设项目的现状调查评价范围还应兼顾现有工程可能影响的范围。其中，建设项目（除线性工程外）土壤环境影响现状调查评价范围可根据建设项目影响类型、污染途径、气象条件、地形地貌、水文地质条件等确定并说明，或参考表5-5确定。如果建设项目同时涉及土壤环境生态影响与污染影响时，应各自确定调查评价范围。危险品、化学品或石油等输送管线应以工程边界两侧向外延伸 0.2km 作为调查评价范围[《环境影响评价技术导则　土壤环境（试行）》（HJ 964—2018）]。

表 5-5　现状调查范围

评价工作等级	影响类型	调查范围 [a]	
		占地 [b] 范围内	占地范围外
一级	生态影响型	全部	5km 范围内
	污染影响型		1km 范围内
二级	生态影响型		2km 范围内
	污染影响型		0.2km 范围内
三级	生态影响型		1km 范围内
	污染影响型		0.05km 范围内

a 涉及大气沉降途径影响的，可根据主导风向下风向的最大落地浓度点适当调整。

b 矿山类项目占地指开采区与各场地的占地；改建、扩建类的占地指现有工程与拟建工程的占地。

5.3.1.3　调查内容与要求

1）资料收集

项目评价过程中要根据建设项目特点、可能产生的环境影响和当地环境特征，针对性收集调查评价范围内的相关资料，主要包括以下内容。

（1）土地利用现状图、土地利用规划图、土壤类型分布图。

（2）气象资料、地形地貌特征资料、水文及水文地质资料等。

（3）土地利用历史情况。

（4）与建设项目土壤环境影响评价相关的其他资料。

2）理化特性调查内容

理化特性的调查需要在充分收集资料的基础上，根据土壤环境影响类型、建设项目特征与评价需要，有针对性地进行，主要包括土体构型、土壤结构、土壤质地、阳离子交换量、氧化还原电位、饱和导水率、土壤容重、孔隙度等；土壤环境生态影响型建设项目还应调查植被、地下水位埋深、地下水溶解性总固体等，可参照表 5-6 填写土壤理化特性调查表。评价工作等级为一级的建设项目应参照表 5-7 填写土壤剖面调查表。

表 5-6　土壤理化特性调查表

	点号		时间
	经度		纬度
	层次		
现场记录	颜色		
	结构		
	质地		
	砂砾含量		
	其他异物		
实验室测定	pH		
	阳离子交换量		
	氧化还原电位		
	饱和导水率/(cm/s)		
	土壤容重/(kg/m^3)		
	孔隙度		

注：①根据本节确定需要调查的理化特性并记录，土壤环境生态影响型建设项目还应调查植被、地下水位埋深、地下水溶解性总固体等。

②点号为代表性监测点位。

表 5-7 土体构型（土壤剖面）

点号	景观照片	土壤剖面照片	层次 a

注：应给出带标尺的土壤剖面照片及其景观照片。
a 根据土壤分层情况描述土壤的理化特性。

3）影响源调查

影响源调查的基本原则是调查与建设项目产生同种特征因子或造成相同土壤环境影响后果的影响源。对于改建、扩建的污染影响型建设项目，其评价工作等级为一级、二级的，应对现有工程的土壤环境保护措施情况进行调查，并重点调查主要装置或设施附近的土壤污染现状。

5.3.2 土壤环境质量现状评价

5.3.2.1 土壤现状监测

1）基本要求

建设项目土壤环境现状监测应根据建设项目的影响类型、影响途径，有针对性地开展，了解或掌握调查评价范围内土壤环境现状。

2）布点原则

（1）土壤环境现状监测点布设应根据建设项目土壤环境影响类型、评价工作等级、土地利用类型确定，采用均布性与代表性相结合的原则，充分反映建设项目调查评价范围内的土壤环境现状，可根据实际情况优化调整。

（2）调查评价范围内的每种土壤类型应至少设置 1 个表层样监测点，监测点应尽量设置在未受人为污染或相对未受污染的区域。

（3）生态影响型建设项目应根据建设项目所在地的地形特征、地面径流方向设置表层样监测点。

（4）涉及入渗途径影响的，主要产污装置区应设置柱状样监测点，采样深度需至装置底部与土壤接触面以下，根据可能影响的深度适当调整。

（5）涉及大气沉降影响的，应在占地范围外主导风向的上、下风向各设置 1 个表层样监测点，可在最大落地浓度点增设表层样监测点。

（6）涉及地面漫流途径影响的，应结合地形地貌，在占地范围外的上、下游各设置 1 个表层样监测点。

（7）线性工程应重点在站场位置（如输油站、泵站、阀室、加油站及维修场所等）设置监测点，涉及危险品、化学品或石油等输送管线的应根据评价范围内土壤环境敏感目标或厂区内的平面布局情况确定监测点布设位置。

（8）评价工作等级为一级、二级的改建、扩建项目，应在现有工程厂界外可能产生影响的土壤环境敏感目标处设置监测点。

（9）如果涉及大气沉降影响的改建、扩建项目，可在主导风向下风向适当增加监测点位，以反映降尘对土壤环境的影响。

（10）建设项目占地范围及其可能影响区域的土壤环境已存在污染风险的，应结合用地历史资料和现状调查情况，在可能受影响最重的区域布设监测点；根据其可能影响的情况确定取样深度。

（11）建设项目现状监测点设置应兼顾土壤环境影响跟踪监测计划。

3）现状监测点数量要求

建设项目各评价工作等级的监测点数要求不少于表 5-8 所列的要求。对于生态影响型建设项目可优化调整占地范围内外监测点数量，保持总数不变；占地范围超过 5000hm^2 的，每增加 1000hm^2 增加 1 个监测点。污染影响型建设项目占地范围超过 100hm^2 的，每增加 20hm^2 增加 1 个监测点。

表 5-8　现状监测布点类型与数量

评价工作等级	影响类型	占地范围内	占地范围外
一级	生态影响型	5 个表层样点 [a]	6 个表层样点
	污染影响型	5 个柱状样点 [b]，2 个表层样点	4 个表层样点
二级	生态影响型	3 个表层样点	4 个表层样点
	污染影响型	3 个柱状样点，1 个表层样点	2 个表层样点
三级	生态影响型	1 个表层样点	2 个表层样点
	污染影响型	3 个表层样点	—

注："—"表示无现状监测布点类型与数量的要求。

a 表层样应在 0～0.2m 取样。

b 柱状样通常在 0～0.5m、0.5～1.5m、1.5～3m 分别取样，3m 以下每 3m 取 1 个样，可根据基础埋深、土体构型适当调整。

4）现状监测取样方法

表层样监测点及土壤剖面的土壤监测取样方法一般参照《土壤环境监测技术规范》（HJ/T 166—2004）执行。

5）现状监测因子

土壤环境现状监测因子分为基本因子和建设项目的特征因子。

（1）基本因子为《土壤环境质量　农用地土壤污染风险管控标准（试行）》（GB 15618—2018）、《土壤环境质量　建设用地土壤污染风险管控标准（试行）》（GB 36600—2018）中规定的基本项目，根据调查评价范围内的土地利用类型选取。

（2）特征因子为建设项目产生的特有因子，根据建设项目土壤环境影响识别表中所列名录确定；既是特征因子又是基本因子的，按特征因子对待。

（3）布点原则中（2）和（10）中规定的点位须监测基本因子与特征因子；其他监测点位可仅监测特征因子。

　　6）现状监测频次要求

　　（1）基本因子：评价工作等级为一级的建设项目，应至少开展 1 次现状监测；评价工作等级为二级、三级的建设项目，若掌握近 3 年至少 1 次的监测数据，可不再进行现状监测；引用监测数据应满足布点原则和布点数量的相关要求，并说明数据有效性。

　　（2）特征因子：应至少开展 1 次现状监测。

5.3.2.2　土壤现状评价

　　1）评价因子

　　同 5.3.2.1 节中 5）现状监测因子。

　　2）评价标准

　　根据调查评价范围内的土地利用类型，分别选取《土壤环境质量　农用地土壤污染风险管控标准（试行）》（GB 15618—2018）、《土壤环境质量　建设用地土壤污染风险管控标准（试行）》（GB 36600—2018）等标准中的筛选值进行评价，土地利用类型无相应标准的可只给出现状监测值。评价因子在《土壤环境质量　农用地土壤污染风险管控标准（试行）》（GB 15618—2018）、《土壤环境质量　建设用地土壤污染风险管控标准（试行）》（GB 36600—2018）等标准中未规定的，可参照行业、地方或国外相关标准进行评价，无可参照标准的可只给出现状监测值。土壤盐化、酸化、碱化等的分级标准参见表 5-9 和表 5-10。

表 5-9　土壤盐化分级标准

分级	土壤含盐量(soil salt content，SSC)/(g/kg)	
	滨海、半湿润和半干旱地区	干旱、半荒漠和荒漠地区
未盐化	SSC<1	SSC<2
轻度盐化	1≤SSC<2	2≤SSC<3
中度盐化	2≤SSC<4	3≤SSC<5
重度盐化	4≤SSC<6	5≤SSC<10
极重度盐化	SSC≥6	SSC≥10

注：根据区域自然背景状况适当调整。

表 5-10　土壤酸化、碱化分级标准

土壤 pH	土壤酸化、碱化强度
pH<3.5	极重度酸化
3.5≤pH<4.0	重度酸化
4.0≤pH<4.5	中度酸化
4.5≤pH<5.5	轻度酸化
5.5≤pH<8.5	无酸化或碱化
8.5≤pH<9.0	轻度碱化
9.0≤pH<9.5	中度碱化
9.5≤pH<10.0	重度碱化
pH≥10.0	极重度碱化

注：土壤酸化、碱化强度指受人为影响后呈现的土壤 pH 大小，可根据区域自然背景状况适当调整。

3）评价方法

土壤环境质量现状评价应采用标准指数法，并进行统计分析，给出样本数量、最大值、最小值、均值、标准差、检出率和超标率、最大超标倍数等。对照表 5-9、表 5-10 给出各监测点位土壤盐化、酸化、碱化的级别，统计样本数量、最大值、最小值和均值，并评价均值对应的级别。

4）评价结论

生态影响型建设项目应给出土壤盐化、酸化、碱化的现状。污染影响型建设项目应给出评价因子是否满足评价标准中相关标准要求的结论；当评价因子超标时，应分析超标原因。

5.3.2.3　土壤破坏现状评价

土壤破坏是指土壤资源被非农、林、牧业长期占用，或由于土壤的极端退化而失去土壤肥力的现象。土壤破坏与自然灾害和人类活动有关。因此，土壤破坏调查除了对自然灾害破坏的土壤面积及其演化趋势进行调查以外，还应该对调查区域的土地利用类型、规模和人均占有量以及演化趋势进行调查（林云琴等，2017）。

土壤破坏的评价可选择区域耕地、林地、园地和草地在一定时期内被自然灾害破坏，或被其他用途占用的土壤面积或平均破坏率为评价因子，根据土壤损失面积将土壤破坏分为未破坏、轻度破坏、中度破坏和强度破坏。土壤破坏评价标准见表 5-11。

表 5-11　土壤破坏标准

	土壤破坏程度			
	未破坏	轻度破坏	中度破坏	强度破坏
土壤破坏标准 （土壤损失面积）	未损失	$3.5hm^2$	$20hm^2$	$35hm^2$

5.4　土壤环境预测与评价

5.4.1　基本原则与要求

（1）根据影响识别结果与评价工作等级，结合当地土地利用规划确定影响预测的范围、时段、内容和方法。

（2）选择适宜的预测方法，预测评价建设项目各实施阶段不同环节与不同环境影响防控措施下的土壤环境影响，给出预测因子的影响范围与程度，明确建设项目对土壤环境的影响结果。

（3）应重点预测评价建设项目对占地范围外土壤环境敏感目标的累积影响，并根据建设项目特征兼顾对占地范围内的影响预测。

（4）土壤环境影响分析可定性或半定量地说明建设项目对土壤环境产生的影响及趋势。

（5）建设项目导致土壤潜育化、沼泽化、潴育化和土地沙漠化等影响的，可根据土壤环境特征，结合建设项目特点，分析土壤环境可能受到影响的范围和程度 [《环境影响评价技术导则　土壤环境（试行）》（HJ 964—2018）]。

5.4.2　土壤环境预测基础参数

基础参数主要包括评价范围、评价时段、情景设置、预测与评价因子、预测与评价标准等。

（1）预测评价范围一般与现状调查评价范围一致。

（2）预测评价时段根据建设项目土壤环境影响识别结果，确定重点预测时段。

（3）情景设置在影响识别的基础上，根据建设项目特征设定预测情景。

（4）污染影响型建设项目应根据环境影响识别出的特征因子选取关键预测因子。对于可能造成土壤盐化、酸化、碱化影响的建设项目，分别选取土壤盐分含量、pH 等作为预测因子。

（5）预测与评价标准见《土壤环境质量　农用地土壤污染风险管控标准（试行）》（GB 15618—2018）、《土壤环境质量　建设用地土壤污染风险管控标准（试行）》（GB 36600—2018），或表 5-9 和表 5-10。

5.4.3　土壤环境影响预测与评价方法

土壤环境影响预测与评价方法应根据建设项目土壤环境影响类型与评价工作等级确定。对于可能引起土壤盐化、酸化、碱化等的建设项目，其评价工作等级为一级、二级的，预测方法可参见 5.4.3.1 节和 5.4.3.2 节或进行类比分析。污染影响型建设项目，其评价工作等级为一级、二级的，预测方法可参见 5.4.3.1 节或进行类比分析；占地范围内还应根据土体构型、土壤质地、饱和导水率等分析其可能影响的深度。评价工作等级为三级的建设项目，可采用定性描述或类比分析法进行预测。

5.4.3.1　土壤环境影响预测方法

1）方法一

（1）适用范围。

方法一适用于某种物质可概化为以面源形式进入土壤环境的影响预测，包括大气沉降、地面漫流以及盐、酸、碱类等物质进入土壤环境引起的土壤盐化、酸化、碱化等。

（2）一般方法和步骤。

a. 可通过工程分析计算土壤中某种物质的输入量；涉及大气沉降影响的，可参照《环境影响评价技术导则　大气环境》（HJ 2.2—2018）相关技术方法给出。

　　b. 土壤中某种物质的输出量主要包括淋溶或径流排出、土壤缓冲消耗两部分；植物吸收量通常较小，不予考虑；涉及大气沉降影响的，可不考虑输出量。

　　c. 分析比较输入量和输出量，计算土壤中某种物质的增量。

　　d. 将土壤中某种物质的增量与土壤现状值叠加后，进行土壤环境影响预测。

　　（3）预测方法。

　　a. 单位质量土壤中某种物质的增量可用式（5-1）计算：

$$\Delta S = n(I_s - L_s - R_s)/(\rho_b \times A \times D) \tag{5-1}$$

式中，ΔS 为单位质量表层土壤中某种物质的增量（g/kg）或表层土壤中游离酸或游离碱浓度增量（mmol/kg）；I_s 为预测评价范围内单位年份表层土壤中某种物质的输入量（g）或预测评价范围内单位年份表层土壤中游离酸、游离碱输入量（mmol）；L_s 为预测评价范围内单位年份表层土壤中某种物质经淋溶排出的量（g）或预测评价范围内单位年份表层土壤中经淋溶排出的游离酸、游离碱的量（mmol）；R_s 为预测评价范围内单位年份表层土壤中某种物质经径流排出的量（g）或预测评价范围内单位年份表层土壤中经径流排出的游离酸、游离碱的量（mmol）；ρ_b 为表层土壤容重（kg/m³）；A 为预测评价范围（m²）；D 为表层土壤深度，一般取 0.2m，可根据实际情况适当调整；n 为持续年份（年）。

　　b. 单位质量土壤中某种物质的预测值可根据其增量叠加现状值进行计算，见式（5-2）：

$$S = S_b + \Delta S \tag{5-2}$$

式中，S_b 为单位质量土壤中某种物质的现状值（g/kg）；S 为单位质量土壤中某种物质的预测值（g/kg）。

　　c. 酸性物质或碱性物质排放后表层土壤 pH 预测值，可根据表层土壤游离酸或游离碱浓度的增量进行计算，见式（5-3）：

$$pH = pH_b \pm \Delta S / BC_{pH} \tag{5-3}$$

式中，pH_b 为土壤 pH 现状值；BC_{pH} 为缓冲容量[mmol/(kg·pH)]；pH 为土壤 pH 预测值。

　　d. 缓冲容量（BC_{pH}）测定方法：采集项目区土壤样品，样品加入不同量游离酸或游离碱后分别进行 pH 测定，绘制不同浓度游离酸或游离碱和 pH 之间的曲线，曲线斜率即为缓冲容量。

　　2）方法二

　　（1）适用范围。

　　本方法适用于某种污染物以点源形式垂直进入土壤环境的影响预测，重点预测污染物可能影响到的深度。

　　（2）一维非饱和溶质运移模型预测方法。

　　a. 一维非饱和溶质垂向运移控制方程：

$$\frac{\partial(\theta c)}{\partial t} = \frac{\partial}{\partial z}\left(\theta D \frac{\partial c}{\partial z}\right) - \frac{\partial}{\partial z}(qc) \tag{5-4}$$

式中，c 为污染物介质中的浓度（mg/L）；D 为弥散系数（m²/d）；q 为渗流速率（m/d）；z 为沿 z 轴的距离（m）；t 为时间变量（d）；θ 为土壤含水量（%）。

b. 初始条件：

$$c(z,t) = 0, \quad t = 0, L \leqslant z < 0 \tag{5-5}$$

式中，L 为沿 z 轴的距离的上限。

c. 边界条件：

第一类 Dirichlet（狄利克雷）边界条件，其中式（5-6）适用于连续点源情景，式（5-7）适用于非连续点源情景。

$$c(z,t) = c_0, \quad t > 0, z = 0 \tag{5-6}$$

$$c(z,t) = \begin{cases} c_0, & 0 < t \leqslant t_0 \\ 0, & t > t_0 \end{cases} \tag{5-7}$$

第二类 Neumann（诺伊曼）零梯度边界：

$$-\theta D \frac{\partial c}{\partial z} = 0, \quad t > 0, z = L \tag{5-8}$$

5.4.3.2 土壤盐化综合评分与预测

1）土壤盐化综合评分

根据表 5-12 选取各项影响因素的分值与权重，采用式（5-9）计算土壤盐化综合评分值（Sa），对照表 5-13 得出土壤盐化综合评分预测结果。

$$Sa = \sum_{i=1}^{n} Wx_i \times Ix_i \tag{5-9}$$

式中，n 为影响因素指标数目；Ix_i 为影响因素 i 指标评分；Wx_i 为影响因素 i 指标权重。

表 5-12　土壤盐化影响因素赋值表

影响因素	分值				权重
	0 分	2 分	4 分	6 分	
地下水位埋深(ground water，GWD)/m	GWD≥2.5	1.5≤GWD<2.5	1.0≤GWD<1.5	GWD<1.0	0.35
干燥度（蒸降比值）(evaporation precipitation ratio，EPR)	EPR<1.2	1.2≤EPR<2.5	2.5≤EPR<6	EPR≥6	0.25
土壤本底含盐量(soil salt content，SSC)/(g/kg)	SSC<1	1≤SSC<2	2≤SSC<4	SSC≥4	0.15
地下水溶解性总固体(total dissolved solid，TDS)/(g/L)	TDS<1	1≤TDS<2	2≤TDS<5	TDS≥5	0.15
土壤质地	黏土	砂土	壤土	砂壤、粉土、砂粉土	0.1

表 5-13　土壤盐化预测表

	Sa<1	1≤Sa<2	2≤Sa<3	3≤Sa<4.5	Sa≥4.5
土壤盐化综合评分预测结果	未盐化	轻度盐化	中度盐化	重度盐化	极重度盐化

2）土壤盐化影响因素赋值表

土壤盐化影响因素赋值见表 5-12。

3）土壤盐化预测表

土壤盐化预测见表 5-13。

5.4.4　预测评价结论

建设项目的土壤环境评价并非所有情况下都可以得出可接受的结论，要根据具体的条件来进行判断（刘晓东和王鹏，2021）。

以下情况可得出建设项目土壤环境影响可接受的结论。

（1）建设项目各不同阶段，土壤环境敏感目标处且占地范围内各评价因子均满足预测评价标准中相关标准要求的；

（2）生态影响型建设项目各不同阶段，出现或加重土壤盐化、酸化、碱化等问题，但采取防控措施后，可满足相关标准要求的；

（3）污染影响型建设项目各不同阶段，土壤环境敏感目标处或占地范围内有个别点位、层位或评价因子超标，但采取必要措施后，可满足《土壤环境质量　农用地土壤污染风险管控标准（试行）》（GB 15618—2018）、《土壤环境质量　建设用地土壤污染风险管控标准（试行）》（GB 36600—2018）或其他土壤污染防治相关管理规定的。

以下情况不能得出建设项目土壤环境影响可接受的结论。

（1）生态影响型建设项目：土壤盐化、酸化、碱化等对预测评价范围内土壤原有生态功能造成重大不可逆影响的；

（2）污染影响型建设项目各不同阶段，土壤环境敏感目标处或占地范围内多个点位、层位或评价因子超标，采取必要措施后，仍无法满足《土壤环境质量　农用地土壤污染风险管控标准（试行）》（GB 15618—2018）、《土壤环境质量　建设用地土壤污染风险管控标准（试行）》（GB 36600—2018）或其他土壤污染防治相关管理规定的。

5.5　土壤环境影响评价结论

评价结论主要根据填写的土壤环境影响评价自查表，概括建设项目的土壤环境现状、预测评价结果、防控措施及跟踪监测计划等内容，从土壤环境影响的角度，总结项目建设的可行性。

思　考　题

1. 什么是土壤环境破坏？如何筛选土壤环境影响评价因子？

2. 土壤环境质量现状评价一般采取哪些方法？

3. 某地要建一个工厂，拟建工厂的废水排放量为 800t/d，其中有机物浓度为 300mg/L，废水将排入附近的一条小河，河流的流量为 10000t/d，河水流速为 0.8m/s，河水中该有机物浓度为 20mg/L。在下游 600m 处有一个取水口用于浇灌农田，每亩农田需浇水 100t/d，假设这种有机物在土壤中的背景浓度为 0.5mg/kg，在土壤中的年残留量为 50%，试问浇灌 5 年后土壤中这种有机物的残留浓度为多少？（假设污染物在河水中的降解系数为 $0.35d^{-1}$，每亩土地有 14.5 万 kg 土壤。）

扫二维码查看本章学习
重难点及思考题与参考答案

6 大气环境影响评价

6.1 大气环境质量现状评价

关于大气环境质量现状的描述和反映既可以从化学角度进行，也可以从生物学、物理学和卫生学的角度展开，它们都从某一方面说明了大气环境质量的好坏。不过由于我们最终保护的是人，以人群效应来检验大气环境质量好坏的卫生学评价更科学更合理。但是这种方法难以定量化，所以目前使用最多的是监测评价，即环境指数评价法（徐新阳和陈熙，2010）。

6.1.1 大气环境质量现状评价的程序

大气环境质量现状评价工作可分为四个阶段：调查准备阶段、污染监测阶段、评价分析阶段和成果应用阶段 [《环境影响评价技术导则　大气环境》（HJ 2.2—2018）]。

1）调查准备阶段

依据评价任务的要求，结合评价区的具体评价条件，首先要确定的是评价范围。在大气污染源调查以及气象条件分析的基础上，拟定该地区的主要大气污染源和污染物以及发生重污染的气象条件，制订大气环境监测计划，同时做好人员组织和器材的一系列准备。

2）污染监测阶段

有条件的地方应配合同步气象观测，以便为建立大气质量模式积累基础资料。大气污染监测应按年度分季节定区、定点、定时进行。为了分析与评价大气污染的生态效应，为大气污染分级提供依据，最好在大气污染监测时，同时进行大气污染生物学和环境卫生学监测，以便从不同角度来评价大气环境质量。

3）评价分析阶段

评价就是运用大气环境质量指数对大气污染程度进行描述，分析大气环境质量的时空变化规律，并根据大气污染的生物监测和大气污染环境卫生学监测进行大气污染分级，指出造成本地区大气环境质量恶化的主要污染源、主要污染物以及重污染发生的条件，研究大气污染对人群和生态环境的影响。

4）成果应用阶段

根据评价结果，提出改善大气环境质量以及防止大气环境进一步恶化的综合防治措施。

6.1.2 大气环境质量现状调查与评价

6.1.2.1 调查内容和目的

对于一级和二级评价项目，需要调查项目所在区域环境质量达标情况，并用来作为项目所在区域是否为达标区的判断依据，并通过调查评价范围内有环境质量标准的评价因子的环境质量监测数据或进行补充监测，用于评价项目所在区域污染物环境质量现状，以及计算环境空气保护目标和网格点的环境质量现状浓度。对于三级评价项目，只需要调查项目所在区域环境质量达标情况（骆夏丹等，2019）。

6.1.2.2 数据来源

1）基本污染物环境质量现状数据

对于项目所在区域基本污染物达标判定，优先采用评价范围内国家或地方环境空气质量监测网中评价基准年连续 1 年的监测数据，或采用生态环境主管部门公开发布的环境空气质量现状数据。如果评价范围内没有环境空气质量监测网数据或公开发布的环境空气质量现状数据，可选择符合《环境空气质量监测点位布设技术规范（试行）》（HJ 664—2013）规定，并且与评价范围地理位置邻近，地形、气候条件相近的环境空气质量城市点或区域点监测数据。对位于环境空气质量一类区的环境空气保护目标或网格点，各污染物环境质量现状浓度可取符合 HJ 664—2013 规定，并且与评价范围地理位置邻近，地形、气候条件相近的环境空气质量区域点或背景点监测数据（李淑芹和孟宪林，2021）。

2）其他污染物环境质量现状数据

对于项目所在区域内其他污染物的达标判定，优先采用评价范围内国家或地方环境空气质量监测网中评价基准年连续 1 年的监测数据。如果评价范围内没有环境空气质量监测网数据或公开发布的环境空气质量现状数据，可收集评价范围内近 3 年与项目排放的其他污染物有关的历史监测资料。在没有以上相关监测数据或监测数据不能满足评价内容与方法规定的评价要求时，应进行补充监测。

6.1.2.3 补充监测

1）监测时段

监测时段的选择要根据监测因子的污染特征，选择污染较重的季节进行现状监测。补充监测应至少取得 7d 有效数据。对于部分无法进行连续监测的其他污染物，可监测其一次空气质量浓度，监测时次也应满足所用评价标准的取值时间要求。

2）监测布点

监测布点应该以近 20 年统计的当地主导风向为轴向，在厂址及主导风向下风向 5km 范围内设置 1～2 个监测点。如需在一类区进行补充监测，监测点应设置在不受人为活动影响的区域。

3）监测方法

监测中应选择符合监测因子对应环境质量标准或参考标准所推荐的监测方法，并在评价报告中注明方法的选择依据和来源。

4）监测采样

环境空气监测中的采样点、采样环境、采样高度及采样频率，按 HJ 664—2013 及相关评价标准规定的环境监测技术规范执行。

6.1.2.4　评价内容与方法

1）项目所在区域达标判断

我国城市环境空气质量达标情况评价指标为 SO_2、NO_2、PM_{10}、$PM_{2.5}$、CO 和 O_3，六项污染物全部达标即城市环境空气质量达标。项目执行过程中，应根据国家或地方生态环境主管部门公开发布的城市环境空气质量达标情况，判断项目所在区域是否属于达标区。如项目评价范围涉及多个行政区（县级或以上，下同），需分别评价各行政区的达标情况，若存在不达标行政区，则判定项目所在评价区域为不达标区。如果国家或地方生态环境主管部门未发布城市环境空气质量达标情况，可按照《环境空气质量评价技术规范（试行）》（HJ 663—2013）中各评价项目的年评价指标进行判定。年评价指标中的年均浓度和相应百分位数24h平均或8h平均质量浓度满足《环境空气质量标准》（GB 3095—2012）中浓度限值要求的即为达标。

2）各污染物的环境质量现状评价

项目执行中对于长期监测数据的现状评价内容，按《环境空气质量评价技术规范（试行）》（HJ 663—2013）中的统计方法对各污染物的年评价指标进行环境质量现状评价。对于超标的污染物，计算其超标倍数和超标率。对于补充监测数据的现状评价内容，分别对各监测点位不同污染物的短期浓度进行环境质量现状评价。对于超标的污染物，计算其超标倍数和超标率。

3）环境空气保护目标及网格点环境质量现状浓度

对采用多个长期监测点位数据进行现状评价的，取各污染物相同时刻各监测点位的浓度平均值，作为评价范围内环境空气保护目标及网格点环境质量现状浓度［《环境影响评价技术导则　大气环境》（HJ 2.2—2018）］，计算方法见式（6-1）：

$$C_{现状(x, y, t)} = \frac{1}{n} \sum_{j=1}^{n} C_{现状(j, t)} \tag{6-1}$$

式中，$C_{现状(x, y, t)}$ 为环境空气保护目标及网格点 (x, y) 在 t 时刻环境质量现状浓度（$\mu g/m^3$）；$C_{现状(j, t)}$ 为第 j 个监测点位在 t 时刻环境质量现状浓度（包括短期浓度和长期浓度）（$\mu g/m^3$）；n 为长期监测点位数。

对采用补充监测数据进行现状评价的，取各污染物不同评价时段监测浓度的最大值，作为评价范围内环境空气保护目标及网格点环境质量现状浓度。对于有多个监测点位数据的，先计算相同时刻各监测点位平均值，再取各监测时段平均值中的最大值。计算方法见式（6-2）：

$$C_{现状(x, y)} = \max \left[\frac{1}{n} \sum_{j=1}^{n} C_{监测(j, t)} \right] \tag{6-2}$$

式中，$C_{现状(x, y)}$ 为环境空气保护目标及网格点 (x, y) 环境质量现状浓度（$\mu g/m^3$）；$C_{监测(j, t)}$ 为

第 j 个监测点位在 t 时刻环境质量现状浓度（包括 1h 平均、8h 平均或日平均质量浓度）（μg/m³）；n 为现状补充监测点位数。

6.1.2.5 污染源调查与评价

1）调查内容

对于一级和二级评价项目，首先，调查项目不同排放方案有无组织排放源，对于改建、扩建项目还应调查项目现有污染源。项目污染源调查包括正常排放调查和非正常排放调查，其中非正常排放调查内容包括非正常工况、频次、持续时间和排放量。其次，调查项目所有拟被替代的污染源（如有），包括被替代污染源名称、位置、排放污染物及排放量、拟被替代时间等。此外，还需要调查评价范围内与评价项目排放污染物有关的其他在建项目、已批复环境影响评价文件的拟建项目等污染源。对于编制报告书的工业项目，需要分析调查受项目物料及产品运输影响新增的交通运输移动源，包括运输方式、新增交通流量、排放污染物及排放量（朱春兰，2020）。

对于三级评价项目，只需要调查项目新增污染源和拟被替代的污染源。

除此之外，对于城市快速路、主干路等城市道路的新建项目，需调查道路交通流量及污染物排放量。采用网格模型预测二次污染物，则需结合空气质量模型及评价要求，开展区域现状污染源排放清单调查。

2）数据来源与要求

对于新建项目的污染源调查，依据《建设项目环境影响评价技术导则　总纲》（HJ 2.1—2016）、《规划环境影响评价技术导则　总纲》（HJ 130—2019）、《排污许可证申请与核发技术规范　总则》（HJ 942—2018）、行业排污许可证申请与核发技术规范及各污染源源强核算技术指南，并结合工程分析从严确定污染物排放量。而评价范围内在建和拟建项目的污染源调查，可使用已批准的环境影响评价文件中的资料；改建、扩建项目现状工程的污染源和评价范围内拟被替代的污染源调查，可根据数据的可获得性，依次优先使用项目监督性监测数据、在线监测数据、年度排污许可执行报告、自主验收报告、排污许可证数据、环评数据或补充污染源监测数据等。污染源监测数据应采用满负荷工况下的监测数据或者换算至满负荷工况下的排放数据。网格模型模拟所需的区域现状污染源排放清单调查按国家发布的清单编制相关技术规范执行。

项目所涉及的污染源排放清单数据应采用近 3 年内国家或地方生态环境主管部门发布的包含人为源和天然源在内的所有区域污染源清单数据。在国家或地方生态环境主管部门未发布污染源清单之前，可参照污染源清单编制指南自行建立区域污染源清单，并对污染源清单准确性进行验证分析。

3）污染源调查

污染源的主要形式有点源、面源、体源、线源、火炬源、烟塔合一排放源、机场源等，调查时根据不同污染源排放形式，应该分别给出污染源参数。对于网格污染源，按照源清单要求给出污染源参数，并说明数据来源。当污染源排放为周期性变化时，还需给出周期性变化排放系数［《环境影响评价技术导则　大气环境》（HJ 2.2—2018）］。

（1）点源调查内容。

a. 排气筒底部中心坐标［坐标可采用通用横轴墨卡托（universal transverse Mercator，UTM）坐标或经纬度，下同］，以及排气筒底部的海拔（m）。

b. 排气筒高度（m）及排气筒出口内径（m）。

c. 烟气流速（m/s）。

d. 排气筒出口处烟气温度（℃）。

e. 各主要污染物排放速率（kg/h）、排放工况（正常排放和非正常排放，下同）、年排放小时数（h）。

f. 点源（包括正常排放和非正常排放）参数调查清单见表 6-1。

表 6-1 点源参数表

编号	名称	排气筒底部中心坐标/m		排气筒底部海拔/m	排气筒高度/m	排气筒出口内径/m	烟气流速/(m/s)	烟气温度/℃	年排放小时数/h	排放工况	污染物排放速率/(kg/h)		
		X	Y								污染物1	污染物2	…

（2）面源调查内容。

a. 面源坐标。

矩形面源：起始点坐标，面源的长度（m），面源的宽度（m），与正北方向逆时针的夹角，见图 6-1。

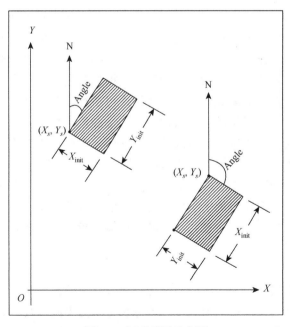

图 6-1 矩形面源示意图

（X_s, Y_s）为面源的起始点坐标；Angle 为面源 Y 方向的边长与正北方向的夹角（逆时针方向）；X_{init} 为面源 X 方向的边长，Y_{init} 为面源 Y 方向的边长多边形面源：多边形面源的顶点数或边数（3～20）以及各顶点坐标，见图6-2。

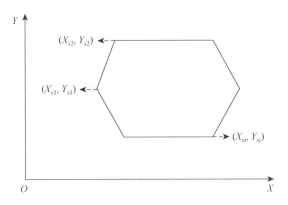

图6-2　多边形面源示意图

（X_{s1}，Y_{s1}）、（X_{s2}，Y_{s2}）、（X_{si}，Y_{si}）为多边形面源顶点坐标

近圆形面源：中心点坐标，近圆形半径（m），近圆形顶点数或边数，见图6-3。

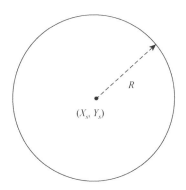

图6-3　近圆形面源示意图

（X_s，Y_s）为圆弧弧心坐标；R为圆弧半径

b. 面源的海拔和有效排放高度（m）。

c. 各主要污染物排放速率（kg/h），排放工况，年排放小时数（h）。

d. 各类面源参数调查清单见表6-2～表6-4。

表6-2　矩形面源参数表

编号	名称	面源起始点坐标/m		面源海拔/m	面源长度/m	面源宽度/m	与正北方向夹角/(°)	面源有效排放高度/m	年排放小时数/h	排放工况	污染物排放速率/(kg/h)		
		X	Y								污染物1	污染物2	…

表 6-3　多边形面源参数表

编号	名称	面源各顶点坐标/m		面源海拔/m	面源有效排放高度/m	年排放小时数/h	排放工况	污染物排放速率/(kg/h)		
		X	Y					污染物1	污染物2	…

表 6-4　近圆形面源参数表

编号	名称	面源中心点坐标/m		面源海拔/m	面源半径/m	顶点数或边数（可选）	面源有效排放高度/m	年排放小时数/h	排放工况	污染物排放速率/(kg/h)		
		X	Y							污染物1	污染物2	…

（3）体源调查内容。

a. 体源中心点坐标，以及体源所在位置的海拔（m）。

b. 体源有效高度（m）。

c. 体源污染物排放速率（kg/h），排放工况，年排放小时数（h）。

d. 体源的边长（m）（把体源划分为多个正方形的边长，见图 6-4 和图 6-5 中的 W）。

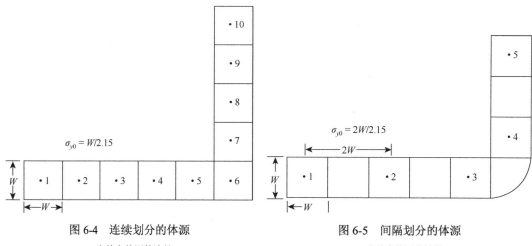

图 6-4　连续划分的体源　　　　　　　图 6-5　间隔划分的体源
W 为单个体源的边长　　　　　　　　　W 为单个体源的边长

e. 初始横向扩散参数（m）、初始垂直扩散参数（m）、体源初始扩散参数的估算见表 6-5 和表 6-6。

表 6-5　体源初始横向扩散参数的估算

源类型	初始横向扩散参数
单个源	σ_{y0} = 边长/4.3
连续划分的体源（图 6-4）	σ_{y0} = 边长/2.15
间隔划分的体源（图 6-5）	σ_{y0} = 两个相邻间隔中心点的距离/2.15

f. 体源参数调查清单参见表 6-7。

表 6-6 体源初始垂直扩散参数的估算

源位置		初始垂直扩散参数
源基底处地形高度 $H_0 \approx 0$		σ_{z0} = 源的高度/2.15
源基底处地形高度 $H_0 > 0$	在建筑物上，或邻近建筑物	σ_{z0} = 建筑物高度/2.15
	不在建筑物上，或不邻近建筑物	σ_{z0} = 源的高度/4.3

表 6-7 体源参数表

编号	名称	体源中心点坐标/m		体源海拔/m	体源边长/m	体源有效高度/m	年排放小时数/h	排放工况	初始扩散参数/m		污染物排放速率/(kg/h)		
		X	Y						横向	垂直	污染物1	污染物2	...

（4）线源调查内容。

a. 线源几何尺寸（分段坐标），线源宽度（m），距地面高度（m），有效排放高度（m），街道街谷高度（可选）（m）。

b. 各种车型的污染物排放速率（kg/h）。

c. 平均车速（km/h），各时段车流量（辆/h）、车型比例。

d. 线源参数调查清单参见表 6-8（环境保护部环境工程评估中心，2011）。

表 6-8 线源参数表

编号	名称	各段顶点坐标/m		线源高度/m	线源海拔/m	有效排放高度/m	街道街谷高度/m	污染物排放速率/(kg/h)		
		X	Y					污染物1	污染物2	...

（5）火炬源调查内容。

a. 火炬底部中心坐标，以及火炬底部的海拔（m）。

b. 火炬等效内径 D（m），计算公式见式（6-3）：

$$D = 9.88 \times 10^{-4} \times \sqrt{HR(1-HL)} \tag{6-3}$$

式中，HR 为总热释放速率（cal/s）；HL 为辐射热损失比例，一般取 0.55。

c. 火炬的等效高度 h_{eff}（m），计算公式见式（6-4）：

$$h_{eff} = Hs + 4.56 \times 10^{-3} \times HR^{0.478} \tag{6-4}$$

式中，Hs 为火炬高度（m）。

d. 火炬等效烟气排放速度（m/s），默认设置为 20 m/s。

e. 排气筒出口处的烟气温度（℃），默认设置为 1000℃。

f. 火炬源污染物排放速率（kg/h），排放工况，年排放小时数（h）。

g. 火炬源参数调查清单参见表 6-9。

表 6-9 火炬源参数表

编号	名称	坐标/m		底部海拔/m	火炬等效高度/m	火炬等效内径/m	烟气温度/h	等效烟气排放速度/(m/s)	年排放小时数/h	排放工况	燃烧物质及热释放速率			污染物排放速率/(kg/h)		
		X	Y								燃烧物质	燃烧速率/(kg/h)	总热释放速率/(cal/s)	污染物1	污染物2	…

（6）烟塔合一排放源调查内容。

a. 冷却塔底部中心坐标，排气筒底部的海拔（m）。

b. 冷却塔高度（m）及冷却塔出口内径（m）。

c. 冷却塔出口烟气流速（m/s）。

d. 冷却塔出口烟气温度（℃）。

e. 烟气中液态含水量（kg/kg）。

f. 烟气相对湿度（%）。

g. 各主要污染物排放速率（kg/h），排放工况，年排放小时数（h）。

h. 冷却塔排放源参数调查清单参见表 6-10。

表 6-10 烟塔合一排放源参数表

编号	名称	坐标/m		底部海拔/m	冷却塔高度/m	冷却塔出口内径/m	烟气流速/(m/s)	烟气温度/℃	烟气液态含水量/(kg/kg)	烟气相对湿度/%	年排放小时数/h	排放工况	污染物排放速率/(kg/h)		
		X	Y										污染物1	污染物2	…

（7）城市道路源调查内容。

调查内容包括不同路段交通流量及污染物排放量，见表 6-11。

表 6-11 城市道路交通流量及污染物排放量

路段名称	典型时段	平均车流量/(辆/h)			污染物排放速率/[kg/(km·h)]			
		大型车	中型车	小型车	NO_x	CO	THC	其他污染物
	近期							
	中期							
	远期							

注：THC 表示总碳氢（total hydrocarbon）。

（8）机场源调查内容。

不同飞行阶段的跑道面源排放参数包括：飞行阶段，面源起点坐标，有效排放高度（m），面源宽度（m），面源长度（m），与正北方向夹角（°），污染物排放速率[kg/(m²·h)]。调查清单见表 6-12。

表 6-12 机场跑道排放源参数表

不同飞行阶段	跑道面源起点坐标/m		有效排放高度/m	面源宽度/m	面源长度/m	与正北方向夹角/(°)	污染物排放速率/[kg/(m²·h)]		
	X	Y					污染物 1	污染物 2	…

（9）周期性排放系数。

常见污染源周期性排放系数见表 6-13。

表 6-13 污染源周期性排放系数表

季节	排放系数	月份	排放系数	星期	排放系数	小时	排放系数
冬		1		日		1	
		2		一		2	
春		3		二		3	
		4		三		4	
		5		四		5	
夏		6		五		6	
		7		六		7	
		8				8	
秋		9				9	
		10				10	
		11				11	
冬		12				12	
						13	
						14	
						15	
						16	
						17	
						18	
						19	
						20	
						21	
						22	
						23	
						24	

（10）非正常排放调查内容。

非正常排放调查内容见表 6-14。

表 6-14 非正常排放参数表

非正常排放源	非正常排放原因	污染物	非正常排放速率/(kg/h)	单次持续时间/h	年发生频次/次

（11）拟被替代源调查内容。

拟被替代源基本情况及调查内容见表 6-15。

表 6-15　拟被替代源基本情况表

被替代污染源	坐标/m		年排放时间/h	污染物年排放量/(t/a)			拟被替代时间
	X	Y		污染物 1	污染物 2	…	

6.1.3　大气污染生物学评价

由于植物长期生活在大气环境中，植物生理功能与形态特征常常受大气污染作用影响，大气中存在的某些污染物还可以被植物叶片吸收，在叶片中积累。所有这些变化均可以指示大气污染状况。由于植物长期生活在一个固定的地方，因此，它指示的大气污染状况具有长期和综合的特点。大气污染生物学评价是从生物学的角度来评价大气质量，但大气污染监测评价是基础，生物学评价可以作为监测评价的补充和综合，不能完全代替监测评价（徐新阳和陈熙，2010）。

植物能够吸收大气污染物，并在体内积累。当污染物在植物体内积累到一定程度以后，植物可以产生可见症状，甚至死亡。根据植物对污染物的反应以及植物体内污染物的累积浓度，可以在一定程度上鉴别大气污染物的性质和浓度。

6.1.3.1　根据植物叶片症状进行评价

植物受污染物影响后会出现特征症状，这些症状可以作为环境污染状况的一种度量指标。不同有害物质造成的典型症状如下。

（1）二氧化硫：阔叶植物的叶缘和叶脉间出现不规则的坏死小斑，颜色变成白色到淡黄色，有时为绿色。在低浓度时植物一般表现为细胞受损害，但不发生组织坏死。当长期暴露在低浓度二氧化硫环境中时，植物老叶有时会表现出缺绿的症状。

乔本科植物在中肋两侧出现不规则的坏死，颜色变成淡棕色到白色。其尖端易受影响，通常不表现缺绿症状。

针叶树在针叶顶端发生棕色死尖，呈带状，通常相邻组织缺绿。

（2）氟化物：阔叶植物叶间和叶缘发生坏死的症状，偶尔在叶脉之间产生小斑。在坏死组织和活组织之间边缘明显，常具有窄的暗棕色的带。有时在坏死组织边上具有窄而轻微缺绿的带。有的植物的坏死组织很容易脱落。有的植物（如柑橘）在坏死之前出现缺绿症状。

乔本科植物出现坏死的棕色叶尖，坏死区后部是不规则的条纹，和阔叶植物一样，在坏死区和健康组织间有深色带。

针叶树出现棕色到红棕色的坏死尖，每个叶片都可能坏死。

（3）氯气：大多为脉间点块状伤斑，与正常组织之间界限模糊，或有过渡带，严重时全叶失绿发白甚至脱落。

（4）氨气：大多为脉间点块状伤斑，伤斑呈褐色或黑褐色，与正常组织间界限明显，症状一般出现较早，稳定较快。

（5）过氧乙酰硝酸酯（peroxyacetyl nitrate，PAN）：叶片背面变为银白色、棕色、古铜色或玻璃状，不呈点、块伤斑。有时在叶子的尖端、中部或基部出现坏死带。

（6）酸雾：叶上出现细密近圆形坏死斑。

以上所列症状只是代表性症状。不同植物症状会有所差别，而且污染物浓度不同时，症状也会有所不同。

6.1.3.2 根据受害植物的不同进行评价

有些植物对不同污染物的抗性和敏感性不同，因此，还可以根据受害植物的种类不同判断污染物的种类。表 6-16 列出了对主要污染物敏感的植物及其反应浓度。

表 6-16 对主要污染物敏感的植物及其反应浓度

污染物	反应浓度	敏感植物
SO_2	（0.1～0.3）×10^{-6}（体积比）长期暴露可引起敏感植物慢性中毒	紫花苜蓿、大麦、棉花、小麦、三叶草、甜菜、莴苣、大豆、向日葵等
O_3	在（0.02～0.05）×10^{-6}（体积比）时敏感植物可发生急性或慢性中毒	烟草、番茄、矮牵牛、菠菜、土豆、燕麦、丁香、秋海棠、女贞、梓树等
PAN	在（0.01～0.05）×10^{-6}（体积比）时对敏感植物产生危害，也可引起早衰	矮牵牛、早熟禾、长叶莴苣、斑豆、番茄、芥菜等
HF	最敏感植物在 0.1×10^{-9}（体积比）即有反应，在叶片中浓度达（50～200）×10^{-6}（体积比）时敏感植物出现坏死斑	唐菖蒲（浅色的比深色的敏感）、郁金香、金芥麦、玉米、玉簪、杏、葡萄、雪松等

6.1.3.3 用综合生态指标评价

可以根据植物种类和生长情况选择一些综合性的指标作为评价参数，然后仔细观察记录这些评价参数的特征，以此划分大气污染等级。表 6-17 是根据树木生长和叶片症状划分的大气污染等级。

表 6-17 大气污染的生物学分级

污染水平	主要表现
清洁	树木生长正常，叶片面积含铅量接近清洁对照区指标
轻污染	树木生长正常，但所选指标明显高于清洁对照区
中污染	树木生长正常，但可见典型受害症状
重污染	树木受到明显伤害，秃尖，受害叶面积可达 50%

6.2　大气环境影响预测模型

大气环境影响预测就是采用数学模型和必要的模拟试验，计算或估计评价项目的污染因子在评价区内对大气环境质量的影响，比较各种方案对大气环境质量的影响程度和范围，为正确决策提供可靠和定量的基础数据。

6.2.1　气象要素和气象条件

6.2.1.1　主要气象要素

气象要素是指那些能对大气状态和物理现象给予定量或定性描述的物理量。气象要素是制约污染物在大气中稀释、扩散、迁移和转化的重要因素。常用的气象要素有气温、气压、湿度、风向、风速、云况、云量、能见度、降水、蒸发量、日照时数、太阳辐射、地面以及大气辐射等。这些气象要素的数值都可由观测来获得。与大气污染有关的气象要素很多，通常把与大气扩散密切相关的气象要素称为污染气象要素或扩散气象要素。

（1）气温。气象上讲的地面气温一般是指距地面 1.5m 高处在百叶箱中观测得到的空气温度。气温一般用摄氏度（℃）表示，理论计算中常用热力学温度（K）表示。

（2）气压。气压是指大气的压强。在静止大气中，任一点的气压值等于大气作用于该点单位面积上的作用力。气压随地理高度的变化而变化，高度越高，气压越低。气象上以百帕（hPa）作为气压的计量单位。

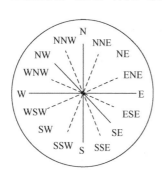

图 6-6　风向的 16 个方位

（3）湿度。湿度是指空气中所含水蒸气的分量。它是用来反映空气潮湿程度的一个物理量。常用绝对湿度、相对湿度和露点来表示。

（4）风。空气质点在水平方向的运动称为风。空气质点在垂直方向的运动称为上升、下降气流或对流。风是一个矢量，可用风向和风速来描述其特征。风向是指风的来向，通常用 16 个方位表示，具体如图 6-6 所示。风速是指距地面 10m 高度上的测风仪所检测到的一定时间内的空气水平移动速度平均值。

（5）云。云是由飘浮在空中的大量小水滴、小冰晶或两者的混合物构成的。在污染预测中常用云高、云量等来确定大气稳定度。云高是指云底距地面的高度。可分为高云（＞5000m）、中云（2500～5000m）和低云（＜2500m）。云量是指云的多少。我国将视野能见的天空分为 10 等份，国外将视野能见的天空分为 8 等份，其中云遮蔽了几份，云量就是几。

6.2.1.2　大气边界层温度场

受下垫面影响的低层大气，称为大气边界层。大气边界层的厚度为 1～2km。下垫面以上 100m 左右的一层大气称为近地层或摩擦边界层；近地层到大气边界层顶的一层称为过渡区，大部分大气扩散都发生在这一层。因此，了解大气边界层的温度场、风场及湍流特征，对于研究大气扩散问题、开展大气环境影响评价具有十分重要的意义。

1）气温垂直分布

大气温度在垂直方向的变化速度定义为 $\gamma = -\mathrm{d}T/\mathrm{d}z$，它是气温在单位高差（通常为100m）上变化率的负值。

2）干绝热直减率

干空气在绝热上升过程中，每升高 100m，温度降低 0.98K，称为干空气温度绝热垂直递减率，简称干绝热直减率。通常用 γ_d 表示，即 $\gamma_\mathrm{d} = 0.98\mathrm{K}/100\mathrm{m} \approx 1\mathrm{K}/100\mathrm{m}$。湿空气在不饱和状态下温度直减率小于 γ_d。

3）温度层结与烟羽形状

大气在垂直方向的温度分布称为温度层结。大气温度层结通常有四种情况：①正常，气温随高度增加而降低，温度梯度大于 γ_d，有利于污染物扩散；②中性，气温随高度增加而降低，温度梯度等于 γ_d；③等温，气温不随高度而变化；④逆温，气温随高度增加而升高。

从烟囱排出的烟气在大气中形成的羽状烟流称为烟羽。烟羽的形状随温度层结的不同而变化，因此可以通过烟羽的形状来判断大气稳定度。图 6-7 表示了温度层结与烟羽扩散之间的关系。

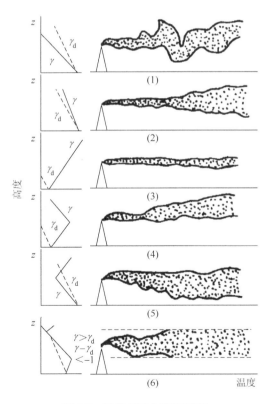

图 6-7　温度层结与烟羽形状

（1）烟羽呈波浪状，发生在不稳定大气中，此时的温度梯度大于干绝热直减率，即 $\gamma-\gamma_d>0$，有利于污染物的扩散。这种情况多发生于白天。

（2）烟羽呈圆锥形，发生在中性或弱稳定大气中，此时的温度梯度大于零，但接近干绝热直减率，即 $\gamma-\gamma_d\approx0$。污染物的扩散比波浪形烟羽要差。

（3）大气处于稳定状态，烟羽垂直方向扩散很小，远处看像一条带子飘动。俯视时，烟流呈扇形展开。发生在烟囱出口处于逆温层中，此时的温度梯度小于零。污染情况随烟囱有效高度不同而异，有效高度很高时在近距离地面不会造成污染，有效高度较低时在近距离地面会造成严重污染。

（4）烟羽的下部大气层是稳定的，此处大气处于稳定状态，温度梯度小于干绝热直减率，即 $\gamma-\gamma_d<0$；而烟羽的上部大气层不稳定，温度梯度大于干绝热直减率，即 $\gamma-\gamma_d>0$。这种情况一般出现于日落前后，地面有逆温层存在时。

（5）烟羽的下部大气层是不稳定的，温度梯度大于干绝热直减率，即 $\gamma-\gamma_d>0$；而烟羽的上部大气层稳定，温度梯度小于干绝热直减率，即 $\gamma-\gamma_d<0$。这种情况一般出现于日出以后，由于地面温度逐渐提高，低层空气被加热，逆温从地面向上逐渐被破坏。

（6）受限型烟羽发生在烟囱出口上方和下方的一定距离内大气不稳定区域，在该范围以上和以下的大气为稳定的。多出现在易于形成上部逆温的地区的日落前后。因污染物只在空间的一定范围内扩散达不到地面，所以地面几乎不受污染；但当贴地逆温被破坏时，便发生熏烟型污染，地面污染物浓度会很大。

6.2.1.3　大气边界层风场

在大气边界层中，风速的数值随高度的增加而增大。表示风速随高度变化的曲线称为风速廓线，描述风速廓线的数学表达式称为风速廓线模型。大气扩散计算时，需要知道烟囱出口以及烟囱有效高度处的平均风速，对一般气象站而言，只观测距地面 10m 处的风速。为了得到不同烟囱高度处的风速，可以采用风速廓线模型进行计算（陆雍森，1999）。我国采用的是幂函数风速廓线模型，其表达式为

$$u_2 = u_1 \left(\frac{z_2}{z_1} \right)^m \tag{6-5}$$

式中，u_2 为烟囱出口处平均风速（m/s）；z_2 为烟囱出口处的高度（m），如果 $z_2>200$，则取 $z_2=200$；u_1 为气象站 z_1 高度处的平均风速（m/s）；z_1 为测风仪所在的高度（m）；m 为指数，其数值与大气稳定度有关，见表 6-18。

表 6-18　不同大气稳定度下的 m 值

		大气稳定度级别					
		A	B	C	D	E	F
m	城市	0.10	0.15	0.20	0.25	0.30	0.30
	乡村	0.07	0.07	0.10	0.15	0.25	0.25

幂函数风速廊线模型是在近地层、中性层结、平坦下垫面的条件下推导出来的。它可以应用于300m或更高高度的高空，但随着应用高度的增加，计算精度开始下降。

6.2.2 大气环境影响评价预测模型

6.2.2.1 点源扩散的高斯模型

1）连续点源高斯模型的推出

根据质量守恒原理和梯度输送理论，污染物在大气中的运动规律可用式（6-6）来表示：

$$\frac{\partial C}{\partial t} + u\frac{\partial C}{\partial x} + v\frac{\partial C}{\partial y} + w\frac{\partial C}{\partial z} = \frac{\partial}{\partial x}\left(k_x\frac{\partial C}{\partial x}\right) + \frac{\partial}{\partial y}\left(k_y\frac{\partial C}{\partial y}\right) + \frac{\partial}{\partial z}\left(k_z\frac{\partial C}{\partial z}\right) + \sum_{p=1}^{N}s_p \quad (6\text{-}6)$$

式中，C 为污染物质的平均浓度（mg/m³）；x, y, z 为三个方向的坐标分量（m）；k_x，k_y，k_z 为三个方向的扩散系数（m²/s）；t 为时间（s）；s_p 为污染物源或汇的强度[mg/(m³·s)]。

在推导连续点源条件下预测大气环境质量的高斯模型时，做如下假设：

（1）大气处于稳定流动，且有主导风向。

（2）污染物在大气中只有物理运动，不发生化学或生物变化。

（3）在所要预测的范围内没有其他同类污染源或汇。

根据假设的第一条有

$$\frac{\partial C}{\partial t} = 0$$

根据假设的第二、三条有

$$s_p = 0, \quad p = 1, 2, 3, \cdots, N$$

这样式（6-6）就变为

$$u\frac{\partial C}{\partial x} = \frac{\partial}{\partial x}\left(k_x\frac{\partial C}{\partial x}\right) + \frac{\partial}{\partial y}\left(k_y\frac{\partial C}{\partial y}\right) + \frac{\partial}{\partial z}\left(k_z\frac{\partial C}{\partial z}\right) \quad (6\text{-}7)$$

根据分析可知，在有主导风的情况下，主导风对污染物的输送应远远大于湍流运动引起的污染物在主导风方向上的扩散，式（6-7）可进一步简化为

$$u\frac{\partial C}{\partial x} = \frac{\partial}{\partial y}\left(k_y\frac{\partial C}{\partial y}\right) + \frac{\partial}{\partial z}\left(k_z\frac{\partial C}{\partial z}\right) \quad (6\text{-}8)$$

考虑边界条件和质量守恒条件：

$$x = y = z = 0 \text{ 时，} C = \infty$$

$x, y, z \to \infty$ 时，$C = 0$

$$\int_{-\infty}^{\infty}\int_{-\infty}^{\infty} uC\mathrm{d}y\mathrm{d}z = Q$$

式中，Q 为连续点源的源强（mg/s）；u 为速度分量（m/s）。

对方程式（6-8）进行求解，得

$$C(x,y,z) = \frac{Q}{2\pi x\sqrt{k_y k_z}} \exp\left[-\frac{u}{4x}\left(\frac{y^2}{k_y} + \frac{z^2}{k_z}\right)\right] \tag{6-9}$$

假设 $x = ut$，并令 $\sigma_y^2 = 2k_y t$，$\sigma_z^2 = 2k_z t$。将其代入式（6-9），可得

$$C(x,y,z) = \frac{Q}{2\pi u \sigma_y \sigma_z} \exp\left[-\frac{1}{2}\left(\frac{y^2}{\sigma_y^2} + \frac{z^2}{\sigma_z^2}\right)\right] \tag{6-10}$$

式（6-10）就是高斯公式的标准形式。从该模型的推导过程可以看出，高斯公式的得出具有很强的限制条件，例如，扩散参数 σ_x、σ_y、σ_z 都是 x 的函数的假设就要求烟羽在 y 和 z 方向上的尺度变化不能太大，即烟羽的扩张角应该比较小，这就要求风速 $u_{10} \geqslant 1.5\text{m/s}$。另外，高斯公式也没有把一些影响较大的实际情况，如地面和地形条件、污染源的空间位置等考虑在内。因此，在实际应用中要对该公式加以修正。

2）高斯公式的地面及源高修正

考虑地面对扩散的影响时，可以假定地面像镜子一样，对污染物起着全反射的作用。这样就可以按全反射的原理采用"镜源法"来处理。如图 6-8 所示，其解决思路是把考察点 p 的污染物浓度看成是两部分污染物浓度的叠加。一是不存在地面时，烟羽扩散到达 p 点所具有的污染物浓度；另一部分是地面的反射作用使 p 点增加的污染物浓度。两者的合成相当于不存在地面时由位于 $(0, 0, H_e)$ 的实源与位于 $(0, 0, -H_e)$ 的像源在 p 点所造成的污染物浓度之和。

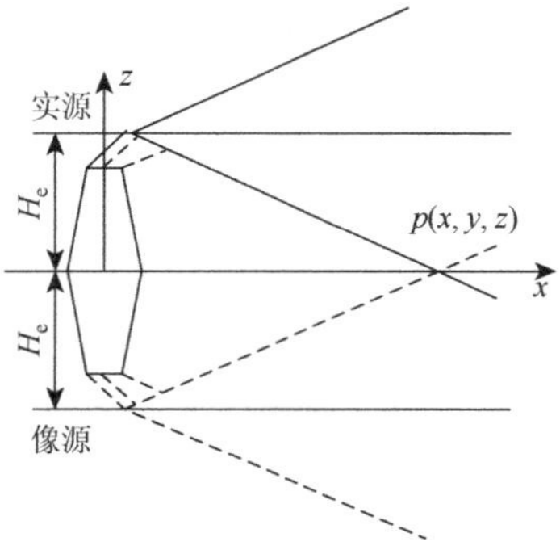

图 6-8　高架源"镜源法"示意

对于实源，p 点在以实源为原点的坐标系中的垂直坐标为 $(z-H_e)$。如果不考虑地面的影响，根据式（6-10）可知在 p 点的污染物浓度为

$$C_1 = \frac{Q}{2\pi u \sigma_y \sigma_z} \exp\left[-\frac{1}{2}\left(\frac{y^2}{\sigma_y^2} + \frac{(z-H_e)^2}{\sigma_z^2}\right)\right] \tag{6-11}$$

式中，H_e 为污染源有效高度（m），它等于烟囱的几何高度 H 和烟气的抬升高度 ΔH 之和。

对于像源，p 点在以像源为原点的坐标系中的垂直坐标为 $(z+H_e)$。p 点的污染物浓度为

$$C_2 = \frac{Q}{2\pi u \sigma_y \sigma_z} \exp\left[-\frac{1}{2}\left(\frac{y^2}{\sigma_y^2} + \frac{(z+H_e)^2}{\sigma_z^2}\right)\right] \tag{6-12}$$

p 点的实际污染物浓度是实源和像源污染物浓度之和，即 $C(x,y,z) = C_1 + C_2$

$$C(x,y,z) = \frac{Q}{2\pi u \sigma_y \sigma_z}\left\{\exp\left[-\frac{1}{2}\left(\frac{y^2}{\sigma_y^2} + \frac{(z+H_e)^2}{\sigma_z^2}\right)\right] + \exp\left[-\frac{1}{2}\left(\frac{y^2}{\sigma_y^2} + \frac{(z-H_e)^2}{\sigma_z^2}\right)\right]\right\} \tag{6-13}$$

通常要预测的是污染物在地面的浓度，根据式（6-13）可知，在 $z = 0$ 时：

$$C(x,y,0) = \frac{Q}{\pi u \sigma_y \sigma_z} \exp\left(-\frac{y^2}{2\sigma_y^2} - \frac{H_e^2}{2\sigma_z^2}\right) \tag{6-14}$$

污染物沿下风轴线方向的地面浓度，可令 $y = z = 0$，由式（6-14）得出

$$C(x,0,0) = \frac{Q}{\pi u \sigma_y \sigma_z} \exp\left(-\frac{H_e^2}{2\sigma_z^2}\right) \tag{6-15}$$

对于较低的排放源（如 $H_e < 50\text{m}$），其地面浓度一般可以直接用式（6-14）或式（6-15）进行计算。但对于高架源（$H_e > 50\text{m}$），当超过一定的下风距离时，就需要对烟羽在混合层顶的反射进行修正。修正后污染源下风方向任意一点小于 24h 取样时间的污染物地面浓度可用下式计算：

$$C(x,y,0) = \frac{QF}{2\pi u \sigma_y \sigma_z} \exp\left(-\frac{y^2}{2\sigma_y^2}\right) \tag{6-16}$$

$$F = \sum_{n=-k}^{k} \left\{ \exp\left[-\frac{(2nh - H_e)^2}{2\sigma_z^2}\right] + \exp\left[-\frac{(2nh + H_e)^2}{2\sigma_z^2}\right] \right\} \tag{6-17}$$

式中，h 为混合层的高度（m）；k 为反射次数，对于一、二级评价项目取 $k = 4$，对于三级评价项目取 $k = 0$；n 为单位体积空气中污染物的量（mg/m³）。

3）最大落地浓度及其位置

最大落地浓度是常用的数据之一，制定排放标准时的允许排放量和环境评价中需要预测的 1h 浓度，通常都是利用最大落地浓度公式计算的。为了得出最大落地浓度计算公式，首先将扩散参数 σ_y、σ_z 表示成如下经验式（国家环境保护总局监督管理司，2000）：

$$\sigma_y = \gamma_1 x^{\alpha_1} \tag{6-18}$$

$$\sigma_z = \gamma_2 x^{\alpha_2} \tag{6-19}$$

式中，γ_1、γ_2、α_1、α_2 为经验式的回归系数，其取值见表 6-19。

表 6-19 小风和静风扩散参数的系数

稳定度	γ_{01}		γ_{02}	
	$u_{10} < 0.5\text{m/s}$	$0.5 \leqslant u_{10} < 1.5\text{m/s}$	$u_{10} < 0.5\text{m/s}$	$0.5 \leqslant u_{10} < 1.5\text{m/s}$
A	0.93	0.76	1.57	1.57
B	0.76	0.56	0.47	0.47
C	0.55	0.35	0.21	0.21
D	0.47	0.27	0.12	0.12
E	0.44	0.24	0.07	0.07
F	0.44	0.24	0.05	0.05

将轴线浓度式（6-15）对 x 求导数，并令其等于零，即可求得 1h 取样时间的最大落地浓度 C_m 及其出现时的下风距离 x_m：

$$C_m = \frac{2Q}{e\pi u H_e^2 P_1} \qquad (6\text{-}20)$$

$$x_m = \left(\frac{H_e}{\gamma_2}\right)^{\frac{1}{\alpha_2}} \left(1 + \frac{\alpha_1}{\alpha_2}\right)^{-\frac{1}{2\alpha_2}} \qquad (6\text{-}21)$$

式中，$P_1 = \dfrac{2\gamma_1 \gamma_2^{-\frac{\alpha_1}{\alpha_2}}}{\left(1 + \dfrac{\alpha_1}{\alpha_2}\right)^{\frac{1}{2}\left(1 + \frac{\alpha_1}{\alpha_2}\right)} H_e^{\left(1 - \frac{\alpha_1}{\alpha_2}\right)} e^{\frac{1}{2}\left(1 - \frac{\alpha_1}{\alpha_2}\right)}}$ 。

从上述公式可以看出，在源强和气象条件确定的条件下，污染源的最大落地浓度随有效高度 H_e 的增加而降低，其对应的出现位置随有效高度 H_e 的增加而延长。

4）小风和静风扩散模型

气象上一般将风速 $u_{10} < 0.5\text{m/s}$ 的情况称为静风，将风速介于 $0.5 \sim 1.5\text{m/s}$ 的情况（即 $0.5 \leqslant u_{10} < 1.5\text{m/s}$）称为小风。在静风和小风的时候由于平均风速太小，主导风向不确定，因此不能用高斯公式来预测这种情况下的大气环境质量。

以烟囱地面位置的中心点为坐标原点，下风方向为 x 轴，地面任一点处的污染物浓度可由下式计算：

$$C(x,y,0) = \frac{2Q}{(2\pi)^{\frac{3}{2}} \gamma_{02} \eta^2} \cdot G \qquad (6\text{-}22)$$

$$\eta^2 = x^2 + y^2 + \frac{\gamma_{01}^2}{\gamma_{02}^2} H_e^2 \qquad (6\text{-}23)$$

$$G = \exp\left(-\frac{u^2}{2\gamma_{01}^2}\right) \left\{ 1 + \sqrt{2\pi} \exp\left(\frac{s^2}{2}\right) s\Phi(s) \right\} \qquad (6\text{-}24)$$

$$\Phi(s) = \frac{1}{\sqrt{2\pi}} \int_{-\infty}^{s} \exp\left(-\frac{t^2}{2}\right) dt \qquad (6\text{-}25)$$

$$s = \frac{ux}{\gamma_{01} \eta} \qquad (6\text{-}26)$$

式中，γ_{01}、γ_{02} 分别为水平和垂直方向的扩散参数回归系数，其值见表 6-19；$\Phi(s)$ 为正态分布函数，s 可由数学手册查得；t 为扩散时间（s）。

5）熏烟模型

夜间产生的贴地逆温在日出后将逐渐自下而上地消失，形成一个不断增厚的混合层，并与在夜间排入稳定层的浓密烟云相混。从混合层顶进入混合层内的污染物在其自身的下沉和垂直方向的强对流湍流作用下会迅速扩散到地面，形成短时间的高浓度污染物。持续时间在 30min～1h。对污染物的运动而言，这个过程被称为熏烟扩散过程。

假定发生熏烟扩散后，污染物浓度在垂直方向为均匀分布，则熏烟条件下的地面浓度可按式（6-27）计算：

$$C_f = \frac{Q}{\sqrt{2\pi} u h_f \sigma_{yf}} \exp\left(-\frac{y^2}{2\sigma_{yf}^2}\right) \Phi(p) \qquad (6\text{-}27)$$

$$\Phi(p) = \int_{-\infty}^{t} \frac{1}{\sqrt{2\pi}} \exp\left(-\frac{t^2}{2}\right) dt \qquad (6\text{-}28)$$

$$p = \frac{h_f - H_e}{\sigma_z} \qquad (6\text{-}29)$$

$$\sigma_{yf} = \sigma_y + \frac{H_e}{8} \qquad (6\text{-}30)$$

式中，h_f 为逐渐增厚的混合层厚度（m）；σ_{yf} 为熏烟条件下的侧向扩散参数，它们是下风距离 x 的函数（m）；$\Phi(p)$ 为正态分布函数，用来反映原稳定状态下的烟羽进入混合层中的份额的多少，一般来说，$p = -2.15$ 时为烟羽的下边界，此时 $\Phi(p) \approx 0$，烟羽未进入混合层，$p = 2.15$ 时为烟羽的上边界，此时 $\Phi(p) \approx 1$，烟羽全部进入混合层。

在环境影响评价中，通常需要对熏烟条件的地面浓度和最近距离进行估算。一般要求计算最大熏烟浓度和最近距离。

由于混合层厚度 h_f 和扩散参数 σ_{yf} 都是下风距离 x 的函数，当给定下风距离 x 或到达时间 t（$t = x/u$）时，则 h_f 可由下式计算：

$$h_f = H + \Delta h_f \qquad (6\text{-}31)$$

$$x_f = A(\Delta h_f^2 + 2H\Delta h_f) \qquad (6\text{-}32)$$

$$\Delta h_f = \Delta H + p\sigma_z \qquad (6\text{-}33)$$

$$A = \frac{\rho_a c_p u}{4K_c} \qquad (6\text{-}34)$$

$$K_c = 4.186 \exp\left[-0.99\left(\frac{d\theta}{dz}\right) + 3.22\right] \times 10^3 \qquad (6\text{-}35)$$

式中，Δh_f 为混合层在烟囱出口处向上的净增加高度（m）；ρ_a 为大气密度（g/m³）；c_p 为大气恒压比热容[J/(g·K)]；$d\theta/dz$ 为位温梯度（K/m），$d\theta/dz \approx dT_a/dz + 0.0098$，$T_a$ 为大气温度，如无实测值，$d\theta/dz$ 可在 0.005~0.015K/m 选取，大气处于弱稳定（D~E）状态取下限，稳定（F）状态取上限。

6.2.2.2 线源扩散模型

线源扩散模型主要用来预测流动源以及其他线状污染源对大气环境质量的影响。流动源主要是指驶过公路或街道的机动车；线源可分为有限长线源（如街道）和无限长线源（如公路）。

1）无限长线源扩散模型

当风向与线源垂直时，主导风向的下风向为 x 轴。连续排放的无限长线源下风向浓度模型为

$$C(x,0,z) = \frac{\sqrt{2}Q_1}{\sqrt{\pi}u\sigma_z} \exp\left(\frac{-H^2}{2\sigma_z^2}\right) \qquad (6\text{-}36)$$

式中，Q_1 为源强[g/(m·s)]。

当风向与线源不垂直时，如果风向和线源交角为 φ，且 $\varphi \geqslant 45℃$，线源下风向浓度模型为

$$C(x,0,z) = \frac{\sqrt{2}Q_1}{\sqrt{\pi}u\sigma_z \sin\varphi}\exp\left(\frac{-H^2}{2\sigma_z^2}\right) \tag{6-37}$$

2）有限长线源扩散模型

当风向垂直于有限长线源时，通过所关心的接收点向有限长线源作垂线，该直线与有限长线源的交点选作坐标原点，直线的下风向为 x 轴（史宝忠，1999）。线源的范围从 y_1 到 y_2，$y_1 < y_2$，则有限长线源扩散模型为

$$C(x,0,z) = \frac{\sqrt{2}Q_1}{\sqrt{\pi}u\sigma_z}\exp\left(-\frac{H^2}{2\sigma_z^2}\right)\int_{p_1}^{p_2}\frac{1}{\sqrt{2\pi}}\exp\left(-0.5p^2\right)\mathrm{d}p \tag{6-38}$$

式中，$p_1 = \dfrac{y_1}{\sigma_y}$；$p_2 = \dfrac{y_2}{\sigma_y}$。

6.2.2.3　面源模型

面源模型主要用来预测源强较小、排出口较低，但数量多分布比较均匀的污染源。可按照《环境影响评价技术导则　大气环境》（HJ 2.2—2018）标准推荐的面源模型进行计算，计算方法如下。

（1）在选定的坐标系内对评价区进行网格化。

以评价区的左下角处为原点，分别以东向和北向为 x 轴和 y 轴，网格单元面积为 $L \times L$。

（2）计算评价项目面源的地面浓度 C_s：

$$C_s = \frac{1}{\sqrt{2\pi}}\sum Q_i\beta_j \tag{6-39}$$

$$\beta_i = \frac{2\eta}{u_iH_i^{2\eta}\gamma^{\frac{1}{\alpha}}\alpha}\left[\Gamma_i(\eta,\tau_i) - \Gamma_{i-1}(\eta,\tau_{i-1})\right] \tag{6-40}$$

式中，Q_i、H_i、u_i 为分别是接受点上风方第 i 个网格单元的源强[g/(m²·s)]、平均排放高度（m）、H_i 处的平均风速（m/s）；α、γ 为垂直扩散参数 σ_z 的回归系数，$\sigma_z = \gamma x^{\alpha}$，$\alpha$、$\gamma$ 即式（6-18）中的 α_1、γ_2；x 轴指向上风方向，$\eta = \dfrac{\alpha-1}{2\alpha}$；$\tau_i = \dfrac{H_i^2}{2\gamma^2 x_i^{2\alpha}}$；$\Gamma(\eta, \tau)$ 为不完全伽马函数：

$$\Gamma(\eta,\tau) = \frac{a}{\tau\left(b+\dfrac{1}{\tau}\right)^c} \tag{6-41}$$

$$\left.\begin{array}{l} a = 2.32\alpha + 0.28 \\ b = 10.0 - 5.0\eta \\ c = 0.88 + 0.82\eta \end{array}\right\} \tag{6-42}$$

如果面源范围较大，且分布均匀，$u_{10} < 1.5$m/s 时，也可用该模型进行计算。此时，如果平均风速 $u < 1.0$m/s，则一律取 $u = 1.0$m/s。

（3）不同风向路径时的计算图形可参考《环境影响评价技术导则　大气环境》（HJ 2.2—2018）标准。

6.2.2.4　可沉降颗粒物的扩散模型

前述各扩散模型只适用于气态污染物及粒径小于 15μm 的颗粒物。粒径大于 15μm 的粒子有明显的重力沉降作用，地面也不可能对其有全反射作用，不符合高斯扩散模型的假设条件。可沉降颗粒物的地面浓度用倾斜烟云模型计算：

$$C(x, y, 0) = \frac{Q(1+\alpha)}{2\pi u_x \sigma_y \sigma_z} \exp\left(-\frac{y^2}{2\sigma_y^2}\right) \exp\left[-\frac{\left(H - \frac{v_s x}{u_x}\right)}{2\sigma_z^2}\right] \tag{6-43}$$

式中，v_s 为颗粒沉降速度；H 为沉降高度（m）；α 为地面反射系数，可按表 6-20 取值。

表 6-20　地面反射系数 α 值

	15~30μm	31~47μm	48~75μm	76~100μm
平均粒径/μm	22	39	61	88
反射系数 α	0.8	0.5	0.3	0

颗粒物存在一定的粒度分布，而不同粒径的沉降速度是不同的。因此在实际计算时，可将颗粒物按粒径由小到大划分为几个粒径区间，对每个区间分别用上式计算，然后求和得到评价点的颗粒物浓度。

6.2.2.5　箱式大气质量模型

将研究的空间范围看作尺寸固定的箱子，箱子的尺寸为从地面算起的混合层高度，污染物浓度在箱子内处处相等。

箱式大气质量模型为零维模型，是模拟区域或城市大气质量的最简单模型。箱式大气质量模型分为单箱模型和多箱模型。

1）单箱模型

如图 6-9 所示，假设箱子的平面尺寸 $L \times B$ 为区域平面，垂直尺寸 H 为混合层高度（从地面算起的烟气达到的高度）。根据质量平衡原理，有

$$\frac{dc}{dt} LBH = uBH(c_0 - c) + LBQ - kcLBH \tag{6-44}$$

式中，L 为箱的长度；B 为箱的宽度；H 为箱的高度；c_0 为箱内污染物的本底浓度；k 为

污染物的衰减速度常数；Q 为箱内的污染源强度；u 为平均风速；c 为箱内的污染物浓度；t 为时间。

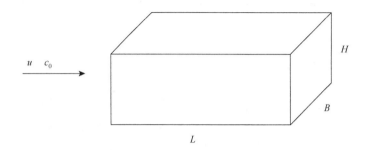

图 6-9　大气质量单箱模型示意图

若不考虑污染物的衰减，则式（6-44）的解为

$$c = c_0 + \frac{LQ}{uH}\left[1 - \exp\left(-\frac{ut}{L}\right)\right] \tag{6-45}$$

当时间很长以后，箱内的污染物浓度趋于平衡，平衡浓度为

$$c = c_0 + \frac{LQ}{uH} \tag{6-46}$$

若考虑污染物的衰减，则式（6-46）的解为

$$c = c_0 + \frac{\dfrac{Q}{H} - kc_0}{\dfrac{u}{L} + k}\left\{1 - \exp\left[-\left(\frac{u}{L} + k\right)t\right]\right\} \tag{6-47}$$

这时的平均浓度为

$$c = c_0 + \frac{\dfrac{Q}{H} - kc_0}{\dfrac{u}{L} + k} \tag{6-48}$$

单箱模型不考虑不同高度处风速的变化，也不考虑地面污染源分布的不均匀性，因而其计算结果是概略的，一般用在高层次的决策分析中。

2）多箱模型

多箱模型对单箱模型的不足之处进行了改进。其方法是在纵向（X 方向）及高度方向（Z 方向）将箱子分成若干部分，构成二维的箱式结构；或在空间的三个方向分割箱子构成三维的箱式结构。这里只就比较简单的二维模型予以说明。

二维多箱模型在高度方向上将 H 分成 m 个相等的子高度 ΔH，在纵向上将 L 分成 n 个相等的子长度 ΔL，共构成 $m \times n$ 个子箱。关于风速、源强的处理，为计算方便作如下假设：

（1）风速作为高度的函数分段计算。

（2）源强根据坐标关系输入最低一层子箱中。

（3）忽略 X 方向的弥散作用及 Z 方向的迁移作用。

（4）把每一个子箱子都看作混合均匀的体系。

（5）各子箱子的浓度分布处于平衡状态。

如图 6-10 所示，共有 $m \times n = 4 \times 4 = 16$ 个子箱，对于左边第一列子箱 1～4，可写出它们的质量平衡关系式。

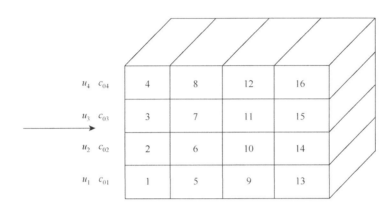

图 6-10 大气质量多箱模型示意图

子箱 1：

$$u_1 B \Delta H c_{01} - u_1 B \Delta H c_1 + Q_1 B \Delta L - B \Delta L E_{1,2} \frac{c_1 - c_2}{\Delta H} = 0 \qquad (6-49)$$

式中，$E_{1,2}$ 为高度方向上子箱 1、2 间的湍流系数。

子箱 2：

$$u_2 B \Delta H c_{02} - u_2 B \Delta H c_2 - B \Delta L E_{2,1} \frac{c_2 - c_1}{\Delta H} - B \Delta L E_{2,3} \frac{c_2 - c_3}{\Delta H} = 0 \qquad (6-50)$$

式中，$E_{2,3}$ 为高度方向上子箱 2、3 间的湍流系数，且 $E_{2,1} = E_{1,2}$。

子箱 3：

$$u_3 B \Delta H c_{03} - u_3 B \Delta H c_3 - B \Delta L E_{3,2} \frac{c_3 - c_2}{\Delta H} - B \Delta L E_{3,4} \frac{c_3 - c_4}{\Delta H} = 0 \qquad (6-51)$$

式中，$E_{3,4}$ 为高度方向上子箱 3、4 间的湍流系数，且 $E_{3,2} = E_{2,3}$。

子箱 4：

$$u_4 B \Delta H c_{04} - u_4 B \Delta H c_4 - B \Delta L E_{3,4} \frac{c_3 - c_4}{\Delta H} = 0 \qquad (6-52)$$

若记 $a_i = u_i \Delta H$，$e_i = E_{i,i+1} \dfrac{\Delta L}{\Delta H}$，$i = 1, 2, \cdots, m-1$，则式（6-49）～式（6-52）变为

$$\begin{cases} (a_1 + e_1)c_1 - e_1 c_2 = Q_1 \Delta L + a_1 c_{01} \\ -e_1 c_1 + (a_2 + e_1 + e_2)c_2 - e_2 c_3 = a_2 c_{02} \\ -e_2 c_2 + (a_3 + e_2 + e_3)c_3 - e_3 c_4 = a_3 c_{03} \\ -e_3 c_3 + (a_4 + e_3)c_4 = a_4 c_{04} \end{cases} \qquad (6-53)$$

这是一个关于浓度 c_i 的线性方程组，可写成矩阵形式：

$$AC = D \tag{6-54}$$

其中，

$$C = \begin{bmatrix} c_1 \\ c_2 \\ c_3 \\ c_4 \end{bmatrix}$$

$$A = \begin{bmatrix} a_1 + e_1 & -e_1 & 0 & 0 \\ -e_1 & a_2 + e_1 + e_2 & -e_2 & 0 \\ 0 & -e_2 & a_3 + e_2 + e_3 & -e_3 \\ 0 & 0 & -e_3 & a_4 + e_3 \end{bmatrix}$$

$$D = \begin{bmatrix} Q_1 \Delta L + a_1 c_{01} \\ a_2 c_{02} \\ a_3 c_{03} \\ a_4 c_{04} \end{bmatrix}$$

从而可解出第一列各自子箱的浓度。

同理，可以求出第 2 列、第 3 列、第 4 列子箱的浓度。

多箱模型可以模拟与预测大气质量的空间差异，其精度较单箱模型显然大为提高，因而是模拟大气质量的有力工具。

6.2.3 系数估算

6.2.3.1 烟气抬升高度的计算

进行大气污染评价时，常用到污染源的有效高度 H_e，它等于烟囱的几何高度加上烟气抬升高度，即

$$H_e = H + \Delta H \tag{6-55}$$

式中，H_e 为污染源的有效高度（m）；H 为烟囱的几何高度（m）；ΔH 为烟气抬升高度（m）。

（1）有风时，中性和不稳定条件下的烟气抬升高度。

a. 当烟气热释放率大于或等于 2100kJ/s，且烟气温度与环境温度的差值 ΔT 大于或等于 35K 时，ΔH 可用下列公式计算：

$$\Delta H = \frac{n_0 Q_h^{n_1} H^{n_2}}{u} \tag{6-56}$$

$$Q_h = \frac{0.35 Pa Q_v \Delta T}{T_s} \tag{6-57}$$

式中，n_0 为烟气热状况及地表状况系数，见表 6-21；n_1 为烟气热释放率指数，见表 6-21；u 为出口风速（m/s）；n_2 为烟囱高度指数，见表 6-21；Q_h 为烟气热释放率（kJ/s）；H 为

烟囱的几何高度（m），$H>240\text{m}$ 时，取 $H=240\text{m}$；Q_v 为烟气排放量（m^3/s）；ΔT 为烟囱出口处的烟气温度与环境温度的差（K）；T_s 为烟囱出口处的烟气温度（K）；Pa 为大气压力（hPa），如无实测值，可取邻近气象台（站）季或年的平均值。

表 6-21 n_0、n_1、n_2 的取值

条件	地表状况（平原）	n_0	n_1	n_2
$Q_h \geq 21000\text{kJ/s}$	农村或城市远郊区	1.427	1/3	2/3
	城市及近郊区	1.303	1/3	2/3
$2100\text{kJ/s} \leq Q_h < 21000\text{kJ/s}$ 且 $\Delta T \geq 35\text{K}$	农村或城市远郊区	0.332	3/5	2/5
	城市及近郊区	0.292	3/5	2/5

b. 当烟气热释放率 $1700\text{kJ/s} < Q_h < 2100\text{kJ/s}$ 时，

$$\Delta H = \Delta H_1 + \frac{(\Delta H_2 - \Delta H_1)(Q_h - 1700)}{400} \tag{6-58}$$

$$\Delta H_1 = \frac{2(1.5V_s D + 0.01Q_h)}{u} - \frac{0.048(Q_h - 1700)}{u} \tag{6-59}$$

式中，V_s 为烟囱出口处烟气的排出速度（m/s）；D 为烟囱的出口直径（m）；ΔH_2 为按式（6-56）计算的烟气抬升高度（m）。

c. 当烟气热释放率 $Q_h \leq 1700\text{kJ/s}$ 或者 $\Delta T < 35\text{K}$ 时，

$$\Delta H = \frac{2(1.5V_s D + 0.01Q_h)}{u} \tag{6-60}$$

（2）有风时，稳定条件下的烟气抬升高度：

$$\Delta H = \sqrt[3]{\frac{Q_h}{u\left(\dfrac{\mathrm{d}T_a}{\mathrm{d}z} + 0.0098\right)}} \tag{6-61}$$

式中，$\mathrm{d}T_a/\mathrm{d}z$ 为烟囱几何高度以上的大气温度梯度（K/m）。

（3）静风和小风（$u_{10} < 1.5\text{m/s}$）时的烟气抬升高度：

$$\Delta H = \frac{0.98\sqrt[4]{Q_h}}{\sqrt[8]{\left(\dfrac{\mathrm{d}T_a}{\mathrm{d}z} + 0.0098\right)^3}} \tag{6-62}$$

式中，$\dfrac{\mathrm{d}T_a}{\mathrm{d}z}$ 宜小于 0.01K/m。

6.2.3.2 大气稳定度分类及扩散参数

1）帕斯奎尔稳定度分类

帕斯奎尔通过对大量常规气象观测资料的分析，根据地面风速、云量、云状以及太阳辐射等把大气稳定度分为六类，即强不稳定、不稳定、弱不稳定、中性、较稳定和稳

定，并分别用 A、B、C、D、E 和 F 来表示。

应用时，首先计算太阳高度角 h_0，太阳高度角的计算公式如下：

$$h_0 = \arcsin\left[\sin\psi\sin\sigma + \cos\psi\cos\sigma\cos(15t + \lambda - 300)\right] \tag{6-63}$$

式中，h_0 为太阳高度角（°）；ψ 为当地纬度（°）；λ 为当地经度（°）；t 为进行气象观测时的北京时间；σ 为太阳倾角（°），见表 6-22。

表 6-22　一年中不同日期的太阳倾角值　　　　　　　（单位：°）

日期	1 月	2 月	3 月	4 月	5 月	6 月	7 月	8 月	9 月	10 月	11 月	12 月
1	−23.1	−17.2	−7.8	4.3	15.0	22.0	23.1	18.2	8.4	−3.0	−14.3	−21.8
2	−23.0	−16.9	−7.4	4.7	15.3	22.2	23.1	17.9	8.1	−3.4	−14.6	−21.9
3	−22.8	−16.6	−7.0	5.1	15.6	22.3	23.0	17.6	7.7	−3.8	−15.0	−22.2
4	−22.7	−16.3	−6.6	5.5	15.9	22.4	22.9	17.4	7.4	−4.1	−15.3	−22.2
5	−22.6	−16.0	−6.2	5.9	16.2	22.5	22.8	17.1	7.0	−4.5	−15.6	−22.3
6	−22.5	−15.7	−5.8	6.3	16.4	22.6	22.7	16.8	6.6	−4.9	−15.9	−22.4
7	−22.4	−15.4	−5.4	6.6	16.7	22.7	22.6	16.5	6.2	−5.3	−16.2	−22.6
8	−22.3	−15.1	−5.1	7.0	17.0	22.8	22.5	16.3	5.9	−5.8	−16.5	−22.7
9	−22.1	−14.8	−4.7	7.4	17.2	22.9	22.4	16.1	5.5	−6.1	−16.7	−22.8
10	−22.0	−14.5	−4.3	7.8	17.5	23.0	22.3	15.7	5.1	−6.5	−17.0	−22.9
11	−21.8	−14.2	−3.9	8.1	17.8	23.1	22.2	15.4	4.7	−6.8	−17.3	−23.0
12	−21.7	−13.8	−3.5	8.5	18.0	23.2	22.0	15.1	4.4	−7.2	−17.6	−23.1
13	−21.5	−13.5	−3.1	8.9	18.3	23.2	21.9	14.8	4.0	−7.6	−17.9	−23.1
14	−21.4	−13.2	−2.7	9.2	18.5	23.3	21.7	14.5	3.6	−8.0	−18.1	−23.2
15	−21.2	−12.8	−2.3	9.6	18.8	23.3	21.6	14.2	3.2	−8.3	−18.4	−23.3
16	−21.0	−12.5	−1.9	10.0	19.0	23.4	21.5	13.9	2.8	−8.7	−18.6	−23.3
17	−20.8	−12.1	−1.5	10.3	19.2	23.4	21.3	13.5	2.5	−9.1	−18.9	−23.4
18	−20.6	−11.8	−1.1	10.7	19.5	23.4	21.1	13.2	2.1	−9.4	−19.1	−23.4
19	−20.4	−11.4	−0.8	11.0	19.7	23.4	20.9	12.9	1.7	−9.8	−19.4	−23.4
20	−20.2	−11.0	−0.4	11.4	19.9	23.4	20.7	12.6	1.3	−10.2	−19.6	−23.4
21	−20.0	−10.7	0.0	11.7	20.1	23.4	20.5	12.3	0.9	−10.5	−19.8	−23.4
22	−19.8	−10.4	0.4	12.1	20.3	23.4	20.3	11.9	0.5	−11.0	−20.1	−23.4
23	−19.5	−10.0	0.8	12.4	20.5	23.4	20.1	11.6	0.1	−11.3	−20.3	−23.4
24	−19.3	−9.6	1.3	12.7	20.6	23.4	19.9	11.2	0.0	−11.6	−20.5	−23.4
25	−19.1	−9.3	1.7	13.0	20.8	23.4	19.7	10.9	−0.6	−12.0	−20.7	−23.4
26	−18.8	−8.9	2.1	13.4	21.1	23.4	19.5	10.6	−1.1	−12.3	−20.9	−23.4
27	−18.6	−8.5	2.4	13.6	21.2	23.4	19.3	10.2	−1.5	−12.6	−21.1	−23.3
28	−18.3	−8.1	2.8	14.0	21.4	23.3	19.1	9.9	−1.9	−13.0	−22.3	−23.3
29	−18.0	—	3.2	14.4	21.6	23.3	18.9	9.5	−2.2	−13.3	−22.4	−23.3
30	−17.8	—	3.6	14.7	21.7	23.3	18.6	9.2	−2.6	−13.7	−22.6	−23.2
31	−17.5	—	4.0	—	21.9	—	18.4	8.8	—	−14.0	—	−23.2

知道太阳高度角后,根据云量和太阳高度角查表 6-23 确定太阳辐射等级,最后根据地面风速和太阳辐射等级查表 6-24 即可确定大气稳定度类别。

表 6-23 太阳辐射等级

云量,1/10	太阳辐射等级				
总云量（低云量）	夜间	$h_0 \leq 15°$	$15° < h_0 \leq 35°$	$35° < h_0 \leq 65°$	$h_0 > 65°$
≤4（≤4）	−2	−1	+1	+2	+3
5~7（≤4）	−1	0	+1	+2	+3
≥8（≤4）	−1	0	0	+1	+1
≥5（5~7）	0	0	0	0	+1
≥8（≥8）	0	0	0	0	0

注：云量（全天空十分制）观测规则与中国气象局编定的《地面气象观测规范》相同。

表 6-24 大气稳定度的类别

地面风速/(m/s)	太阳辐射等级					
	+3	+2	+1	0	−1	−2
≤1.9	A	A~B	B	D	E	F
2.0~2.9	A~B	B	C	D	E	F
3.0~4.9	B	B~C	C	D	D	E
5.0~5.9	C	C~D	D	D	D	D
≥6.0	D	D	D	D	D	D

2）扩散参数 σ_y、σ_z 的确定

横向扩散参数（σ_y）和垂直扩散参数（σ_z）可以表示为下风距离 x 的函数,即

$$\sigma_y = \gamma_1 x^{\alpha_1} \tag{6-64}$$

$$\sigma_z = \gamma_2 x^{\alpha_2} \tag{6-65}$$

污染物在大气中的扩散与浓度分布是在湍流作用下形成的,而湍流统计量与采样时间长短有关。我国《环境空气质量标准》(GB 3095—2012)中规定的采样时间通常为 30min。如果实际采样时间为 30min,则按下述原则查算扩散参数。

（1）平原地区农村及城市远郊区,对于 A、B、C 级稳定度,扩散参数可直接查表 6-25 计算;对于 D、E、F 级稳定度则需向不稳定方向提半级后再查算。

表 6-25 横向扩散参数和垂直扩散参数幂函数系数取值（取样时间 30min）

扩散参数	稳定度等级	α_1/α_2	γ_1/γ_2	下风距离/m
$\sigma_y = \gamma_1 x^{\alpha_1}$	A	0.901074	0.425809	0~1000
		0.850934	0.602052	>1000
	B	0.914370	0.281846	0~1000
		0.865014	0.396353	>1000

扩散参数	稳定度等级	α_1/α_2	γ_1/γ_2	下风距离/m
$\sigma_y = \gamma_1 x^{\alpha_1}$	B~C	0.919325	0.229500	0~1000
		0.875086	0.314238	>1000
	C	0.924279	0.177154	0~1000
		0.885157	0.232123	>1000
	C~D	0.926849	0.143940	0~1000
		0.886940	0.189396	>1000
	D	0.929418	0.110726	0~1000
		0.888723	0.146669	>1000
	D~E	0.925118	0.0985631	0~1000
		0.892794	0.101947	>1000
	E	0.920818	0.0864001	0~1000
		0.896864	0.101947	>1000
	F	0.929418	0.0553634	0~1000
		0.888723	0.0733348	>1000
$\sigma_z = \gamma_2 x^{\alpha_2}$	A	1.12154	0.0799904	0~300
		1.52360	0.00854771	300~500
		2.10881	0.000211545	>500
	B	0.964435	0.127190	0~500
		1.09356	0.0570251	>500
	B~C	0.941015	0.114682	0~500
		1.00770	0.0757182	>500
	C	0.917595	0.106803	>0
	C~D	0.838628	0.126152	0~2000
		0.756410	0.235667	2000~10000
		0.815575	0.136659	>10000
	D	0.826212	0.104634	1~1000
		0.632023	0.400167	1000~10000
		0.555360	0.810763	>10000
	D~E	0.776864	0.111771	0~2000
		0.572347	0.528992	2000~10000
		0.499149	1.03810	>10000
	E	0.788370	0.0927529	0~1000
		0.565188	0.433384	1000~10000
		0.414743	1.73241	>10000
	F	0.784400	0.0620765	1000~10000
		0.525969	0.370015	>10000
		0.322659	2.40691	1000~10000

（2）对于工业区或城区中的点源，A、B 级稳定度直接查算，C 级提到 B 级，D、E、F 级向不稳定方向提一级。

（3）对于丘陵山区的农村和城市，其扩散参数的查算方法同工业区。

如果实际采样时间大于 30min，垂直方向的扩散参数查算与上述方法相同，横向扩散参数需要进行修正。修正公式如下：

$$\sigma_{y\tau_2} = \sigma_{y\tau_1} \left(\frac{t_2}{t_1} \right)^q \qquad (6\text{-}66)$$

或者 σ_y 的回归指数 α_1 不变，回归系数 γ_1 满足下式：

$$\gamma_{1\tau_2} = \gamma_{1\tau_1} \left(\frac{t_2}{t_1} \right)^q \qquad (6\text{-}67)$$

式中，$\sigma_{y\tau_2}$、$\sigma_{y\tau_1}$ 分别为对应取样时间为 t_2、t_1 时的横向扩散参数（m），$t_1 = 30$min，$\sigma_{y\tau_2}$ 可由表 6-25 查算；$\gamma_{1\tau_2}$、$\gamma_{1\tau_1}$ 分别为对应取样时间为 t_2、t_1 时的横向扩散参数的回归系数，$t_1 = 30$min，$\gamma_{1\tau_1}$ 可由表 6-25 查得；q 为时间稀释指数，由表 6-26 确定。

表 6-26　时间稀释指数

适用时间范围/h	q
$0.5 \leqslant t < 1$	0.2
$1 \leqslant t < 100$	0.3

6.2.3.3　大气边界层高度

大气对流层内贴近地表面 1～1.5km 厚的一层称为大气边界层。大气边界层上缘的风速为地转风速，进入大气边界层之后，由于地表面的黏性附着作用，风向和风速都将发生切变。在这一层内速度梯度最大，直至风速为零。大气边界层的高度（厚度）和结构与大气边界层内的温度分布或大气稳定度密切相关。大气稳定度为中性和不稳定时，由于动力或热力湍流的作用，边界层内上下层之间产生强烈的动量或热量交换。通常把出现这一现象的层称为混合层。混合层向上发展时，常受到位于边界层上边缘的逆温层底部的限制，与此同时也限制了混合层内污染物的再向上扩散。观测表明：这一逆温层底（即混合层顶）上下两侧的污染物浓度可相差 5～10 倍。混合层厚度越小，这一差值就越大。通常认为：中性和不稳定时的混合层高度和大气边界层高度一致。如没有实测值，可用下述公式进行计算。

（1）大气稳定度为不稳定或中性时：

$$h = \frac{a_s u_{10}}{f} \qquad (6\text{-}68)$$

（2）大气稳定度为稳定时：

$$h = b_{\rm s} \sqrt{\frac{u_{10}}{f}} \qquad\qquad (6\text{-}69)$$

式中，h 为大气边界层高度（m）；u_{10} 为 10m 高度处平均风速（m/s），$u_{10} > 6$m/s 时，取 6m/s；$a_{\rm s}$、$b_{\rm s}$ 为边界层系数，按表 6-27 选取；f 为地转参数，$f = 2\Omega\sin\phi$，Ω 为地转角速度，$\Omega = 7.29 \times 10^{-5}$rad/s，$\phi$ 为地理纬度（°）。

表 6-27　我国不同地区的 $a_{\rm s}$ 和 $b_{\rm s}$ 值

地区	$a_{\rm s}$				$b_{\rm s}$	
	A	B	C	D	E	F
新疆、西藏、青海	0.090	0.067	0.041	0.031	1.66	0.70
黑龙江、吉林、辽宁、内蒙古、北京、天津、河北、河南、山东、山西、陕西（秦岭以北）、宁夏、甘肃（渭河以北）	0.073	0.060	0.041	0.019	1.66	0.70
上海、广东、广西、湖南、湖北、江苏、浙江、安徽、海南、台湾、福建、江西	0.056	0.029	0.020	0.012	1.66	0.70
云南、贵州、四川、陕西（秦岭以南）、甘肃（渭河以南）	0.073	0.048	0.031	0.022	1.66	0.70

注：静风区各类稳定度的 $a_{\rm s}$ 和 $b_{\rm s}$ 可取表中的最大值。

6.2.4　大气扩散试验

大气扩散试验的目的是得到进行大气质量预测时需要的大气扩散参数或有关的其他湍流参数。平原地区的大气扩散参数已比较完善，一般不需要再做扩散试验。因此，大气扩散试验主要用于少数复杂地形条件下的一、二级评价项目。常用的扩散参数测量方法有示踪剂法、平移球法、放烟照相法、环境风洞模拟法等。

6.2.4.1　示踪剂法

示踪剂法指在大气中以一定的源强释放示踪剂，在下风方向不同距离的地面和高空设置若干个采样点，测量示踪物质在空间的浓度分布，然后用大气扩散模型反求大气扩散参数。这种方法也称为示踪剂浓度法。这种方法的优点是能够直接获得浓度场，测量水平方向的扩散参数比较容易，但测量垂直方向的扩散参数时，因需要进行空中采样，就增加了测量难度，检测结果的准确性也受到影响。

1）示踪剂的选择和释放

示踪剂应选择成本低、物理化学性质稳定、对环境无污染或污染小、便于释放和采集、易于实现高精度分析的气态、气溶胶或放射性物质。

示踪剂应尽可能设置在待评价的烟囱出口到自地面两倍烟囱几何高度的范围内。在这个范围内应尽可能利用各种装置，如气象塔、非专业塔、高架平台、烟囱、系留汽艇或系留气球等，保证要求的释放高度。

如果采用系留汽艇或系留气球等非固定性装置，则应估算出其初始脉动量，以便对测量结果进行修正。如果采用非专业塔或高架平台等一类装置，则应首要考虑不受该装置局地绕流影响的位置或释放方式。

每次试验示踪剂连续释放的速度应保持稳定，波动应小于±1.5%。连续释放的时间，在气象条件稳定的前提下不应小于 1h。

2）采样位置和采样时间

水平方向上，采样点设置在以释放点为圆心，一般来说，下风向不同距离处的水平采样弧线应大于等于 5 条，每条弧线的采样点应设置在 7～17 个，在预计的最大地面浓度点附近应适当加密采样弧线及其上的采样点。

垂直方向上，采样点的设置应根据可能具备的条件而定，尽可能将其设置在预计的最大地面浓度点弧线上及其上下风向各弧线的平均风轴附近，设置 3～5 个采样点；在设计的高度范围内，每个采样点在垂直方向的采样器不应少于 5 个。释放高度处的风速较大时，不宜采用系留汽艇或系留气球，如没有其他装置，则应尽可能使系留绳的波动角不大于±15°。

每次采样时间为 30min，一日采样 4～7 次。

3）数据分析和处理

根据释放率和各测点的示踪剂浓度以及同步观测的气象参数（如风速、稳定度等），按正态分布或标准差的统计定义，对水平和垂直方向的大气扩散参数进行计算，在计算时应注意：

（1）检查实验条件是否稳定，如条件明显不稳定，如平均风速、风向、大气稳定度波动很大，则对试验数据进行分别处理，舍去异常数据。

（2）对采样点的高度进行修正。

（3）如果每条弧线上各检测点的水平或垂直浓度值服从或近似服从正态分布，则用式（6-70）和式（6-71）估算水平或垂直方向的扩散参数。

$$\sigma_y = \frac{L_1}{2.35} \qquad (6-70)$$

$$\sigma_z = \frac{L_2}{4.30} \qquad (6-71)$$

式中，L_1 为正态分布图中浓度为峰值的 1/2 处的宽度；L_2 为正态分布图中浓度为峰值的 1/10 处的宽度。

（4）如果不具备或不完全具备垂直采样的条件，利用正态分布模型由水平采样结果推算出的垂直扩散参数，只能作为参考数据。

6.2.4.2　平移球法

平移球法就是向气球中注入密度小于空气的气体，使气体与气球的平均密度等于某一高度上空气的密度，将气球放向空中用来模拟空气粒子（或气团）在不同时间的空中运动规律。平移球有两种：一种是平衡气球；另一种是等容气球。

1）球体材质

平衡气球的球皮可以采用弹性变形大的橡胶类材料；等容气球（常制成四面体形）的球皮一般采用弹性变形小的聚酯或涤纶薄膜。白天试验时球皮应采用白色材料；充气后，圆球直径不应大于 1m，四面体球高不应大于 1.5m。

2）技术要点

（1）对于近距离问题，可利用单个平移气球的轨迹估算扩散参数，如果条件允许，也可沿着风向同时释放若干对平移气球，并用它们之间的平均距离计算扩散参数；对于距离大于 15km 的扩散问题，可采用相继释放若干个平移气球的方法。

（2）确定充入气体种类后，要掌握气球漏气量随时间变化的关系，并制定漏气补偿措施，以保证在试验期间气球能在预定的高度上飞行。

（3）采用双经纬仪或雷达观测平移球。为便于观测，观测场地应开阔，由观测点到其四周障碍物顶端的仰角一般不应大于 5°。双经纬仪的基线长度一般在 500～1000m。

3）数据处理和分析

利用单个平移球轨迹估算扩散参数，其计算步骤如下。

（1）利用矢量法（双经纬仪数据）或投影法求出平移球的空间轨迹和相邻两测点之间的风矢量。

（2）对上述结果进行筛选和预处理。①检查平移球是否基本保持在一个等高面上，舍去那些单调上升或下降且高差较大的数据，最大高差一般不能大于平均高度的 40%，可舍去初始和结尾部分，以保证中间段符合这一条件。②对个别测量误差较大或异常的数据，可根据相邻数据的值用线性插值法进行修正，但修正点不应超过两个。③对于一些因气象或地面条件改变，而使平均风速有明显升降的数据应进行分段处理。④对于因局地环流或大涡现象引起的弯曲趋势，应对数据进行预处理，去掉趋势项。⑤某些因平均风速过小而无法处理的数据，可暂时舍去。

（3）将筛选后的数据（风矢量）旋转到以平均风向为 x 轴的新坐标系。

（4）横向扩散系数 σ_y 按式（6-72）计算：

$$\sigma_y^2 = \frac{T^2}{n-j+1} \sum_{l=1}^{n-j+1} \left[\sum_{i=l}^{l-j+1} \left(\frac{v_i'}{j} \right) \right]^2 \tag{6-72}$$

式中，v_i' 为各测点在新坐标系的横向脉动速度，下标 i 为时间序列号；n 为总观测点数（$n\Delta t$ 为取样时间，Δt 为观测平移球轨迹的时间间隔）；T 为扩散时间，$T=j\Delta t$，$j=1,2,\cdots,m$，$m \leqslant 0.2n$。

（5）将上述可用结果按稳定度分类，每类不应少于 5 次试验，然后按不同的 T 值对 σ_y 求算术平均，并以 $\sigma_y = \gamma_1' T^{\alpha_1}$ 或 $\sigma_y = \gamma_1 x^{\alpha_1}$ 的形式对 σ_y 进行回归。

（6）σ_z 可参照上述计算 σ_y 的过程进行计算，但其结果只能作为参考。

6.2.4.3　放烟照相法

放烟照相法就是用照相机连续拍照烟羽，以获得一组烟羽的轮廓随下风距离或扩散时间变化的照片，把这一组照片重合起来就可以得到一个采样时间内光滑收敛的烟羽包络线，然后用正态模型反推出扩散参数。这种方法的优点是简单易行，比较经济；缺点是受天气影响较大，不适于夜间或能见度差的天气条件，可观测的范围小。

采用放烟照相法的前提是假定烟羽的可见边缘线（即阈值轮廓线）是沿视线方向的积分浓度等值线，由正态模型可得

$$\sigma_z^2 = \frac{z_e^2}{1 + 2\ln\left(\dfrac{z_m}{\sigma_z}\right)} \qquad (6\text{-}73)$$

$$\sigma_y^2 = \frac{y_e^2}{1 + 2\ln\left(\dfrac{y_m}{\sigma_y}\right)} \qquad (6\text{-}74)$$

式中，z_e、y_e 分别为下风距离 x 处烟羽阈值轮廓线上的 z、y 坐标；z_m、y_m 分别为烟羽阈值轮廓线上 z、y 坐标的最大值。

1）技术要点

（1）本法不宜在平均风向变化较大，或能见度较低的条件下进行。试验时必须同时观测风向、风速、大气稳定度。本法主要用于测定垂直扩散参数 σ_z。如果具备汽艇或直升飞机等条件也可测定水平扩散参数 σ_y。当烟羽阈值轮廓线过长（强稳定条件）时可采用分段照相法。

（2）基线长度（照相机与烟源的距离）的选择以确保相机能拍下完整的烟羽阈值轮廓线为原则，一般可在 500m 左右。观测点应尽量选择在烟轴的同一水平面上，并尽可能使相机镜头的光轴与平均风向垂直，否则应测出其相对仰角和方位角，以便对测定结果进行修正。

（3）发烟源可利用现有的烟源或专门的发烟罐。试验期间，发烟速率应保持稳定，烟羽高度应尽可能与待评价的烟羽高度一致。

（4）应尽可能缩短画面之间的时间间隔，以保证每次试验能获得足够的照片（10～20 张），每次试验所采用的底片及显影剂的性能以及操作条件应一致。

2）数据处理

（1）检查试验条件是否稳定，如有明显不稳定者，舍去异常数据。

（2）描绘每张底片上的烟羽阈值轮廓线，再将每次连续拍摄且不少于 5 张的底片重叠后画出其包络线。

（3）按相同取样时间用正态模型估算 σ_z。

（4）将上述结果按稳定度分类，每类稳定度不宜少于 5 次试验，最后按 6.2.4.2 节"平移球法"中"数据处理和分析"第（5）步的方法对 σ_y 进行回归。

利用瞬时发烟装置，采用类似于上述烟羽照相的方法，拍出一系列烟团的阈值轮廓线，可按正态烟团模型估算出小风或静风条件下的相对扩散参数。

6.2.4.4　环境风洞模拟法

用人工制造的气流来模拟实际气流的实验装置称为风洞。用于大气扩散研究的风洞称为环境风洞，它是一种低速风洞，可以用来模拟大气边界层的流动。环境风洞模拟就是把待研究地区的污染源、地物、地形、地貌按照一定的比例做成模型，并将其放于环境风洞中，用来研究复杂地形或建筑群周围的大气边界层流动特征、烟羽的扩散参数以及污染源对周围地区浓度分布的影响等。

进行环境风洞试验必须要遵守试验条件相似的原则，即要保证模型与实物的几何相似、流动平均温度相似、湍流特征相似、排烟条件相似等。只有这样才能保证风洞试验中的流场与实际大气流动相似。进行试验模型制作时，模型与实物的比例，对于建筑尾流影响试验，在 1∶200～1∶300；对于烟气抬升试验，在 1∶400～1∶500；对于局地流场和扩散浓度试验，在 1∶1000～1∶5000。

6.3　大气环境影响评价内容

大气环境影响评价是从预防大气污染、保证大气环境质量的目的出发，通过调查、预测等手段，分析、评价拟议的开发行动或建设项目在施工期或建成后的生产期所排放的主要大气污染物对大气环境质量可能带来的影响程度和范围，提出避免、消除或减少负面影响的对策，为建设项目的场址选择、污染源设置、大气污染预防措施的制定及其他有关工程设计提供科学依据或指导性意见。

6.3.1　大气环境影响评价程序、等级与范围

整个评价过程可分为三个阶段：

第一阶段。主要工作包括：研究有关文件，项目污染源调查，环境空气保护目标调查，评价因子筛选与评价标准确定，区域气象与地表特征调查，收集区域地形参数，确定评价等级和评价范围等。

第二阶段。主要工作依据评价等级要求开展，包括与项目评价相关污染源的调查与核实，选择适合的预测模型，环境质量现状调查或补充监测，收集建立模型所需气象、地表参数等基础数据，确定预测内容与预测方案，开展大气环境影响预测与评价工作等。

第三阶段。主要工作包括制订环境监测计划，明确大气环境影响评价结论与建议，完成环境影响评价文件的编写等。大气环境影响评价工作程序见图 6-11。

项目执行中需要识别大气环境影响因素，并筛选出大气环境影响评价因子。大气环境影响评价因子主要为项目排放的基本污染物及其他污染物 [《环境影响评价技术导则　大气环境（HJ 2.2—2018）》]。当建设项目排放的 SO_2 和 NO_x 年排放量≥500t/a 时，评价因子应增加二次 $PM_{2.5}$，见表 6-28。当规划项目排放的 SO_2、NO_x 及挥发性有机物（VOCs）年排放量达到表 6-28 规定的量时，评价因子应相应增加二次 $PM_{2.5}$ 及 O_3。

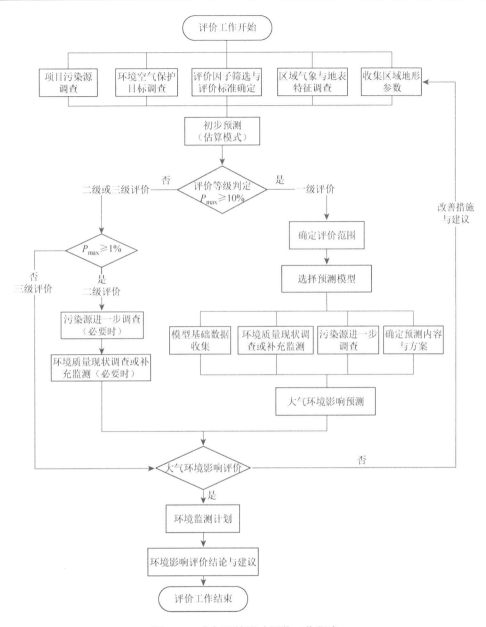

图 6-11 大气环境影响评价工作程序

P_{max} 指污染物地面最大浓度占标准浓度的比率，用于衡量污染物对环境的潜在影响程度。根据不同的 P_{max} 值，可以将评价工作等级划分为不同的级别，以便采取相应的评价措施和应对策略

表 6-28 二次污染物评价因子筛选

类别	污染物排放量/(t/a)	二次污染物评价因子
建设项目	$SO_2 + NO_x \geqslant 500$	$PM_{2.5}$
规划项目	$SO_2 + NO_x \geqslant 500$	$PM_{2.5}$
	$NO_x + VOCs \geqslant 2000$	O_3

6.3.2 评价标准的确定

在各评价因子所适用的环境质量标准及相应的污染物排放标准的确定上，环境质量标准选用《环境空气质量标准》（GB 3095—2012）中的环境空气质量浓度限值，如已有地方环境质量标准，应选用地方标准中的浓度限值。对于《环境空气质量标准》（GB 3095—2012）及地方环境质量标准中未包含的污染物，可参照选用其他国家、国际组织发布的环境质量浓度限值或基准值，但应做出说明，经生态环境主管部门同意后执行。

6.3.3 评价等级的划分

项目评价等级的划分需要选择项目污染源正常排放的主要污染物及排放参数，采用估算模型分别计算项目污染源的最大环境影响，然后按评价工作分级判据进行分级。

评价工作分级方法，主要是根据项目污染源初步调查结果，分别计算项目排放主要污染物（第 i 个污染物）的最大地面空气质量浓度占标率 P_i（简称最大浓度占标率）及第 i 个污染物的地面空气质量浓度达到标准值的10%时所对应的最远距离 $D_{10\%}$。其中，P_i 定义见式（6-75）：

$$P_i = \frac{C_i}{C_{0i}} \times 100\% \qquad (6-75)$$

式中，P_i 为第 i 个污染物的最大地面空气质量浓度占标率（%）；C_i 为采用估算模型计算出的第 i 个污染物的最大 1h 地面空气质量浓度（μg/m³）；C_{0i} 为第 i 个污染物的环境空气质量浓度标准（μg/m³）。一般选用《环境空气质量标准》（GB 3095—2012）中 1h 平均质量浓度的二级浓度限值，如项目位于一类环境空气功能区，应选择相应的一级浓度限值；对该标准中未包含的污染物，使用各评价因子 1h 平均质量浓度限值确定的各评价因子 1 h 平均质量浓度限值。对仅有 8h 平均质量浓度限值、日平均质量浓度限值或年平均质量浓度限值的，可分别按 2 倍、3 倍、6 倍折算为 1h 平均质量浓度限值。

当编制环境影响报告书的项目要采用估算模型计算评价等级时，还应输入地形参数。评价等级按表 6-29 的分级判据进行划分。最大地面空气质量浓度占标率 P_i 按式（6-75）计算，如污染物数大于 1，取 P 值中最大者 P_{max}。

表 6-29 评价等级判别表

评价工作等级	评价工作分级判据
一级评价	$P_{max} \geqslant 10\%$
二级评价	$1\% \leqslant P_{max} < 10\%$
三级评价	$P_{max} < 1\%$

同时，评价等级的判定还应遵守以下规定。

（1）同一项目有多个污染源（两个及以上，下同）时，则按各污染源分别确定评价等级，并取评价等级最高者作为项目的评价等级。

（2）对电力、钢铁、水泥、石化、化工、平板玻璃、有色等高耗能行业的多源项目或以使用高污染燃料为主的多源项目，环境影响报告书的项目评价等级提高一级。

（3）对等级公路、铁路项目，分别按项目沿线主要集中式排放源（如服务区、车站大气污染源）排放的污染物计算其评价等级。

（4）对新建包含 1km 及以上隧道工程的城市快速路、主干路等城市道路项目，按项目隧道主要通风竖井及隧道出口排放的污染物计算其评价等级。

（5）对新建、迁建及飞行区扩建的枢纽及干线机场项目，应考虑机场飞机起降及相关辅助设施排放源对周边城市的环境影响，评价等级取一级。

（6）确定评价等级，同时应说明估算模型计算参数和判定依据。

6.3.4 评价范围的确定

需要根据不同评价等级来确定评价范围。一级评价项目：根据建设项目排放污染物的最远影响距离（$D_{10\%}$）确定大气环境影响评价范围，即以项目厂址为中心区域，自厂界外延 $D_{10\%}$ 的矩形区域作为大气环境影响评价范围。当 $D_{10\%}$ 超过 25km 时，确定评价范围为边长 50km 的矩形区域；当 $D_{10\%}$ 小于 2.5km 时，评价范围边长取 5km。二级评价项目：大气环境影响评价范围边长取 5km。三级评价项目：不需设置大气环境影响评价范围。

对于新建、迁建及飞行区扩建的枢纽及干线机场项目的评价范围，还应考虑受影响的周边城市，最大取边长 50km。规划环评类项目的大气环境影响评价范围以规划区边界为起点，外延规划项目排放污染物的最远影响距离（$D_{10\%}$）的区域。

6.3.5 评价基准年筛选

需要依据评价所需环境空气质量现状、气象资料等数据的可获得性、数据质量、代表性等因素，选择近 3 年中数据相对完整的 1 个日历年作为评价基准年。

6.3.6 环境空气保护目标调查

调查项目大气环境评价范围内主要环境空气保护目标。在带有地理信息的底图中标注，并列表给出环境空气保护目标内主要保护对象的名称、保护内容、所在大气环境功能区划及其与项目厂址的相对距离、方位、坐标等信息（李淑芹和孟宪林，2021）。

6.3.7 大气环境影响预测与评价

6.3.7.1 一般要求

大气环境影响预测与评价的一般要求需要根据评价项目的等级来确定。一级评价项目：应采用进一步预测模型开展大气环境影响预测与评价。二级评价项目：不进行进一步预测与评价，只对污染物排放量进行核算。三级评价项目：不进行进一步预测与评价。

6.3.7.2　预测因子

根据评价因子确定预测因子，选取有环境质量标准的评价因子作为预测因子。

6.3.7.3　预测范围

项目预测范围应覆盖评价范围，并覆盖各污染物短期浓度贡献值占标率大于10%的区域。对于经判定需预测二次污染物的项目，预测范围应覆盖 $PM_{2.5}$ 年平均质量浓度贡献值占标率大于1%的区域。对于评价范围内包含环境空气功能区一类区的项目，预测范围应覆盖项目对一类区最大环境影响区域。预测范围一般以项目厂址为中心，东西向为 X 坐标轴、南北向为 Y 坐标轴。

6.3.7.4　预测周期

一般情况下，选取评价基准年作为预测周期，预测时段取连续1年。当选用网格模型模拟二次污染物的环境影响时，预测时段应至少选取评价基准年1月、4月、7月、10月。

6.3.7.5　预测模型

1）预测模型选择原则

一级评价项目应结合项目环境影响预测范围、预测因子及推荐模型的适用范围等选择空气质量模型。各推荐模型适用范围见表 6-30。当推荐模型适用性不能满足需要时，可选择适用的替代模型。

表 6-30　推荐模型适用范围

模型名称	适用污染源	适用排放形式	推荐预测范围	模拟污染物			其他特征
				一次污染物	二次 $PM_{2.5}$	O_3	
AERMOD	点源、面源、线源、体源				系数法		——
ADMS			局地尺度				
AUSTAL2000	烟塔合一排放源		（≤50km）				
EDMS/AEDT	机场源					不支持	
CALPUFF	点源、面源、线源、体源	连续源、间断源	城市尺度（50km 到几百千米）	模型模拟法	模型模拟法		局地尺度特殊风场，包括长期静风、小风和岸边熏烟
区域光化学网格模型	网格源		区域尺度（几百千米）		模型模拟法	模型模拟法	模拟复杂化学反应

注：AERMOD 全称为 ams/epa regulatory model（大气模拟预测法规模型）；ADMS 全称为 atmospheric dispersion modeling system（大气扩散模型）；EDMS/AEDT 全称为 emissions and dispersion modeling system/aviation environmental design tool（机场大气模型）；AUSTAL2000 为拉格朗日大气扩散模型；CALPUFF 为大气质量评价数值模拟系统。

2）预测模型选取的其他规定

当项目评价基准年内存在风速≤0.5m/s 的持续时间超过 72h 或近 20 年统计的全年静风（风速≤0.2m/s）频率超过 35%时，应采用 CALPUFF 进行进一步模拟。

当建设项目处于大型水体（海或湖）岸边 3km 范围内时，应首先采用估算模型判定是否会发生熏烟现象。如果存在岸边熏烟，并且估算的最大 1h 平均质量浓度超过环境质量标准，应采用 CALPUFF 进行进一步模拟。

3）推荐模型使用要求

环境影响预测模型所需气象、地形、地表参数等基础数据应优先使用国家发布的标准化数据。采用其他数据时，应说明数据来源、有效性及数据预处理方案。

6.3.7.6 预测方法

一般情况下，优先采用推荐模型预测建设项目或规划项目对预测范围不同时段的大气环境影响。当建设项目或规划项目 SO_2、NO_x 及 VOCs 年排放量达到规定的量时，可按表 6-31 推荐的方法预测二次污染物。

表 6-31　二次污染物预测方法

项目类型	污染物排放量/(t/a)	预测因子	二次污染物预测方法
建设项目	$SO_2 + NO_x \geqslant 500$	$PM_{2.5}$	AERMOD/ADMS（系数法）或 CALPUFF（模型模拟法）
规划项目	$500 \leqslant SO_2 + NO_x < 2000$	$PM_{2.5}$	AERMOD/ADMS（系数法）或 CALPUFF（模型模拟法）
	$SO_2 + NO_x \geqslant 2000$	$PM_{2.5}$	网格模型（模型模拟法）
	$NO_x + VOCs \geqslant 2000$	O_3	网格模型（模型模拟法）

如果采用 AERMOD、ADMS 等模型模拟 $PM_{2.5}$ 时，需将模型模拟的 $PM_{2.5}$ 一次污染物的质量浓度，同步叠加按 SO_2、NO_2 等前体物转化比率估算的二次 $PM_{2.5}$ 质量浓度，得到 $PM_{2.5}$ 的贡献浓度。前体物转化比率可参考科研成果或有关文献，并注意地域的适用性。对于无法取得 SO_2、NO_2 等前体物转化比率的，可取 φ_{SO_2} 为 0.58、φ_{NO_2} 为 0.44，按式（6-76）计算二次 $PM_{2.5}$ 贡献浓度：

$$C_{二次PM_{2.5}} = \varphi_{SO_2} \times C_{SO_2} + \varphi_{NO_2} \times C_{NO_2} \qquad (6-76)$$

式中，$C_{二次PM_{2.5}}$ 为二次 $PM_{2.5}$ 质量浓度（μg/m³）；φ_{SO_2}、φ_{NO_2} 分别为 SO_2、NO_2 浓度换算为 $PM_{2.5}$ 浓度的系数；C_{SO_2}、C_{NO_2} 分别为 SO_2、NO_2 的预测质量浓度（μg/m³）。

当采用 CALPUFF 或网格模型预测 $PM_{2.5}$ 时，模拟输出的贡献浓度应包括一次 $PM_{2.5}$ 和二次 $PM_{2.5}$ 质量浓度的叠加结果。

对已采纳规划环评要求的规划所包含的建设项目，当工程建设内容及污染物排放总量均未发生重大变更时，建设项目环境影响预测可引用规划环评的模拟结果。

6.3.7.7　预测与评价内容

1）达标区的评价项目

项目正常排放条件下，预测与评价叠加环境空气质量现状浓度后，环境空气保护目标和网格点主要污染物的保证率日平均质量浓度和年平均质量浓度的达标情况；对于排放的主要污染物仅有短期浓度限值的项目，评价其短期浓度叠加后的达标情况。如果是改建、扩建项目，还应同步减去"以新带老"污染源的环境影响。如果有区域削减项目，应同步减去削减源的环境影响。如果评价范围内还有其他排放同类污染物的在建、拟建项目，还应叠加在建、拟建项目的环境影响。

项目非正常排放条件下，预测与评价环境空气保护目标和网格点主要污染物的 1h 最大浓度贡献值及占标率。

2）不达标区的评价项目

项目正常排放条件下，预测与评价叠加大气环境质量限期达标规划（简称"达标规划"）的目标浓度后，环境空气保护目标和网格点主要污染物保证率日平均质量浓度及年平均质量浓度的达标情况；对于排放的主要污染物仅有短期浓度限值的项目，评价其短期浓度叠加后的达标情况。如果是改建、扩建项目，还应同步减去"以新带老"污染源的环境影响。如果有区域达标规划之外的削减项目，应同步减去削减源的环境影响。如果评价范围内还有其他排放同类污染物的在建、拟建项目，还应叠加在建、拟建项目的环境影响。对于无法获得达标规划目标浓度场或区域污染源清单的评价项目，需评价区域环境质量的整体变化情况。

项目非正常排放条件下，预测环境空气保护目标和网格点主要污染物的 1h 最大浓度贡献值，评价其最大浓度占标率。

3）区域规划

预测与评价区域规划方案中不同规划年叠加现状浓度后，环境空气保护目标和网格点主要污染物保证率日平均质量浓度及年平均质量浓度的达标情况；对于规划排放的其他污染物仅有短期浓度限值的，评价其叠加现状浓度后短期浓度的达标情况。预测评价区域规划实施后的环境质量变化情况，分析区域规划方案的可行性（赵丽，2018）。

4）污染控制措施

对于达标区的建设项目，按达标区评价项目要求预测评价不同方案主要污染物对环境空气保护目标和网格点的环境影响及达标情况，比较分析不同污染治理设施、预防措施或排放方案的有效性。

对于不达标区的建设项目，按不达标区评价项目要求预测不同方案主要污染物对环境空气保护目标和网格点的环境影响，评价达标情况或评价区域环境质量的整体变化情况，比较分析不同污染治理设施、预防措施或排放方案的有效性。

5）大气环境防护距离

对于项目厂界浓度满足大气污染物厂界浓度限值，但厂界外大气污染物短期贡献浓度超过环境质量浓度限值的，可以自厂界向外设置一定范围的大气环境防护区域，以确保大气环境防护区域外的污染物贡献浓度满足环境质量标准。

对于项目厂界浓度超过大气污染物厂界浓度限值的，应要求削减排放源强或调整工程布局，待满足厂界浓度限值后，再核算大气环境防护距离。大气环境防护距离内不应有长期居住的人群。

不同评价对象或排放方案对应预测内容和评价要求见表 6-32。

表 6-32 预测内容与评价要求

评价对象	污染源	污染源排放形式	预测内容	评价内容
达标区评价项目	新增污染源	正常排放	短期浓度 长期浓度	最大浓度占标率
	新增污染源-"以新带老"污染源（如有）-区域削减污染源（如有）+其他在建、拟建污染源（如有）	正常排放	短期浓度 长期浓度	叠加环境质量现状浓度后的保证率，日平均质量浓度和年平均质量浓度的占标率，或短期浓度的达标情况
	新增污染源	非正常排放	1h 平均质量浓度	最大浓度占标率
不达标区评价项目	新增污染源	正常排放	短期浓度 长期浓度	最大浓度占标率
	新增污染源-"以新带老"污染源（如有）-区域削减污染源（如有）+其他在建、拟建的污染源（如有）	正常排放	短期浓度 长期浓度	叠加达标规划目标浓度后的保证率，日平均质量浓度和年平均质量浓度的占标率，或短期浓度的达标情况；评价年平均质量浓度变化率
	新增污染源	非正常排放	1h 平均质量浓度	最大浓度占标率
区域规划	不同规划期/规划方案污染源	正常排放	短期浓度 长期浓度	保证率日平均质量浓度和年平均质量浓度的占标率，年平均质量浓度变化率
大气环境保护距离	新增污染源-"以新带老"污染源（如有）+项目全厂现有污染源	正常排放	短期浓度	大气环境防护距离

6.3.7.8 评价方法

1）环境影响叠加

（1）达标区环境影响叠加。

对于达标区，预测评价项目建成后各污染物对预测范围的环境影响，应用本项目的贡献浓度，叠加（减去）区域削减污染源以及其他在建、拟建项目污染源环境影响，并叠加环境质量现状浓度。计算方法见式（6-77）：

$$C_{叠加(x,y,t)} = C_{本项目(x,y,t)} - C_{区域削减(x,y,t)} + C_{拟在建(x,y,t)} + C_{现状(x,y,t)} \qquad (6-77)$$

式中，$C_{叠加(x,y,t)}$ 为在 t 时刻，预测点(x,y)叠加各污染源及现状浓度后的环境质量浓度（μg/m³）；$C_{本项目(x,y,t)}$ 为在 t 时刻，本项目对预测点(x,y)的贡献浓度（μg/m³）；$C_{区域削减(x,y,t)}$ 为在 t 时刻，区域削减污染源对预测点(x,y)的贡献浓度（μg/m³）；$C_{现状(x,y,t)}$ 为在 t 时刻，预测点(x, y)的环境质量现状浓度（μg/m³）；$C_{拟在建(x,y,t)}$为在 t 时刻，其他在建、拟建项目污染源对预测点(x, y)的贡献浓度（μg/m³）。

其中，本项目预测的贡献浓度除新增污染源环境影响外，还应减去"以新带老"污染源的环境影响，计算方法见式（6-78）：

$$C_{本项目(x,y,t)} = C_{新增(x,y,t)} - C_{以新带老(x,y,t)} \qquad (6\text{-}78)$$

式中，$C_{新增(x,y,t)}$为在 t 时刻，本项目新增污染源对预测点(x, y)的贡献浓度（μg/m³）；$C_{以新带老(x,y,t)}$为在 t 时刻，"以新带老"污染源对预测点(x, y)的贡献浓度（μg/m³）。

（2）不达标区环境影响叠加。

对于不达标区的环境影响评价，应在各预测点上叠加达标规划中达标年的目标浓度，分析达标规划年的保证率日平均质量浓度和年平均质量浓度的达标情况。叠加方法可以用达标规划方案中的污染源清单进行影响预测，也可直接用达标规划模拟的浓度场进行叠加计算。计算方法见式（6-79）：

$$C_{叠加(x,y,t)} = C_{本项目(x,y,t)} - C_{区域削减(x,y,t)} + C_{拟在建(x,y,t)} + C_{规划(x,y,t)} \qquad (6\text{-}79)$$

式中，$C_{规划(x,y,t)}$为在 t 时刻，预测点(x, y)的达标规划年目标浓度（μg/m³）。

2）保证率日平均质量浓度

对于保证率日平均质量浓度，首先计算叠加后预测点上的日平均质量浓度，然后对该预测点所有日平均质量浓度从小到大进行排序，根据各污染物日平均质量浓度的保证率（p），计算排在 p 百分位数的第 m 个序数，序数 m 对应的日平均质量浓度即为保证率日平均浓度 C_m。

其中，序数 m 计算方法见式（6-80）：

$$m = 1 + (n-1) \times p \qquad (6\text{-}80)$$

式中，p 为该污染物日平均质量浓度的保证率（%），对应污染物年评价中 24h 平均百分位数取值；n 为 1 个日历年内单个预测点上的日平均质量浓度的所有数据个数（个）；m 为 p 百分位数对应的序数（第 m 个），向上取整数。

3）浓度超标范围

以评价基准年为计算周期，统计各网格点的短期浓度或长期浓度的最大值，所有最大浓度超过环境质量标准的网格，即为该污染物浓度超标范围。超标网格的面积之和即为该污染物的浓度超标面积。

4）区域环境质量变化评价

当无法获得不达标区规划达标年的区域污染源清单或预测浓度场时，也可评价区域环境质量的整体变化情况。按式（6-81）计算实施区域削减方案后预测范围的年平均质量浓度变化率 k。当 $k \leqslant -20\%$ 时，可判定项目建设后区域环境质量得到整体改善。

$$k = [\overline{C}_{本项目(a)} - \overline{C}_{区域削减(a)}] / \overline{C}_{区域削减(a)} \times 100\% \qquad (6\text{-}81)$$

式中，k 为预测范围年平均质量浓度变化率（%）；$\overline{C}_{本项目(a)}$为本项目对所有网格点的年平均质量浓度贡献值的算术平均值（μg/m³）；$\overline{C}_{区域削减(a)}$ 为区域削减污染源对所有网格点的年平均质量浓度贡献值的算术平均值（μg/m³）。

5）大气环境防护距离确定

大气环境防护距离的确定需要采用预测模型模拟评价基准年内，本项目所有污染源（改建、扩建项目应包括全厂现有污染源）对厂界外主要污染物的短期贡献浓度分布。厂界外预测网格分辨率不应超过 50m。在底图上标注从厂界起所有超过环境质量短期浓度标准值的网格区域，以自厂界起至超标区域的最远垂直距离作为大气环境防护距离。

6）污染控制措施有效性分析与方案比选

对于达标区建设项目，大气污染治理设施、预防措施或多方案比选时，应综合考虑成本和治理效果，选择最佳可行技术方案，保证大气污染物能够达标排放，并使环境影响可以接受。对于不达标区建设项目，大气污染治理设施、预防措施或多方案比选时，应优先考虑治理效果，结合达标规划和替代源削减方案的实施情况，在只考虑环境因素的前提下选择最优技术方案，保证大气污染物达到最低排放强度和排放浓度，并使环境影响可以接受。

7）污染物排放量核算

根据表 6-33 和表 6-34 核算大气污染物排放量，包括本项目的新增污染源及改建、扩建污染源（如有）。根据最终确定的污染治理设施、预防措施及排污方案，确定本项目所有新增及改建、扩建污染源大气排污节点、排放污染物、污染治理设施与预防措施以及大气排放口基本情况。本项目各排放口排放大气污染物的核算排放浓度、排放速率及年排放量，应为通过环境影响评价，并且环境影响评价结论为可接受时对应的各项排放参数。

表 6-33　大气污染物有组织排放量核算表

排放口编号	污染物	核算排放浓度/（μg/m³）	核算排放速率/（kg/h）	核算年排放量/t
主要排放口	SO₂			
	NOₓ			
	颗粒物			
	VOCₛ			
小计				
一般排放口	SO₂			
	NOₓ			
	颗粒物			
	VOCₛ			
小计				
有组织排放	SO₂			
	NOₓ			
	颗粒物			
	VOCₛ			
小计				

表 6-34 大气污染物无组织排放量核算表

排放口编号	产污环节	污染物	主要污染防治措施	国家或地方污染物排放标准		年排放量/t
				标准名称	浓度限值/(μg/m³)	
无组织排放		SO₂				
		NOₓ				
		颗粒物				
		VOCs				
总计						

本项目大气污染物年排放量包括项目各有组织排放源和无组织排放源在正常排放条件下的预测排放量之和。污染物年排放量按式（6-82）计算，如表 6-35 所示。

$$E_{年排放} = \sum_{i=1}^{n}(M_{i有组织} \times H_{i有组织})/1000 + \sum_{j=1}^{m}(M_{j无组织} \times H_{j无组织})/1000 \quad （6-82）$$

式中，$E_{年排放}$ 为项目年排放量(t/a)；$M_{i有组织}$ 为第 i 个有组织排放源排放速率(kg/h)；$H_{i有组织}$ 为第 i 个有组织排放源年有效排放小时数（h/a）；$M_{j无组织}$ 为第 j 个无组织排放源排放速率（kg/h）；$H_{j无组织}$ 为第 j 个无组织排放源全年有效排放小时数（h/a）。

表 6-35 大气污染物年排放量核算表

序号	污染物	年排放量/（t/a）
1	SO₂	
2	NOₓ	
3	颗粒物	
4	VOCs	
…	…	

本项目各排放口非正常排放量核算如表 6-36 所示，应结合非正常排放预测结果，优先提出相应的污染控制与减缓措施。当出现 1h 平均质量浓度贡献值超过环境质量标准时，应提出减少污染排放直至停止生产的相应措施。明确列出发生非正常排放的污染源、非正常排放原因、污染物、非正常排放浓度与排放速率、单次持续时间、年发生频次及应对措施等。

表 6-36 污染源非正常排放量核算表

序号	污染源	非正常排放原因	污染物	非正常排放浓度/（μg/m³）	非正常排放速率/（kg/h）	单次持续时间/h	年发生频次/次	应对措施

6.3.7.9 评价结果表达

1）基本信息底图

基本信息底图中包含项目所在区域相关地理信息的底图，至少应包括评价范围内的环境功能区划、环境空气保护目标、项目位置、监测点位，以及图例、比例尺、基准年风频玫瑰图等要素。

2）项目基本信息图

在基本信息底图上标示项目边界、总平面布置、大气排放口位置等信息。

3）达标评价结果表

列表给出各环境空气保护目标及网格最大浓度点主要污染物现状浓度、贡献浓度、叠加现状浓度后保证率日平均质量浓度和年平均质量浓度、占标率、是否达标等评价结果。

4）网格浓度分布图

网格浓度分布图包括叠加现状浓度后主要污染物保证率日平均质量浓度分布图和年平均质量浓度分布图。网格浓度分布图的图例间距一般按相应标准值的 5%～100%进行设置。如果某种污染物环境空气质量超标，还需在评价报告及浓度分布图上标示超标范围与超标面积，以及与环境空气保护目标的相对位置关系等。

5）大气环境防护区域图

在项目基本信息图上沿出现超标的厂界外延确定的大气环境防护距离所包括的范围，作为本项目的大气环境防护区域。大气环境防护区域应包含自厂界起连续的超标范围。

6）污染治理设施、预防措施及方案比选结果表

列表对比不同污染控制措施及排放方案对环境的影响，评价不同方案的优劣。

7）污染物排放量核算表

污染物排放量核算表包括有无组织排放量、大气污染物年排放量、非正常排放量等。一级评价应包括表达内容中 1）～7）的内容。二级评价一般应包括 1）、2）及 7）的内容。

6.3.7.10 环境保护对策

制定环境保护对策的目的在于减轻或消除建设项目对大气环境质量造成的不良影响，力求达到环境效益、社会效益和经济效益的统一。因此，所提的建议应尽量具体、可行，以便对建设项目的环境工程设计和环境管理起到指导作用。环境保护对策一般应包括污染物削减措施建议和环境管理措施建议两部分。

1）污染物削减措施建议

（1）建设阶段污染物削减措施建议主要包括防止施工场地产生扬尘；控制施工机械和车辆废气产生的污染。

（2）生产阶段污染物削减措施建议主要包括改变燃料结构，尽量采用清洁能源；改进生产工艺；加强对重点污染源的环境治理；采用新技术，加强能源、资源的综合利用；

确定合理的烟囱高度；合理安排生产，减少无组织排放和非正常排放；加强厂区绿化，必要时设置防护林。

2）环境管理措施建议

（1）给出评价区污染控制规划。

（2）对于拟建项目，提出环境管理机构设置，污染物控制设备的运行、维护以及检修，监测机构设置，监测项目、频率、布点等要求。

（3）提出场址及总图布置等合理化建议。

（4）提出拟建项目的合理发展规模。

（5）提出项目投产后的大气环境监测规划。

6.3.8 大气环境影响评价结论与建议

6.3.8.1 大气环境影响评价结论

（1）达标区域的建设项目环境影响评价，当同时满足以下条件时，则认为环境影响可以接受。

a. 新增污染源正常排放条件下污染物短期浓度贡献值的最大浓度占标率≤100%。

b. 新增污染源正常排放条件下污染物年均浓度贡献值的最大浓度占标率≤30%（其中一类区≤10%）。

c. 项目环境影响符合环境功能区划。叠加现状浓度、区域削减污染源以及在建、拟建项目的环境影响后，主要污染物的保证率日平均质量浓度和年平均质量浓度均符合环境质量标准；对于排放的主要污染物仅有短期浓度限值的项目，叠加后的短期浓度符合环境质量标准。

（2）不达标区域的建设项目环境影响评价，当同时满足以下条件时，则认为环境影响可以接受。

a. 达标规划未包含新增污染源建设项目，需另有替代源的削减方案。

b. 新增污染源正常排放条件下污染物短期浓度贡献值的最大浓度占标率≤100%。

c. 新增污染源正常排放条件下污染物年均浓度贡献值的最大浓度占标率≤30%（其中一类区≤10%）。

d. 项目环境影响符合环境功能区划或满足区域环境质量改善目标。现状浓度超标的污染物评价，叠加达标年目标浓度、区域削减污染源以及在建、拟建项目的环境影响后，污染物的保证率日平均质量浓度和年平均质量浓度均符合环境质量标准或满足达标规划确定的区域环境质量改善目标，或年平均质量浓度变化率 $k \leqslant -20\%$；对于现状达标的污染物评价，叠加后污染物浓度符合环境质量标准；对于项目排放的主要污染物仅有短期浓度限值的，叠加后的短期浓度符合环境质量标准。

（3）区域规划的环境影响评价，当主要污染物的保证率日平均质量浓度和年平均质量浓度均符合环境质量标准，对于主要污染物仅有短期浓度限值的，叠加后的短期浓度符合环境质量标准时，则认为区域规划环境影响可以接受（徐新阳和陈熙，2010）。

6.3.8.2 污染控制措施可行性及方案比选结果

（1）大气污染治理设施与预防措施必须保证污染源排放以及控制措施均符合排放标准的有关规定，满足经济、技术可行性。

（2）从项目选址选线、污染源的排放强度与排放方式、污染控制措施技术与经济可行性等方面，结合区域环境质量现状及区域削减方案、项目正常排放及非正常排放条件下大气环境影响预测结果，综合评价治理设施、预防措施及排放方案的优劣，并对存在的问题（如果有）提出解决方案。经对解决方案进行进一步预测和评价比选后，给出大气污染控制措施可行性建议及最终的推荐方案。

6.3.8.3 大气环境防护距离

根据大气环境防护距离计算结果，并结合厂区平面布置图，确定项目大气环境防护区域。若大气环境防护区域内存在长期居住的人群，应给出相应优化调整项目选址、布局或搬迁的建议。

6.3.8.4 污染物排放量核算结果

环境影响评价结论是环境影响可接受的项目，根据环境影响评价审批内容和排污许可证申请与核发所需表格要求，明确给出污染物排放量核算结果表。评价项目完成后污染物排放总量控制指标能否满足环境管理要求，并明确总量控制指标的来源和替代源的削减方案。

6.3.8.5 大气环境影响评价自查表

大气环境影响评价完成后，应对大气环境影响评价主要内容与结论进行自查。

思 考 题

1. 简述大气环境影响评价的程序。
2. 如何进行大气污染的生物学评价？可用哪些植物监测大气污染？
3. 什么是有效源高度？怎样确定烟气抬升高度？
4. 如何确定和划分大气稳定度？
5. 如何划分大气环境影响评价的等级？
6. 某炼油厂投产后，将会自平均抬升高度 10m 处排放 8×10^4 mg/s 的 SO_2，排气筒高度为 50m，试预测在距离地面 10m 处，风速为 4m/s，大气稳定度为 D 级，该排气筒下风向 500m 处，距排气筒的平均风向轴线水平垂直距离 50m 处的地面点所增加的 SO_2 浓度值。

7. 某平原建一小型热电厂，拟建排气筒高度为 120m，上出口内径为 6m，排烟气量为 45.15Nm³/s，排气筒出口处的烟气温度为 130℃，当地气象台统计最近 5 年平均气温为 9.2℃，平均风速为 3.9m/s，假设气象台址与工厂地面海拔相同，试计算烟气抬升高度。

8. 拟建某化工厂投产后将排放 50g/s 的 SO_2，排气筒高度为 45m，预计烟气抬升高度为 5.5m。预测在距地面 10m 处，风速为 5m/s，大气稳定度为 D 级时，该排气筒下风向 650m 处，距排气筒风向轴线水平垂直距离 50m 处的公园所增加的 SO_2 浓度值。如果该地大气中 SO_2 的本底值为 0.05mg/m³，为保证公园空气中的 SO_2 控制在二级标准，则该厂 SO_2 的排放量应控制在什么范围内？

扫二维码查看本章学习
重难点及思考题与参考答案

7 噪声环境影响评价

7.1 概　　述

7.1.1 噪声的特征

噪声污染是一种物理污染，噪声与废气、废水、废渣统称为危害人类环境的"四大公害"。但是，噪声污染有其自身特点：①噪声是暂时的。当声源的声音停止时，噪声就消失了。②噪声的影响程度是有限的，只有在一定距离内噪声才能对受害者的心理和生理产生不利影响（张从，2002；柴立元和何德文，2006）。

7.1.2 噪声源及其分类

产生噪声的声源称为噪声源，噪声源有下面几种分类方法（陆书玉，2001；王罗春等，2017；何德文，2021）。

根据产生机理，噪声大致可分为机械噪声、电磁噪声和空气动力学噪声三类；如果按照噪声随时间的演变来分类，一般可细分为稳态噪声和非稳态噪声，稳态噪声又可以被划分为瞬态噪声、周期性波动噪声、脉冲噪声和不规则噪声；如果按实际噪声产生的环境进行分类，可分为工厂噪声、交通噪声、施工噪声和日常噪声。

在噪声对环境影响的评估中，根据声源的辐射特性和传播距离，可将声源分为三类，即点声源、线声源和面声源。

对于小型仪器，此类源可以认为是点声源，因为它们的尺寸远小于预测的噪声影响距离，或者测量距离远大于噪声源本身的尺度。

对于线性布置的水泵、矿山和选煤场的运输系统、繁忙的交通车道等，噪声传播的形状近似线性，近距离范围内一般可以看作线声源。

面声源是指体积较大的设备或地线性的噪声发生体，噪声通常是从一面或多个面均匀地向外辐射，在近距离范围内，它实际上是基于面声源传播规律传播。

7.1.3 噪声的产生及传播途径

声音是由振动产生的，通常将这些振动的物体称为声源。振动物体产生的声能，以波的形式通过周围的介质向外传播，声波被感受目标接收后，引起目标的共振并被转化为声音。例如，人体的声音接收器官就是人耳。所以声学中的声音三要素为：声源、介质、接收器。

传播途径是指噪声源所发出的声波传播到某区域（或接受者）所经过的路线。噪声波在传播过程中受传播距离、地形变化、建筑物、树丛草坪、围墙等的影响，声能量明显衰减或者传播方向改变。

7.1.4　噪声的影响

噪声可以通过多种方式对人造成伤害，如损害听力，导致神经系统、心血管系统和消化系统疾病。噪声会干扰人们谈话，影响睡眠和休息，并干扰工作。

研究显示，人类如果长期处在高噪声的环境中，可能会出现噪声性耳聋。"暂时性听阈偏移"或者听力疲劳是人类受强噪声环境的影响而短暂出现的一种现象（徐新阳和陈熙，2010）。而且如果人耳长期暴露在嘈杂的环境中，听觉器官就会有患病的风险，甚至永久性听力损失，如果 500Hz、1000Hz、2000Hz 三个频率的平均听力损失超过 25dB(A)，则称为噪声性耳聋（王宁和孙世军，2013）。表 7-1 给出了在不同噪声环境中工作的人的噪声性耳聋发病率（徐新阳和陈熙，2010；林云琴等，2017）。

表 7-1　工作 40 年后噪声性耳聋的发病率

噪声/dB(A)	国际统计/%	美国统计/%	噪声/dB(A)	国际统计/%	美国统计/%
80	0	0	95	29	28
85	10	8	100	41	40
90	21	18			

由表 7-1 可以看出，在 80dB 以下噪声环境下工作的人基本不会出现噪声性耳聋，在 80dB 以上噪声环境下工作的人，基本每增加 5dB，出现噪声性耳聋的概率就增加 10%（刘志斌和马登军，2007；易秀等，2017）。如果人类在睡觉时受到噪声的干扰，会出现睡眠时间缩短、多梦的现象。若人类长期在睡眠时受到噪声的影响，会出现睡眠不足，伴随着头晕、头痛等症状。研究显示，当环境噪声达到 60dB(A) 时，70%正在睡觉的人会受到噪声的干扰而清醒。通常来说，环境噪声大于 55dB(A) 时，对人类的睡眠影响较严重，而环境噪声低于 40dB(A) 则对睡眠影响较小（朱世云等，2013）。

噪声对人的中枢神经系统有很大的影响，特别是影响大脑皮层的唤醒和抑制，导致失衡和条件反射异常（章丽萍，2019）。在噪声的长时间影响下，这些身体上的变化若不能恢复，人体就会出现神经衰弱的症状，如头痛、头晕、乏力、失眠和记忆力减退（赵丽，2018）。

噪声使人难以集中注意力思考，影响有用声波的传播并降低通信质量。表 7-2 给出了噪声对交谈的影响。

表 7-2　噪声对交谈的影响

噪声/dB(A)	主观反映	保证正常讲话距离/m	通信质量
45	安静	10.0	很好
55	稍吵	3.5	好

噪声/dB(A)	主观反映	保证正常讲话距离/m	通信质量
65	吵	1.2	较困难
75	很吵	0.3	困难
85	太吵	0.1	不可能

由表 7-2 可知，当环境噪声为 55dB(A)时，人们会感觉到稍微吵闹，并且噪声越大，吵闹越严重。只有环境噪声不大于 45dB(A)时，人们才会感到安静。国内外调查结果显示，噪声为 50dB(A)时，10%的人还是会感到吵闹，只有 45dB(A)以内才会感到安静。

噪声会影响人们的心理，在强噪声的环境中，人们会心情烦躁、易怒，甚至丧失自己的理智，产生不必要的纠纷。不仅如此，噪声对人的心血管系统也有负面影响，这种影响可分为暂时性效应和持久性效应。总的来说，暂时性效应体现在脉搏和血液波动上，而持久性效应则是对人体心血管功能的损害。此外，还有噪声对消化系统、内分泌系统、视觉器官的影响，对胎儿发育、儿童智力发育的影响等方面的数据报道。超过 150dB 的噪声会使金属结构疲劳。例如，一块 0.6mm 的不锈钢板处在 168dB 的强噪声环境中 15min 就会发生断裂（张朝能等，2021）。

7.1.5 噪声标准

噪声对人体的影响与声源的物理特性、接触时间和个体差异有关。因此，噪声标准的制定应考虑听力保护、对人体健康的影响、主观不适以及当前的资金和技术条件等因素。

7.1.5.1 声环境质量标准

《声环境质量标准》（GB 3096—2008）按区域的使用功能特点和环境质量要求，将声环境功能区分为以下五种类型。

0 类声环境功能区：指康复疗养区等特别需要安静的区域。

1 类声环境功能区：指以居民住宅、医疗卫生、文化教育、科研设计、行政办公为主要功能，需要保持安静的区域。

2 类声环境功能区：指以商业金融、集市贸易为主要功能，或者居住、商业、工业混杂，需要维护住宅安静的区域。

3 类声环境功能区：指以工业生产、仓储物流为主要功能，需要防止工业噪声对周围环境产生严重影响的区域。

4 类声环境功能区：指交通干线两侧一定距离之内，需要防止交通噪声对周围环境产生严重影响的区域，包括 4a 类和 4b 类两种类型。4a 类功能区为高速公路、一级公路、二级公路、城市快速路、城市主干路、城市次干路、城市轨道交通（地面段）、内河航道两侧区域；4b 类功能区为铁路干线两侧区域。各种声环境功能区适用表 7-3 规定的环境噪声等效声级限值。

表 7-3　环境噪声限值

声环境功能区类别		昼间/dB(A)	夜间/dB(A)
0 类		50	40
1 类		55	45
2 类		60	50
3 类		65	55
4 类	4a 类	70	55
	4b 类	70	60

在下列情况下，如果列车不经过铁路干线两侧的区域，环境背景噪声限值应执行白天 70dB(A)和夜间 55dB(A)：

（1）现有穿越市区的铁路干线。

（2）改扩建既有铁路干线穿越市区的铁路建设项目。

各类声环境功能区夜间突发噪声，环境噪声限值以上的最大声级不应超过 15dB(A)。

7.1.5.2　工业企业厂界环境噪声排放标准

1）厂界噪声排放限制

根据《工业企业厂界环境噪声排放标准》（GB 12348—2008），工业企业厂界环境噪声不得超过表 7-4 规定的限值。

表 7-4　工业企业厂界环境噪声排放标准　　　［单位：dB(A)］

厂界外声环境功能区类别	昼间	夜间
0	50	40
1	55	45
2	60	50
3	65	55
4	70	55

夜间频发噪声的最大声级超过限值的幅度不得高于 10dB(A)；夜间偶发噪声的最大声级超过限值的幅度不得高于 15dB(A)。

工业企业若位于未划分声环境功能区的区域，当厂界外有噪声敏感建筑物时，由当地县级以上人民政府确定厂界外区域的声环境质量要求，并执行相应的厂界环境噪声排放限值。

当厂界与噪声敏感建筑物距离小于 1m 时，厂界环境噪声应在噪声敏感建筑物的室内测量，并将表 7-4 中相应的限值减 10dB(A)作为评价依据。

2）结构传播固定设备室内噪声排放限值

根据《工业企业厂界环境噪声排放标准》（GB 12348—2008），固定设备发出的噪声通过建筑结构传递到噪声敏感建筑时，等效室内噪声级和倍频程对噪声敏感的建筑物的声压级不应超过表 7-5 和表 7-6 规定的限值。

表 7-5　结构传播固定设备室内噪声排放限值 1　　［等效声级，单位：dB(A)］

噪声敏感建筑物所处声环境功能区类别	A 类房间		B 类房间	
	昼间	夜间	昼间	夜间
0	40	30	40	30
1	40	30	45	35
2、3、4	45	35	50	40

注：A 类房间是指以睡觉为主，夜间应安静的房间，包括住宅房间、病房、酒店房间等；B 类房间指主要在白天使用，需要保证思考与精力集中、正常讲话不被干扰的房间，包括教室、会议室和住宅中卧室以外的房间。

表 7-6　结构传播固定设备室内噪声排放限值 2　　［倍频带声压级，单位：dB(A)］

噪声敏感建筑物所处声环境功能区类别	时段	房间类型	倍频程中心频率/Hz				
			31.5	63	125	250	500
0	昼间	A 类、B 类	76	59	48	39	34
	夜间	A 类、B 类	69	51	39	30	24
1	昼间	A 类	76	59	48	39	34
		B 类	79	63	52	44	38
	夜间	A 类	69	51	39	30	24
		B 类	72	55	43	35	29
2、3、4	昼间	A 类	79	63	52	44	38
		B 类	82	67	56	49	43
	夜间	A 类	72	55	43	35	29
		B 类	76	59	48	39	34

7.1.5.3　社会生活环境噪声排放标准

《社会生活环境噪声排放标准》（GB 22337—2008）规定了在文化娱乐场所、商业经营活动中可能造成环境噪声污染的设备、装置的噪声排放限值，不得超过表 7-7 中显示的限制。

当社会生活噪声排放源边界与噪声敏感建筑物的距离小于 1m 时，应在噪声敏感建筑物内部测得厂界环境噪声，并应按表 7-7 中的相应限值进行测量，将相应的限值降低 10dB(A)作为评估的基础。

表 7-7　社会生活噪声排放源边界噪声排放限值　　　[单位：dB(A)]

边界外声环境功能区类别	昼间	夜间
0	50	40
1	55	45
2	60	50
3	65	55
4	70	55

7.1.6　噪声的控制与健康保护

7.1.6.1　噪声源的控制

防止噪声过大的最有效方法是降低来自声源的噪声。通常，最有效的方法是重新设计或更换嘈杂的设备。如果条件不允许，可以通过改善建筑物和机械，或使用消声器、隔振罩、隔音罩等来显著降低噪声强度。

7.1.6.2　声音传播的控制

可以通过增加人与噪声源之间的距离来进一步降低噪声。例如，在居民区，可以合理调整交通设施的位置；在工业区，精心选择工作区可以达到降噪的目的。街道交通噪声和干扰机械的噪声，特别是在工业区，可以用隔音罩和屏障来控制，并且可以使用吸音材料来减少反射声。

7.1.6.3　减少接触时间

在工业生产中，必要时可通过缩短接触时间来补充上述措施，这可以通过改变工作类型或限制噪声源的工作时间来实现。

7.1.6.4　耳朵的防护

如果在一段时间内无法将噪声降低到无害的强度，应该使用特定的方法来保护耳朵，如戴耳塞、耳罩、保护帽。工人在日常工作之外偶尔接触噪声，也应使用这些个人防护设备。如果选择戴耳塞，需要注意特殊类型保护器的效率和样式，正确使用，并注意其他医疗问题，如卫生、不适、过敏等。

7.2 噪声计算与衰减

7.2.1 基本概念

7.2.1.1 频率、声速和波长

声音是由物体的振动引起的。当物体振动时，来自周围环境的粒子在稀疏和密集之间交替并向外传播。其中，振动的物体称为声源。

声源每秒钟振动的次数称为频率，记为 f，单位为赫兹（Hz）。并不是所有频率的声音都能被听到。次声是指频率低于 20Hz 声音，超声则是指频率高于 20000Hz 声音。人耳听不到次声和超声，只能感觉到频率为 20～20000Hz 的声波。

周期是指声源振动一次所经历的时间，记为 T，单位为秒（s）。对正弦波来说，频率和周期互为倒数，即

$$T = \frac{1}{f} \text{ 或 } f = \frac{1}{T} \tag{7-1}$$

波长是指声波经过一段时间的振动后沿传播方向传播的距离，或波形上同相两点之间的距离，用 λ 表示，单位为米（m）。

声速是声波速度的缩写，是声波在弹性介质中传播的速度，用 c 表示，单位为米每秒（m/s）。频率、声速和波长之间的关系：

$$c = f\lambda \tag{7-2}$$

声速的大小取决于介质的弹性、密度和温度，与声源无关。在室温下，不同介质的声速是不一样的，如在空气中声速为 345m/s，在钢板中声速为 5000m/s。可用经验公式表示空气中声速和温度（t）之间的关系：

$$c = 331.4 + 0.607t \tag{7-3}$$

7.2.1.2 声压、声强和声功率

声压是声波通过周围介质传播时引起周围介质的压强变化，用 P 表示。声压的单位为帕（Pa，$1Pa = 1N/m^2$）。

声压分为瞬时声压和有效声压。瞬时声压是指某瞬时介质受声波影响后内部压力的变化量。瞬时声压的均方根值称为有效声压。听阈是指人耳所能听到的最小声压，痛阈是指损害人耳的声压。人耳的听阈为 $2 \times 10^{-5}Pa$，痛阈为 20Pa。

在单位时间内，通过垂直于声波传播方向的单位面积声能的声波称为声强，记为 I，单位为瓦每平方米（W/m^2）。在自由声场中，球面波和平面波的声强与声压的平方成正比，也就是

$$I = \frac{P^2}{\rho c} \qquad (7\text{-}4)$$

式中，P 为有效声压（Pa）；ρ 为介质密度（kg/m³）；c 为声速（m/s）。

单位时间内声源发出的总能量称为声功率，用 W 表示，其单位为瓦（W）。其中，声功率与声强之间的关系为

$$I = \frac{W}{S} \qquad (7\text{-}5)$$

式中，S 为声波垂直通过的面积（m²）。

空间中各个地方的噪声强弱用声强来表示，因此声强与研究的地理位置有关；声源的噪声能量大小用声功率来表示，但是与接受噪声的地点无关。

7.2.1.3 声压级、声强级、声功率级

现代人们在日常生活中经常会遇到一些声音，如果我们使用声压值计算法来表达，其中的频率变化幅度非常广。例如，人耳的听阈与痛阈值几乎相差 100 万倍（徐新阳，2001）。研究结果显示，人类耳朵对于声音的反应力与声音强弱之间并非呈线性关系，而是与其声音强度的一个对数成正比（陈复，1997）。可以采用声压级来代替声压比或者说声能量比中的对数来表示声音的大小。

声压级的单位是分贝（dB），分贝是一个相对单位，指"两个同类功率量或可与其他功率类比的量之比值的常用对数乘以 10 等于 1 时的级差"，如声压与基准声压的比，取以 10 为底的常用对数，再乘以 20，结果就是声压级，也就是

$$L_P = 20\lg\left[\frac{P}{P_0}\right] \qquad (7\text{-}6)$$

式中，L_P 为声压级（dB）；P 为声压（Pa）；P_0 为基准声压，取人耳的听阈，$P_0 = 2 \times 10^{-5}\,\text{Pa}$。

同理，可以得到声强级和声功率级的表达式，但要注意的是其系数是 10。

声强级：

$$L_I = 10\lg\left[\frac{I}{I_0}\right] \qquad (7\text{-}7)$$

式中，L_I 为声强级（dB）；I 为声强（W/m²）；I_0 为基准声强，$I_0 = 10^{-12}\,\text{W/m}^2$。

声功率级：

$$L_W = 10\lg\left[\frac{W}{W_0}\right] \qquad (7\text{-}8)$$

式中，L_W 为声功率级（dB）；W 为声功率（W）；W_0 为基准声功率，$W_0 = 10^{-12}\,\text{W}$。

7.2.1.4 噪声的叠加

若有多个噪声源同时在同一点作用，则表示该点处的噪声是可叠加的，遵循能量

守恒定律。如果有两个声功率为 W_1、W_2，声强为 I_1、I_2 的声源，那么，该点的总声功率 $W_{总}=W_1+W_2$，总声强 $I_{总}=I_1+I_2$，但是声压是不可以叠加的，必须要使用能量相加的方法进行计算。因此，声压级也不可以直接进行叠加，需要通过计算得到该点的总声压级。

由于 $I_1=\dfrac{P_1^2}{\rho_k c_k}$，$I_2=\dfrac{P_2^2}{\rho_k c_k}$，所以 $P_{总}^2=P_1^2+P_2^2$。

又 $\dfrac{P_1}{P_0}=10^{\frac{L_{P_1}}{20}}$，$\dfrac{P_2}{P_0}=10^{\frac{L_{P_2}}{20}}$，由此可得两个声源同时作用于某一点的声压级：

$$L_{P_{总}}=20\lg\left[\frac{P_{总}}{P_0}\right]=10\lg\left(10^{\frac{L_{P_1}}{10}}+10^{\frac{L_{P_2}}{10}}\right) \tag{7-9}$$

同理，对于有多个噪声源同时作用于某一点的噪声叠加，其声压级的计算式为

$$L_{P_{总}}=20\lg\left[\frac{P_{总}}{P_0}\right]=10\lg\left(\sum_{i=1}^{n}10^{\frac{L_{P_i}}{10}}\right) \tag{7-10}$$

噪声源的平均声级也不能用算术平均值进行计算，其计算式为

$$\bar{L}_P=20\lg\left[\frac{P_{总}}{nP_0}\right]=10\lg\left(\frac{1}{n}\sum_{i=1}^{n}10^{\frac{L_{P_i}}{10}}\right) \tag{7-11}$$

式中，$\bar{L}_P$ 为噪声源的平均声级（dB）；L_{P_i} 为第 i 个噪声源的声级（dB）；n 为噪声源的个数。

7.2.2 噪声评价量

7.2.2.1 等效连续 A 声级

人耳对声音的感知与声压级和声音的频率有关。声压级相同，但是声音的频率不同，人耳听到的声音感觉也是不同的。高频声比低频声听起来更响，这是由人耳固有的特性决定的。为了能模拟人耳听到的声音响度的不同，并且进行测量，大量的研究人员为声级计设计了一个特殊的滤波器，并命名为计权网络。实验发现通过计权网络测定的噪声值更加符合人耳听到的规律，因此，把计权网络测得的声压级称为计权声级，简称声级。通常有 A、B、C 和 D 计权声级。A 计权声级（简称 A 声级）是模拟人耳 55dB 以下在低强度噪声下设计的，常用 L_{PA} 或 L_A 表示，用 A 或 dB(A) 表示其单位。

A 声级主要用于评估稳态下的连续噪声，因为它更好地反映了人耳对噪声频率的主观感知，不适用于评估不连续噪声和波纹。为了解决这个问题，可以改变一定时间段内不同 A 声级的连续暴露，将这段时间的噪声级通过能量平均值表示出来，这个声级称为等效连续 A 声级，简称为等效声级，用 L_{Aeq} 表示，单位为 dB(A)。

等效连续 A 声级的计算式为

$$L_{Aeq} = 10 \lg \left(\frac{1}{T} \int_0^T 10^{0.1 L_A(t)} \mathrm{d}t \right) \tag{7-12}$$

式中，L_{eq} 为在 T 时间内的等效连续 A 声级 [dB(A)]；L_A 为 t 时刻的瞬时 A 声级 [dB(A)]；T 为连续取样的总时间（min）。

在实际噪声测量时，应根据具体情况选择不同的测量方法。若某测试的地区一天中声级的变化大，且每天的变化规律相同，则可以选择一天进行等效连续 A 声级的测试。如果某一天中噪声变化很大，且每日都在发生变化，但有周期性的变化，可以选择某一个周期进行等效连续 A 声级的测试。

如果噪声测量采用等间隔取样，则等效连续 A 声级也可采用下式进行计算：

$$L_{Aeq} = 10 \lg \left(\frac{1}{N} \sum_{i=1}^N 10^{0.1 L_{Ai}} \right) \tag{7-13}$$

式中，L_{Ai} 为第 i 次测量读取的 A 声级 [dB(A)]；N 为取样总数。

7.2.2.2 昼夜等效连续 A 声级

由于昼夜差异，即使声级相同，夜晚的影响也大于白天。因此，将夜间噪声增加 10dB，用能量平均的方法计算 24h A 声级的平均值，用 L_{dn} 表示，单位为 dB(A)：

$$L_{dn} = 10 \lg \left(\frac{16 \times 10^{0.1 L_d} + 8 \times 10^{0.1(L_n + 10)}}{24} \right) \tag{7-14}$$

式中，L_d 为白天的等效连续 A 声级 [dB(A)]；L_n 为夜间的等效连续 A 声级 [dB(A)]。

白天和夜间的时间，可依据地区和季节的不同而调整，由地方政府划定。

7.2.2.3 统计噪声级

统计噪声级是指某点噪声级有较大波动时，用于描述该点噪声随时间变化状况的统计物理量，一般用 L_{10}、L_{50}、L_{90} 表示。其中，L_{10} 相当于噪声平均峰值，表示在取样时间内 10%的时间超过的噪声级；L_{50} 相当于噪声平均中值，表示在取样时间内 50%的时间超过的噪声级；L_{90} 相当于噪声平均底值，表示在取样时间内 90%的时间超过的噪声级。

统计噪声级的计算方法是：将测得的 100 个数据从小到大排列，L_{10} 是第 10 个数据，L_{50} 是第 50 个数据，L_{90} 是第 90 个数据。

7.2.3 噪声在传播过程中的衰减

噪声从声源传播到受声点的过程中，会受到传播发散、空气吸收、障碍物的反射和阻挡等因素的影响而衰减。为了保证噪声预测和评价的准确性，要对上述因素进行校对。

7.2.3.1 噪声随传播距离的衰减

噪声在传播过程中，距离增加引起的衰减与噪声的固有频率无关。

（1）点声源随传播距离增加而引起的衰减值：

$$\Delta L_1 = 10\lg \frac{1}{4\pi r^2} \qquad (7\text{-}15)$$

式中，ΔL_1 为因距离增加而产生的衰减值（dB）；r 为点声源到受声点的距离（m）。

距离点声源从 r_1 到 r_2 处的衰减值为

$$\Delta L_1 = 20\lg \frac{r_1}{r_2} \qquad (7\text{-}16)$$

如果 $r_2 = 2r_1$，则由式（7-16）可知：$\Delta L_1 = -6\text{dB}$。换句话说，当与声源的距离增加 1 倍时，声级降低 6dB。

（2）传播距离增加引起的线声源衰减值：

$$\Delta L_1 = 10\lg \frac{1}{2\pi rl} \qquad (7\text{-}17)$$

式中，r 为线声源到受声点的距离（m）；l 为线声源的长度（m）。

当 $\dfrac{r}{l} < \dfrac{1}{10}$ 时，线声源可以认为是无限长的声源。此时，距离线声源从 r_1 到 r_2 处的衰减值为

$$\Delta L_1 = 10\lg \frac{r_1}{r_2} \qquad (7\text{-}18)$$

如果 $r_2 = 2r_1$，则由式（7-18）可知：$\Delta L_1 = -3\text{dB}$，即线声源传播距离增加 1 倍，声级降低 3dB。

当 $\dfrac{r}{l} > 1$ 时，可将线声源看作点声源。

（3）面声源随传播距离增加而引起的衰减值。

假设面声源的短边长为 a，长边长为 b，受声点到面声源的距离为 r，则随距离增加而引起的衰减为

当 $r < \dfrac{a}{\pi}$ 时，在 r 处 $\Delta L_1 = 0$；

当 $\dfrac{a}{\pi} \leqslant r < \dfrac{b}{\pi}$ 时，距离 r 每增加 1 倍，$\Delta L_1 = -(0\sim3)\text{dB}$；

当 $\dfrac{b}{\pi} \leqslant r < b$ 时，距离 r 每增加 1 倍，$\Delta L_1 = -(3\sim6)\text{dB}$；

当 $r \geqslant b$ 时，距离 r 每增加 1 倍，$\Delta L_1 = -6\text{dB}$。

7.2.3.2 噪声被空气吸收的衰减

声波在空气中的传播是由分子间的相互碰撞完成的。在声波的传递过程中，由于分子间作用力的影响，声音逐渐衰减，这与声波频率、大气压力、温度、湿度等因素有关。声波被空气吸收的衰减值 ΔL_2（dB）可由下式计算：

$$\Delta L_2 = \alpha_0 r \tag{7-19}$$

式中，α_0 为空气吸收系数（dB/m）；r 为声波传播距离（m）。

当 $r < 200\text{m}$ 时，ΔL_2 近似为 0。

在实际评价中，为简化计算，一般将声波因距离引起的衰减和空气吸收的衰减结合起来，用下式计算（假设声源位于硬平面上）：

$$\Delta L = 20\lg r + 6\times10^{-6} f \cdot r + 8 \tag{7-20}$$

式中，f 为噪声的几何平均频率（Hz）；r 为噪声源与受声点的距离（m）。

7.2.3.3 房屋墙壁屏障效应

声波在遇到建筑物的墙壁时，建筑物内的混响对隔音效果有很大影响。墙体的隔声量 TL（dB）可由下式计算：

$$\text{TL} = L_{P_1} - L_{P_2} + 10\lg\left(\frac{1}{4} + \frac{S}{A}\right) \tag{7-21}$$

由此可得墙壁阻挡的噪声衰减值 ΔL_3（dB）计算式为

$$\Delta L_3 = \text{TL} - 10\lg\left(\frac{1}{4} + \frac{S}{A}\right) \tag{7-22}$$

式中，L_{P_1} 为建筑物室内混响噪声级（dB）；L_{P_2} 为建筑物室外 1m 处的噪声级（dB）；S 为墙壁的阻挡面积（m^2）；A 为受声室内的吸声面积（m^2）。

针对不同类型门窗组合墙体，总隔声能力应按以下公式计算：

$$\text{TL} = 10\lg\left(\frac{1}{\tau}\right) \tag{7-23}$$

$$\bar{\tau} = \frac{1}{S}\sum_{i=1}^{n}\tau_i S_i = \frac{\tau_1 S_1 + \tau_2 S_2 + \cdots + \tau_n S_n}{S_1 + S_2 + \cdots + S_n} \tag{7-24}$$

式中，$\bar{\tau}$ 为组合墙的平均透射系数；τ_i 为第 i 种阻隔墙的透射系数，$\tau_{\text{墙}} = 5\times10^{-5}$，$\tau_{\text{门}} = 10\times10^{-2}$，$\tau_{\text{窗}} = 3.7\times10^{-2}$；$S_i$ 为第 i 种阻隔墙的表面积（m^2）；S 为组合墙的总表面积（m^2）。

7.2.3.4 声屏障建筑的隔声效应

为了降低交通噪声对居民的影响，常在穿过城市居民区的铁路或高架公路两侧设置隔声板，这些隔声板就是声屏障。其隔声效果与声源、接收点和屏障的相互距离、屏障的高度、屏障的长度及其结构特点有关。

确定声屏障的隔声效果时，根据它们之间的距离和声音频率（公路和铁路屏障为500Hz）计算菲涅耳数 N，并根据图7-1确定相应的衰减值。菲涅耳数 N 可以通过以下公式计算：

$$N = \frac{2(A+B-d)}{\lambda} \tag{7-25}$$

式中，A 为声源与屏障顶端的距离（m）；B 为受声点与屏障顶端的距离（m）；d 为受声点与屏障之间的距离（m）；λ 为声波的波长（m）。

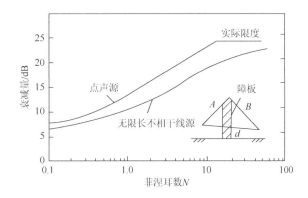

图7-1　障板及其噪声衰减曲线

7.2.3.5　阻挡物的反射效应

在声波的传递过程中，如果遇到障碍物（如建筑物、地表面、墙壁及大型设备等），障碍物表面对声波有反射效应。在实际噪声评价时，对于障碍物的反射效应一般采用镜像声源法进行处理。其原理如图7-2所示。

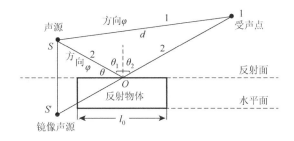

图7-2　反射的镜像声源示意图

声音的反射量和反射体的性质有密切的关系。由图7-2可以看出，噪声从声源传播到受声点有两条途径：一是通过途径 1 直接传播；二是通过途径 2 经反射体反射后到达。如果声波的入射角较小，此时途径 1 和途径 2 基本相等，而且声场的情况又满足表 7-8 中所规定的条件，那么，反射效应 ΔL_4 可采用下式计算：

$$\Delta L_4 = 10 \lg(1 + p) \tag{7-26}$$

式中，p 为反射表面的能量反射系数，它是声波频率的函数，具体取值见表 7-9。

表 7-8　反射声场条件

序号	反射场条件	序号	反射场条件
1	"声学坚硬"的反射表面	3	入射角 $\theta < 85°$
2	反射物的水平量纲大于波长，即 $10\cos\theta > \lambda$	4	反射点 o 距离反射物体的边缘至少在 1 个波长以上

表 7-9　反射物体表面的能量反射系数

反射物体	能量反射系数 p	反射物体	能量反射系数 p
平面或坚硬的壁面	1.0	建筑物敞开区域占壁面的 50%左右，或密集的管道	0.4
有窗或不规则的建筑物表面	0.8		

如果声波入射角较大，即途径 1 和途径 2 相差较大，声场的情况仍然满足表 7-8 中所规定的条件，则可用镜像法求出反射的镜像声功率级，反射效应 ΔL_4 采用下式计算：

$$\Delta L_4 = L_W(\Phi)_m - L_W(\Phi') \tag{7-27}$$

式中，$L_W(\Phi)_m$ 为镜像声源的声功率级（dB）；$L_W(\Phi')$ 为声源的声功率级（dB）；Φ、Φ' 为方向函数。

镜像声源的声功率级由下式计算：

$$L_W(\Phi)_m = L_W(\Phi') + 10 \lg p \tag{7-28}$$

7.2.3.6　植物的吸收衰减

声波通过高于声线 1m 以上的密集植物丛时，会因植物阻挡而产生衰减。在一般情况下，对于 1000Hz 的声音，松树林带的声衰减值为 3dB/10m；杉树林带的声衰减值为 2.8dB/10m；槐树林带的声衰减值为 3.5dB/10m；高 30cm 的草地的声衰减值为 0.7dB/10m。阔叶林带的声衰减值见表 7-10。

表 7-10　阔叶林带的声衰减值　　　　　（单位：dB/10m）

	250Hz	500Hz	1000Hz	2000Hz	4000Hz	8000Hz
声衰减值	1	2	3	4	4.5	5

7.2.3.7 附加衰减

附加衰减包括声波传播过程中由云、雾、温度梯度、风、地面反射和吸收或近地天气条件导致的声能衰减。然而，环境影响评估通常不考虑由风、云、雾和温度梯度引起的额外衰减。但是，当出现以下情况时，应考虑地面的影响：

（1）预测点距声源 50m 以上。

（2）声源距地面的平均高度和预测点距地面的平均高度小于 3 m。

（3）声源和预测点之间的地面覆盖着草和灌木。

地面效应引起的附加衰减量可按下式计算：

$$A_{exc} = 5\lg \frac{r}{10} \tag{7-29}$$

在实际应用中，无论传播距离多远，附加地面衰减的上限为 10dB。如果噪声屏障和接地效应同时存在，则总数有上限，上限值为 25dB。

7.3 噪声环境现状评价

7.3.1 噪声环境现状评价内容

（1）评价区内噪声敏感点分布及现有保护目标，噪声源与建设项目的方位、距离、高差，噪声环境功能区划分等，结合表格、图表和说明性文字。

（2）评价区内现有噪声源类型和数量、相关噪声级、噪声时空分布特征、主要噪声源等。

（3）各环境功能区噪声级、达标与超标情况，评价区域内工矿企业厂界噪声级、达标与超标及主要噪声源，典型测点昼夜连续监测噪声级。

7.3.2 噪声环境现状评价方法

噪声环境现状评价包括噪声源现状评价和声环境质量现状评价，其评价方法是对照相关标准评价达标或超标情况并分析其原因，同时评价受到噪声影响的人口分布情况，主要的方法有噪声质量等级法和噪声污染指数法。

1）噪声质量等级法

将噪声测量值和平均等效连续 A 声级分成 5 个等级，如表 7-11 所示。根据《声环境质量标准》（GB 3096—2008），交通干线道路两侧昼间的等效连续 A 声级 $L = 70dB(A)$，超过此标准 5dB(A) 即为恶化等级，噪声指数 P_N 可用下式计算：

$$P_N = \frac{L_{Aeq}}{L_0} \tag{7-30}$$

$L_0 = 75\text{dB(A)}$可用于当地环境质量评估。可以根据计算出的 P_N 值对声环境质量进行分类，见表 7-11。

表 7-11　噪声质量等级

类型	分级名	指数 P_N 范围	$L_{Aeq}/\text{dB(A)}$
一	很好	<0.60	<45
二	好	0.60~0.67	45~50
三	一般	0.67~0.75	50~56
四	坏	0.75~1.0	56~75
五	恶化	>1.0	>75

2）噪声污染指数法

噪声污染指数 NPI 按下式计算：

$$\text{NPI} = \frac{L_{Aeq}}{\text{SN}} \qquad (7\text{-}31)$$

式中，L_{Aeq} 为测得所在区域的平均等效连续 A 声级；SN 为该评价区域的环境噪声标准；NPI 为噪声污染指数，NPI<1.0，被认为符合标准（表 7-12）。

表 7-12　噪声污染指数与污染级别关系

污染级别	噪声污染指数	污染级别	噪声污染指数
符合标准	<1.0	中度污染	1.07~1.13
轻度污染	1.01~1.06	重度污染	>1.13

7.3.3　噪声和噪声评价量

环境噪声现状量就是现状的评价量，为等效连续 A 声级（L_{Aeq}），较高声级的突发噪声测量包括最大 A 声级（L_{Amax}）及噪声持续时间，如机场飞机噪声的现状测量量为计权等效连续感觉噪声级（L_{WECPN}）。

噪声源的测量量有倍频带声压级、总声压级、A 声级或声功率级等。对较特殊的噪声源（如排气放空）应同时测量声级的频率特性和 A 声级，对脉冲噪声应同时测量 A 声级和脉冲周期。

7.3.4　噪声环境评价

7.3.4.1　工业企业噪声源的评价

1）噪声现状调查

测量时，天气应正常，风力在 4 级以下，排除正常工厂生产、施工等噪声，同时，排除意外汽车噪声（不包括交通道路噪声）。需要根据实际情况，将测量时间分为昼 16h 和夜 8h

两个阶段，每个监测阶段选择合适的时间。如果使用积分声级计在白天 16h 内进行测量，建议测量三次，每次 30min。如果使用积分声级计在夜晚 8h 内进行测量，建议测量两次，每次 30min。要获得稳定的噪声源，应该每次至少测量一个昼夜，随机噪声源应测试 5 天 5 夜。

对于工业企业的噪声测量，应避免工厂围栏和墙壁的反射和屏蔽效应。声音模拟器应安装在工厂围栏上方 1m 处。测量点之间的距离一般为 10～20m。如果相邻两个点的噪声值差值大于 5dB，则增加监测点，直到差值小于 5dB。为了评估整个工厂对环境的影响，应根据平均 L_{Aeq} 沿工厂边界将测量点排列成环形。对于厂房对居民区影响的评估，测点位置于实际影响边界上，不必对所有厂房边界进行测量。最好对工厂休息日的环境背景进行比较和监测。

2）居民主要反应调查

应对受影响设施、学校、医院和文化机构中的老年人、年轻人、儿童和患者进行调查和访问。研究内容包括受试者在不同时间段内对噪声的感知，以及噪声对受试者睡眠、听力和其他健康的影响。

3）噪声源调查

调查特定范围内的噪声源，根据其分布测量噪声强度，找出主要污染源。

4）评价方法

通过对工厂噪声污染源的调查和工厂噪声对周围环境影响的调查，可以得出噪声环境质量现状的结论。厂区噪声评估一般是评定厂界外 1m 处的噪声是否符合《工业企业厂界环境噪声排放标准》（GB 12348—2008）。

噪声超标值的计算公式为

$$P = L_A - L_0 \tag{7-32}$$

式中，P 为噪声超标值 [dB(A)]；L_A 为某点测量的 A 声级 [dB(A)]；L_0 为执行的厂界噪声标准值 [dB(A)]。

如果工厂噪声对周围环境产生重大影响，必须采取一定的治理措施，包括控制主要污染源和放置其他隔声设施，以达到工厂噪声标准。

7.3.4.2 城市环境噪声评价现状

在城市环境噪声污染评估中，采用噪声等级质量法，测点的选择应为：将城市划分为 250m×250m 的小网格，选择网格中心的测点。如果中心位置不适合测量，测点可以移动到附近适合测量的位置。测量网格也可以按 500m×500m 的面积划分，但网格总数不能少于 100 个，不然会影响测量的准确性，可以提前确定等效连续 A 声级的参考值 L_0。将测量得到的平均等效连续 A 声级 L_{Aeq} 除以参考值，得到污染指数 P_N，从而可以评估噪声的质量。

7.3.4.3 城市道路交通噪声现状评价

道路交通噪声评价常用的评价量为 L_{Aeq}、L_{NP} 和道路交通噪声指数 TNI。
道路交通噪声指数 TNI 是一个综合指数，计算公式为

$$TNI = 4(L_{10} - L_{90}) + L_{90} - 30 \qquad (7\text{-}33)$$

TNI 强调了 L_{10} 和 L_{90} 的差值，即噪声波动对人的健康的影响。

7.4　噪声环境影响评价内容

7.4.1　声环境影响评价的基本任务

声环境影响评价的基本任务是评估建设项目声环境质量变化和室外噪声对需要安静的建设项目的影响，将噪声污染降低到可接受的水平，提出合理可行的防治措施。从声环境影响方面评估建设项目实施的可行性，为建设项目的选址、路线选择、合理布局和城市规划优化提供科学依据。

7.4.2　噪声评价工作等级划分

根据拟建项目（大、中、小项目）的投资规模、噪声源的类型和数量、噪声强度以及声源所在区域的声学功能要求，进行噪声评价工作。它分为三个层次。

对大中型建设项目，如果其评估区内或边界外附近存在符合《声环境质量标准》（GB 3096—2008）规定的 0 类及以上标准的目标，如文教区、温泉疗养院、医院、风景名胜区、名胜古迹等特别安静或噪声限制区，或环境噪声应小于 45～55dB(A)的区域，评价工作必须按照一级评价进行。

对于大中型建设项目，如果其评价区内或边界附近有适用于《声环境质量标准》（GB 3096—2008）中规定的 1、2 类标准的地区，或者要求环境噪声在 55～60dB(A)以下的区域，评价工作应按二级评价进行。

如果评价的是处于适用《声环境质量标准》（GB 3096—2008）中规定的 3 类标准以上地区的中型建设项目，或者是适用《声环境质量标准》（GB 3096—2008）中规定的 1、2 类标准地区的小型建设项目，评价工作应按三级评价进行。

建设项目环境噪声影响评价的工作等级要求见表 7-13。

表 7-13　建设项目环境噪声影响评价的工作等级要求

建设项目	评价工作等级			
	敏感地区		非敏感地区	
	大中型	小型	大中型	小型
机场	1	—	1	—
铁路	1	—	2	—
高速公路	1	—	2	—
公路干线	1	2	2	3
港口	1	2	2	3
工矿企业	1	2	2	3

7.4.3　评价工作深度

7.4.3.1　一级评价的工作深度

调查的所有项目均应在现场进行测量，并对噪声源的强度进行逐点检测和计数。制造商提供的测试数据可用于最终设备。整体噪声暴露图表按车间或工段绘制。评价阶段：评价项目要完成，图表要完整，预测计算要详细，预测范围要能覆盖所有敏感目标区域，绘制等声级曲线。制订噪声防治措施方案，内容要具体、实用，对环境保护工程的设计有帮助。

7.4.3.2　二级评价的工作深度

目前的调查项目主要以实际测量为基础，可以利用一些现有的测试数据。噪声源的强度可以通过与现有数据类比来计算。评价阶段：评价项目比较齐全，预测计算比较详细，需要绘制整体声级曲线。提出噪声防治措施，为环保工程设计提供参考资料。

7.4.3.3　三级评价的工作深度

现状调查主要是收集现有数据，并对噪声源的强度进行统计。不作影响评估，只有影响分析。建议的噪声防治措施必须是可行的。

7.4.4　噪声环境影响评价重点说明

7.4.4.1　评价工作程序

环境噪声影响评价的工作程序如图7-3所示。

7.4.4.2　评价时段

根据建设项目实施过程中噪声的影响特点，按施工期和运行期分别开展声环境影响评价。运行期声源为固定声源时，应将固定声源运行期作为环境影响评价时段；运行期声源为流动声源时，应将工程预测的代表性时段（近期、中期、远期）分别作为环境影响评价时段。

7.4.4.3　评价范围

环境噪声影响评价范围根据评价工作水平确定。对于工矿企业，一级评价范围通常

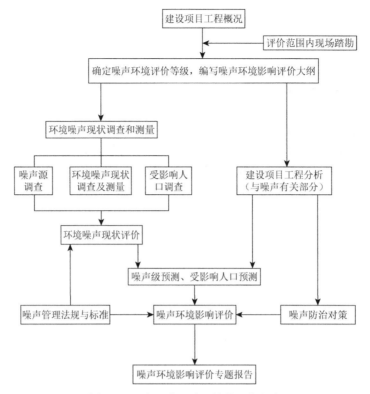

图 7-3　噪声环境影响评价的工作程序

为厂界外 200m，二级、三级范围可根据实际情况适当缩小。如果边界附近有敏感目标，则应适当扩大，一般延长 100～300m。对于线状源（如铁路、公路等）建设项目，一级评价范围为两侧 200m。可根据几条道路的实际情况，适当缩小等级评定范围。评价中仅选取具有代表性的区域（如沿线镇、村等）作为主要评价区域，不要求全线评价。对于机场建设项目，一级评估的范围是通用的。主航道下距跑道两端 10～15km，横向 2～3km，可适当缩小 2、3 级的评价范围。

7.4.4.4　基础资料的收集

评估所需的基本信息包括项目概况、噪声源声学数据以及自然环境条件三部分。

（1）项目概况包括建设项目类型、建设规模、设计方案、制造方式、设备类型及数量、机械化设备水平、自动化水平、占地面积、从业人员人数、运输方式、车辆流量。

（2）噪声源声学数据：重点采集发声机器（如机车、飞机等）的声功率级等声学参数。

（3）自然环境条件：重点了解社会结构、区域经济发展现状及规划、人口分布、地理环境、气象条件以及评价区周围需要重点保护的敏感对象和区域等。

7.4.4.5　噪声现状调查

对于扩建项目，需要调查现有车间和厂区的噪声条件，对于新项目，需要调查厂界和评估区域内的噪声水平。可依据《铁路边界噪声限值及其测量方法》(GB 12525—1990)、《机场周围飞机噪声环境标准》(GB 9660—1988)以及《机场周围飞机噪声测量方法》(GB 9661—1988)进行。

1) 现有车间的噪声现状调查

重点调查 85dB(A)以上的噪声源，采用精密声级计或积分式声级计作为测量仪器。

2) 厂区噪声水平调查

使用点阵法将方格划分为 10~50m（院子内每 50~100m）的间隔，以每个方格的中心为测量点。如果它不适合测量，可以测量它旁边的位置。靠近敏感点和噪声源的监测点需要加密。

在正常生产阶段需要选择无雨无雪天气进行监测。监测时，将传声器放置在离地面 1.2m 以上的高度。如果风力超过三级，应加装挡风玻璃，大风天气应停止监测。

如果在测量过程中发现两个测量点的声级差大于 5dB(A)，则需要在中间增加一个监测点。

所有监测点的数据都应直接标记在厂区平面分布图的方格网坐标上，供数据处理使用。

3) 厂界噪声水平调查

采用点阵法进行厂界噪声水平调查。监测点间距，小工程 50~100m，大工程 100~300m。如果厂界有围栏，监测点应在墙内 3.5m（或围栏上方 1m）。可能对工厂外部产生重大影响的区域应作为监测的重点。

4) 生活居住区噪声水平调查

将生活居住区分为 250m×250m 的网格，在每个网格的中心设置一个监测点。如果该监测点不适合测量，可以将监测点移到一边。

若居住区受交通噪声影响，应在距主要交通干线及交通要道两侧建筑物 1m 处增加适当数量的监测点，同时应记录交通流量。居住区为特殊居住区或噪声敏感区的，应昼夜 24h 连续监测，提供昼夜相同的声级。

5) 数据处理

所有背景噪声调查数据均应按有关评价量的计算公式进行数据计算和处理，并以列表的形式给出计算结果。

7.4.4.6 环境噪声影响预测

1) 预测范围和预测点布设原则

噪声预测范围应与评价范围相同，预测点应包括建设项目厂界（或场界、边界）和评价范围内的敏感目标。

2) 预测步骤

(1) 建立坐标系，确定各声源坐标和预测点坐标，并根据声源性质以及预测点与声源之间的距离等情况，将声源简化成点声源或线声源或面声源。

(2) 根据已获得的噪声源噪声级数据和声波从各声源到预测点的传播条件，计算出噪声从各声源传播到预测点的声衰减量，由此计算出各声源单独作用于预测点时产生的 A 声级（L_{Ai}）。

（3）预测点声级的计算。首先，根据下式计算声源作用于预测点时的等效连续 A 声级贡献值（L_{eqg}）：

$$L_{eqg} = 10\lg\left(\frac{1}{T}\sum_i t_i 10^{0.1L_{Ai}}\right) \tag{7-34}$$

式中，T 为预测计算的时间段（s）；t_i 为 i 声源在 T 时段内的运行时间（s）。

然后，将计算结果与预测点的背景值（L_{eqb}）按下式叠加，即得到预测点的预测等效连续 A 声级（L_{Aeq}）：

$$L_{Aeq} = 10\lg(10^{0.1L_{eqg}} + 10^{0.1L_{eqb}}) \tag{7-35}$$

为了比较敏感点噪声水平的变化，通常会在与当前监测点相同的位置选择影响预测的声音点。对于新建项目，还需要在住宅规划区和噪声敏感点设置受声点。每个声音点的噪声预测值是背景噪声值和新加入的噪声值的叠加。对于重建和扩展项目，如果拆除一个声源，则需要相应地减少。

3）工矿企业噪声预测模型

$$L_{Pn} = L_{Wi} - TL + 10\lg\left(\frac{Q}{4\pi r_{ni}^2}\right) - M\frac{r_{ni}}{100} \tag{7-36}$$

式中，L_{Pn} 为第 n 个受声点的声级 [dB(A)]；L_{Wi} 为第 i 个噪声源的声功率级 [dB(A)]；TL 为厂房维护结构的隔声量 [dB(A)]；r_{ni} 为第 i 个噪声源到第 n 个受声点的距离（m）；Q 为声源指向性因数；M 为声波在大气中的衰减值[dB(A)/100m]。

4）铁路噪声预测模型

目前比较常用的铁路环境噪声的预测方法有比例预测法、模型预测法和图形叠置法（图形叠置法未在此节具体展开）（杨晓宇等，2004）。

（1）比例预测法。

该方法主要针对扩建工程，以现状监测数据为基础进行预测。

$$L_{eq2} = L_{eq1} + 10\lg\frac{N_2 L_2}{N_1 L_1} + \Delta L \tag{7-37}$$

式中，L_{eq1} 为扩建前某预测点的等效连续 A 声级 [dB(A)]；L_{eq2} 为扩建后某预测点的等效连续 A 声级 [dB(A)]；N_1 为扩建前列车通过次数；N_2 为扩建后列车通过次数；L_1 为扩建前列车平均长度（m）；L_2 为扩建后列车平均长度（m）；ΔL 为铁路状况或线路结构变化引起的声级变化量 [dB(A)]。

（2）模型预测法。

模型预测法的基本思路是把评价项目看作一个由多个声源组成的复合声源。

每个点声源对受声点的声级为

$$L_P = L_{P0} - 20\lg\frac{r}{r_0} - \Delta L \tag{7-38}$$

式中，L_{P0} 为参考位置处的声级（dB）；r 为受声点与点声源之间的距离（m）；r_0 为参考位置与点声源之间的距离（m）；ΔL 为附加衰减量。

每个线声源对受声点的声级为

$$L_P = L_{P_0} - 10\lg\frac{r}{r_0} - \Delta L \tag{7-39}$$

多个声源共同作用的总等效连续 A 声级为

$$L_{\mathrm{Aeq}} = 10\lg\left(\sum_{i=1}^{n} 10^{0.1L_{eqi}}\right) \tag{7-40}$$

5）公路噪声预测模型

公路噪声与机动车类型、路面行驶速度等因素有关。表 7-14 给出了机动车的分类。

表 7-14　机动车分类

车型	标定载重	标定座位
小型车	2t 以下货车	19 座以下客车
中型车	2.5～7.0t 货车	20～49 座客车
大型车	7.5t 以上货车	50 座以上客车

对于不同类型的车辆，距道路中心 7.5 m 处的平均辐射噪声级为

小型车：$L_{\mathrm{S}} = 59.3 + 0.23V$

中型车：$L_{\mathrm{M}} = 62.6 + 0.32V$

重型车：$L_{\mathrm{H}} = 77.2 + 0.18V$

式中，V 为车辆平均行驶速度（km/h）。

如果设计车速为 100km/h、120km/h，则 V 被认为是设计车速的 65%；如果设计车速为 80km/h，则 V 被认为是设计车速的 90%；如果设计车速为 60km/h，则 V 被认为是设计车速的 100%。各类车型在受声点处的噪声为

$$L_{\mathrm{eq}i} = L_i + 10\lg\left(\frac{Q_i}{V_i T}\right) + K\lg\left(\frac{7.5}{r}\right)^{1+\alpha} + \Delta S - 13 \tag{7-41}$$

式中，$L_{\mathrm{eq}i}$ 为第 i 类车辆在受声点处的噪声级［dB(A)］；L_i 为第 i 类车辆距行驶路面中心 7.5m 处的平均辐射噪声级（dB）；Q_i 为第 i 类车辆的车流量（辆/h）；V_i 为第 i 类车辆的平均行驶速度（km/h）；T 为评价小时数，取 $T=1$；r 为受声点距路面中心的距离（m）；K 为车流密度修正系数，按线-点声源考虑，取 10～20；α 为地面吸收、衰减因子；ΔS 为附加衰减，含路面性质、坡度及屏障等影响。

各类车辆总和在受声点处的噪声预测值为

$$L_{\mathrm{Aeq}} = 10\lg\left(\sum_{i=1}^{n} 10^{0.1L_{eqi}}\right) \tag{7-42}$$

6）机场噪声预测模型

采用计权等效连续感觉噪声级（weighted equivalent continuous perceived noise level，WECPNL）表示：

$$WECPNL = \overline{EPNL} + 10\lg\left(N_1 + 3N_2 + 10N_3\right) - 39.4 \qquad (7\text{-}43)$$

式中，$\overline{EPNL}$ 为 N 次飞行的有效感觉噪声级的平均值（dB）；N_1 为白天的飞行次数；N_2 为傍晚的飞行次数；N_3 为夜间的飞行次数。其中，

$$\overline{EPNL} = 10\lg\left(\frac{\displaystyle\sum_{i=1}^{n}10^{0.1EPNL_i}}{N}\right) \qquad (7\text{-}44)$$

$EPNL_i$ 为第 i 次飞行的有效感觉噪声级（dB）。

7.4.4.7 环境噪声影响评价工作内容

1）环境噪声影响评价的基本内容

环境噪声影响评价的内容主要包括以下六个方面（陆雍森，1999；郑铭，2003；周国强，2009）：

（1）根据建设项目噪声预测结果和环境噪声标准，对拟建项目在建设和运营阶段的噪声影响程度和超标情况进行评价。

（2）分析受噪声影响人口的分布情况（包括对超常和未超常噪声影响人口的分析）。

（3）分析拟建项目的噪声源、造成超标的主要噪声源及主要原因。

（4）分析拟建项目选址、设备布置以及设备选型的合理性，分析噪声防治措施在建设项目设计中的适用性和防治效果。

（5）为使拟建项目的噪声达到标准，评价必须提出适用于本项目的附加噪声防治措施，并分析其经济和技术可行性。

（6）为拟建项目提交噪声污染控制、噪声监测和城市规划建议。

2）噪声防治措施

在噪声环境影响评价中，噪声防治措施如下。

（1）从声源上降低噪声。

从声源上降低噪声是将产生响亮声音的设备更改为几乎不产生声音的设备，具体措施如下。

通过改进机械设计降低噪声，如在机械设计制造过程中选用低噪声材料制造零件、改进设备结构和外形、改进传动装置以及选用已有的低噪声设备都可以降低声源的噪声。

通过改革工艺和操作降低噪声，如用压力打桩机代替柴油打桩机、更换铆钉进行焊接、用液压代替锻造等。

使设备保持良好的工作状态。如果设备工作不正常，噪声往往会增加。

（2）在噪声传播途径中降低噪声。

降噪是噪声传播方法中常用的一种噪声预防和控制方法，目的是使噪声敏感地区达到噪声标准。具体措施如下："噪声隔离"和"合理布局"，以及尽量远离高噪声设备的噪声敏感区；使用自然地形物体（如山丘、土坡、地堑、围栏等）来降低噪声。合理布局噪声敏感区建筑功能，合理调整建筑布局。也就是说，使对噪声不敏感的建筑物和

房间靠近或面向噪声源。有降噪、声源隔振和隔振措施等声学控制措施以及吸声和隔声等附加措施的传播路径。

噪声防治措施的选择必须坚持适宜性、针对性、经济合理性和技术可行性的原则。

3）评价结论

在采取影响预测、评估和具体防控措施后，确定拟建项目的推荐环境噪声影响可接受、可行或不可行。

思 考 题

1. 简述噪声污染的特点。

2. 噪声源分为哪些类型？

3. 声压级、声强级和声功率级之间有何关系？

4. 噪声污染的危害主要有哪些？

5. 怎样进行噪声环境影响的预测？

6. 噪声环境影响评价需要重点说明的问题有哪些？

7. 某工程拟建设两个有噪声源的设备，计划源强分别为 88dB(A)和 90dB(A)，若在同一房间内出现两个噪声源，且该房间距厂界处的距离为 50m，厂界的现状监测平均值为 56dB(A)。请问：①该工程对厂界的贡献值是多少？②该工程投产后厂界的噪声值是多少？

8. 某工厂三台风机单独启动时产生的噪声分别为 72dB(A)、74dB(A)和 68dB(A)，试计算三台风机同时启动时的噪声声级。

9. 三台风扇出厂启动时产生的噪声分别为 72dB(A)、74dB(A)和 68dB(A)，问三台风扇同时启动时的噪声水平。

10. 厂内距风机排风口 1m 噪声级为 90dB(A)，厂外噪声标准值为 60～90dB(A)，工厂围护结构与锅炉房之间的最小距离是多少？

扫二维码查看本章学习
重难点及思考题与参考答案

8 固体废物环境影响评价

8.1 概　　述

8.1.1 固体废物定义

固体废物是指在生产、生活和其他活动中产生的丧失原有利用价值或者虽未丧失利用价值却被抛弃或者放弃的固态、半固态、置于容器中的气态的物品、物质，以及法律、行政法规规定纳入固体废物管理的物品、物质。

8.1.2 固体废物的特点

1）"资源"和"废物"的相对性

固体废物具有鲜明的时空特征，是一种放错地方的资源（李国学，2005；蒋建国，2008）。从时间的角度看，固体废物受目前的科技水平、经济水平限制暂且不能被利用，但随着时间的推移，科技和经济的发展导致资源供给落后于人类需求，今天的垃圾必然会成为明天的资源。从空间的角度看，废物并不是在所有过程和方面都没有价值，它仅在某些过程和方面没有价值。一个过程产生的废物通常可用作另一个过程的原料。

2）富集"终态"和污染"源头"的双重性

与废水、废气不同，固体废物是由许多污染物富集形成的"终态"物质，且在长期自然因素的作用下，固体废物中的有害成分将再次转移到大气、水体和土壤中，成为环境污染的"源头"（柳知非等，2017）。

3）危害的潜在性、长期性与灾难性

固体废物扩散性小，特别是危险废物具有不可稀释性。固体废物中的污染成分通过在水体、大气、土壤中缓慢迁移，进而对环境造成影响。其中，危险废物的污染成分在环境中经迁移转化后的危害性更大，因其迁移过程缓慢，危害性一般需经较长的时间才会表现出来，且一旦发现大多难以修复（刘晓东和王鹏，2021）。

8.1.3 固体废物的分类

固体废物种类繁多，分类方法也有所不同，可依据其污染特性与来源进行不同的分类，具体分类方法如下。

根据污染特性固体废物可分为一般工业固体废物和危险废物。其中，一般工业固体废物又可分为Ⅰ类和Ⅱ类。

1）一般工业固体废物

一般工业固体废物是指未列入《国家危险废物名录》，或依据国家危险废物鉴别标准确定的不具有危险特性的工业固体废物。可将其分为两类。

第Ⅰ类一般工业固体废物是指依照《固体废物　浸出毒性浸出方法　水平振荡法》（HJ 557—2010）规定的方法进行浸出试验而获得的浸出液中，任何一种污染物的浓度都未超过《污水综合排放标准》（GB 8978—1996）中的最高允许浓度，且 pH 在 6～9 的一般工业固体废物。

第Ⅱ类一般工业固体废物是指依照《固体废物　浸出毒性浸出方法　水平振荡法》（HJ 557—2010）规定的方法进行浸出试验而获得的浸出液中，有一种或多种污染物浓度超过《污水综合排放标准》（GB 8978—1996）中的最高允许浓度，或 pH 在 6～9 以外的一般工业固体废物。

2）危险废物

危险废物是指除放射性废物外，具有腐蚀性、毒性、易燃性、反应性、传染性，可能对人类生活环境产生危害的废物。《中华人民共和国固体废物污染环境防治法》中对危险废物的定义是列入国家危险废物名录或者根据国家规定的危险废物鉴别标准和鉴别方法认定的具有危险特性的固体废物。

根据来源又可将固体废物分为城市固体废物、工业固体废物与农业固体废物。

1）城市固体废物

城市固体废物是指人们在日常生活及某些商业活动或市政建设等活动过程中产生的废物，一般分为以下几类。

（1）生活垃圾，包括厨余垃圾、废家具、废电器、废纸、废玻璃、废砖头等。

（2）商业固体废物，包括废弃的主副产品、废包装材料等。

（3）城建渣土，包括混凝土碎块、碎石、废砖瓦、渣土等。

（4）粪便，现阶段我国城市下水处理设施少，对于粪便的处理需通过及时收集和清运来实现。

2）工业固体废物

工业固体废物是指在工业生产活动中产生的固体废物，可分为以下几类。

（1）矿业固体废物，包括采矿废石及选矿过程中剩下的尾矿。

（2）能源工业固体废物，包括燃煤电厂产生的粉煤灰、炉渣、烟道灰，采煤及洗煤过程中产生的煤矸石等。

（3）冶金工业固体废物，包括在炼铁炼钢及其他金属冶炼过程中产生的各种炉渣、钢渣及金属废渣等。

（4）石油化学工业固体废物，包括石油及其加工过程中产生的污泥和废渣及其在后期生产应用过程中产生的废物。

（5）轻工业固体废物，包括食品加工、造纸、皮革生产等轻工业生产过程中产生的污泥、废纸及动物残留物等废物。

（6）其他工业固体废物，包括机械加工过程产生的污泥、废渣、废料等。

3）农业固体废物

农业固体废物是指在农业生产、畜禽养殖、农副产品加工过程中产生的废物，包括农作物秸秆、农用薄膜、畜禽粪便等。

8.1.4　固体废物对环境的影响

1）对大气环境的影响

固体废物在堆置过程中，受不同条件的影响，将产生一些粉尘对空气造成污染。同时，在一定条件下，一些有机物会被微生物分解，生成有害气体，对局部空气造成污染。此外，随着焚烧技术的不断普及，因焚烧产生的污染物对大气也有一定的影响。

2）对水环境的影响

固体废物排入水体，会对水质造成影响，使其很难被利用。同时，水体中的生物也会大量死亡，水质持续恶化。

3）对土壤环境的影响

固体废物在堆积过程中，受气候条件及地表径流的影响，其中的有害成分会渗透到土壤中，破坏土壤的结构及性能，对土壤中的微生物造成威胁，影响其降解能力。在这样的土壤环境下，很难有植被生存。

8.1.5　固体废物产生量预测

固体废物产生量包括：建筑垃圾产生量、生活垃圾产生量及工业固体废物产生量。各部分废物产生量的计算公式如下。

1）建筑垃圾产生量

通过建筑面积发展预测法对建筑垃圾产生量进行计算，计算式为

$$J_s = \frac{Q_s \times D_s}{1000} \qquad (8\text{-}1)$$

式中，J_s 为年建筑垃圾产生量（t）；Q_s 为年建筑面积（m²）；D_s 为年单位建筑面积垃圾产生量（kg/m²）。

2）生活垃圾产生量

通过人口发展预测法对生活垃圾产生量进行计算，计算式为

$$W_s = \frac{P_s \times C_s}{1000} \qquad (8\text{-}2)$$

式中，W_s 为年生活垃圾产生量（t/a）；P_s 为年施工人员数（人）；C_s 为人均生活垃圾产生量[kg/(人·a)]。

3）工业固体废物产生量

结合具体的工程分析工业固体废物产生量，采用现场调查或类比分析等手段进行预测。

8.2　固体废物环境影响评价的标准

固体废物环境影响评价的标准主要包括：《生活垃圾填埋场污染控制标准》（GB 16889—2008）、《一般工业固体废物贮存和填埋污染控制标准》（GB 18599—2020）、《危险废物填埋污染控制标准》（GB 18598—2019）、《危险废物焚烧污染控制标准》（GB 18484—2020）、《危险废物贮存污染控制标准》（GB 18597—2023）。

1）《生活垃圾填埋场污染控制标准》简介

该标准适用于生活垃圾填埋处理场所，不适用于工业固体废物及危险废物的处置场所。

生活垃圾填埋的污染控制项目可分为大气污染控制项目与垃圾渗滤液排放控制项目。其中，大气污染物控制项目有总悬浮颗粒物（TSP）、氨、硫化氢、甲硫醇、臭气浓度；垃圾渗滤液排放控制项目有悬浮物（SS）、化学需氧量（COD）、生化需氧量（BOD_5）及大肠菌值。在对其进行选址时需满足以下要求：

（1）在当地夏季主导风向的下风向。

（2）与人畜栖息地距离大于500m。

（3）满足当地城乡建设要求，并严格遵守当地的环保政策。

（4）远离居民密集居住区。

（5）避开经国务院等权威机构规定的需要特别保护的地区。

（6）禁止建设在直接通向航线的地区。

（7）不可选在地下水的补给区、洪泛区、污泥区。

（8）避开因地壳活动所导致的断裂带及地下含有矿产资源的地带。

2）《一般工业固体废物贮存和填埋污染控制标准》简介

该标准规定了一般工业固体废物贮存场、填埋场的选址、建设、运行、封场、土地复垦等过程的环境保护要求，替代贮存、填埋处置的一般工业固体废物充填及回填利用环境保护要求，以及监测要求和实施与监督等内容。该标准适用于新建、改建、扩建的一般工业固体废物贮存场和填埋场的选址、建设、运行、封场、土地复垦的污染控制和环境管理，现有一般工业固体废物贮存场和填埋场的运行、封场、土地复垦的污染控制和环境管理，以及替代贮存、填埋处置的一般工业固体废物充填及回填利用的污染控制及环境管理。针对特定一般工业固体废物贮存和填埋发布的专用国家环境保护标准的，其贮存、填埋过程执行专用环境保护标准。采用库房、包装工具（罐、桶、包装袋等）贮存一般工业固体废物过程的污染控制，不适用该标准，其贮存过程应满足相应防渗漏、防雨淋、防扬尘等环境保护要求。

3）《危险废物填埋污染控制标准》简介

该标准适用于危险废物填埋场的建设、运行和监管，不适用于放射性废物的处置。在进行填埋场选址时应满足以下要求。

（1）垃圾填埋场场地的选择应满足国家和地方的总体规划要求，场地需位于比较稳定的区域，不受自然和人为因素的破坏。

（2）选址前需进行环境影响评价，并经环保部门批准。

（3）应远离机场、军事基地等重要场所，距离一般在 3000m 以上。

（4）填埋场应选在居民区主导风向的下风向，且与居民区的距离保持在 800m 以上。

（5）填埋场用地与地表水域的距离必须在 150m 以上。

（6）填埋场应尽量选在费用低、运输便利且能保证填埋场正常运行的地区。

（7）填埋场应选在 100 年一遇的洪水区之外。

（8）避免选在自然保护区等特别保护区。

（9）所选择的填埋场应保证其使用面积能够接收 10 年以上的危险废物。

4）《危险废物焚烧污染控制标准》简介

该标准适用于除易爆和具有放射性以外的危险废物焚烧设施的设计、环境影响评价、竣工验收及运行中的污染控制管理。选址时应满足以下要求。

（1）焚烧厂应建设在居民区主导风向的下风向，且与居民区间的距离在 1000m 以上。

（2）焚烧厂不得建设在地表水环境质量Ⅰ类、Ⅱ类功能区及环境空气质量Ⅰ类功能区内。

（3）集中型危险废物焚烧厂应避开人口密集的区域。

8.3 固体废物环境影响评价的主要内容及特点

8.3.1 固体废物环境影响评价的类型与内容

固体废物环境影响评价分为两类。

第一类是对一般工程项目产生的固体废物，从产生、收集、运输、处理到最终处置的环境影响评价。其环境影响评价内容如下。

（1）污染源调查，依据调查结果将含有固体废物名称、数量、形态、成分等内容的调查清单，按一般工业固体废物和危险废物分开列出。

（2）污染防治措施的论证，根据工艺过程、各个产出环节提出防治措施，并对防治措施的可行性加以论证。

（3）提出最终处理措施方案，包括填埋、焚烧、综合利用等。

（4）全过程的环境影响分析包括：①分析固体废物的分类收集及混放对环境的影响；②分析、预测固体废物的种类、产生量及其管理全过程中可能对环境的影响；③分析固体废物在运输、包装过程中，意外泄漏对周围环境的影响。

一般工程项目产生的固体废物，大多来源于收集及运输过程。因此，需通过建立完整的收、贮、运系统，使废物处理设备能够稳定运行，且所建立的系统应与处理、处置设施构成一个整体，以便于对其进行环境评价（芈振明等，1993；任芝军，2010）。此外，还应将运输过程中的风险规避作为环评的重要内容，避免运输过程中的环境影响。

第二类是对处理、处置固体废物设施建设项目的影响评价。主要根据处理、处置的技术特点及《建设项目环境影响评价技术导则 总纲》（HJ 2.1—2016）中的污染控制标准进行环境影响评价。在进行预测分析时，需充分分析和预测固体废物在堆积、贮存、转移和最终处置过程中，可能会对大气、水体、土壤造成的污染及对人体和生物造成的危害，避免二次污染。

8.3.2　固体废物环境影响评价的特点

（1）因固体废物的形态特征，在对其进行评价时应关注对环境的实际危害而非潜在危害。

（2）固体废物的环境影响评价与废水、废气不同，因固体废物种类多样且成分复杂，一般很难获取确定的源参数，数学模型等评价方法对其而言是行不通的。

（3）固体废物通过水体、大气、土壤等介质危害环境，也决定了其难以直接评价。

8.4　垃圾填埋场环境影响评价

8.4.1　主要污染源

（1）渗滤液：城市生活垃圾填埋场的渗滤液多为有机废水，因污染浓度高，性质的波动范围一般都比较大。其 pH、COD、BOD_5 的波动范围分别为 4～9、2000～62000mg/L、560～45000mg/L，同时 BOD_5/COD 值较低，可生化性差。因此，在评价时应选择具有代表性的数值。通常依据垃圾填埋场填埋时间的不同，可将渗滤液分为两类。其中，填埋时间小于 5 年的填埋场称为"年轻"填埋场，其渗滤液的 pH 低、BOD_5 和 COD 浓度高、色度大、BOD_5/COD 比值高、各类重金属离子浓度也高。而填埋时间超过 5 年的填埋场称为"年老"填埋场，其渗滤液的 pH 接近中性或弱碱性、BOD_5 和 COD 浓度低、BOD_5/COD 比值低、各类重金属离子浓度较"年轻"填埋场低，可生化性较差。

（2）填埋气体：垃圾填埋气体包括主要气体和微量气体。其中，主要气体为甲烷和二氧化碳，同时包括少量的一氧化碳、氢气、硫化氢、氨气、氮气、氧气等。微量气体则主要来源于填埋场中由工业废物释放的挥发性有毒气体。城市生活垃圾填埋所产生的主要气体为甲烷、二氧化碳、氮气、氧气、硫化物、氨气、氢气、一氧化碳，其体积分数分别为 45%～50%、40%～60%、2%～5%、0.1%～1.0%、0%～1.0%、0.1%～1.0%、0%～0.2%、0%～0.2%。微量气体的体积分数为 0.01%～0.6%。通过大量取样分析发现，填埋场释放气体中的有机成分高达 116 种，且大部分为挥发性有机物（VOCs）。

8.4.2　主要环境影响

垃圾填埋场在运行过程中的主要环境影响有（王琪，2006）：①填埋场释放气体长期存在于空气中，会对大气质量造成一定影响，同时一些具有爆炸性的气体容易发生爆炸，也会对公共安全造成威胁；②填埋场中渗滤液泄漏会对水体造成污染；③填埋场在运行过程中会产生噪声污染；④填埋场中的垃圾会对周边环境造成影响；⑤填埋场中垃圾的堆积可能会造成崩塌等潜在危害，对周围的地质环境也有一定影响；⑥填埋场因垃圾的堆积，会吸引大量蚊虫，这些蚊虫可能会传播疾病；⑦封场后填埋场表面用于修复的植被可能会受垃圾的污染。

8.4.3　主要工作内容

根据填埋场建设及其污染特点，环境评价工作具有多而完整的特点，主要工作内容如下。

1）场址合理性论证

场址选择作为评价的关键，应保证所选场址满足当地城乡建设的要求，且具有一定的合理性，以便解决环境评价工作中存在的问题。一般可根据场址的自然条件，同时选择多个场址，再对照国家标准筛除掉部分场址，经过一系列的评价对比最终选出优化场址。此外，在选址过程中应特别关注场址的地质条件与自净能力等，以避免垃圾渗滤液带来的污染。

2）环境质量现状调查

选址完成后，通过搜集资料及现场监测的方法，对场地及其周围的环境质量进行评价，来评判当前的环境条件是否满足生活垃圾填埋场的建设要求，同时将评价结果作为生活垃圾填埋场建设前的本底值。

3）工程污染因素分析

在垃圾填埋场建设过程中，应考虑其可能产生的污染源及污染物。重点考虑运营期间所产生的污染源及污染物，并从中获得污染物的种类、数量、排放方式等信息。在建设初期主要的污染源为场地的生活污水、施工机械所产生的噪声及其振动导致的二次扬尘等。而运营期间主要的污染源为垃圾渗滤液、释放的气体、恶臭、噪声等。

4）大气环境影响预测与评价

大气环境影响的预测主要针对在填埋过程中所产生的气体与臭气，对其可能对环境造成的影响进行预测。首先，预测和评价填埋释放气体能否被利用，若无法利用需采取何种处理方法，以及处理过程中可能对环境造成的影响。然后，需预测垃圾在填埋、运输过程中，以及填埋场封场后散发的恶臭对周围环境的影响，并根据不同时间段垃圾的组成预测臭气的产生部位、种类、浓度及其影响范围和影响程度。

5）水环境影响预测与评价

《生活垃圾填埋场污染控制标准》（GB 16889—2008）中明确了渗滤液处理程度应根据收纳水体的不同而有所区别，从而预测已达标排放的渗滤液对水体的影响，同时预测防渗层遭到破坏后，渗滤液可能对地下水造成的危害。

8.4.4　大气污染物排放源的计算

8.4.4.1　实际产气量计算

在多种因素的共同作用下，垃圾填埋场的实际产气量比理论产气量要小。例如，填埋场中存在的少量难降解物质，因具有惰性会抑制有机物的降解。再如，理论产气量假设了除 CH_4 和 CO_2 之外，无其他含碳化合物产生。但事实上，一些有机物被微生物的生长繁殖所消耗，形成细胞物质。除了这些，像温度、含水率、营养物质等环境条件也会对产气量造成影响。因此，填埋场实际产气量是在理论产气量中去掉微生物消耗部分、难降解部分和各种因素造成产气量损失或者产气量降低部分之后的产气量。

8.4.4.2 产气速率计算

产气速率是指在单位时间内产生的填埋场气体的总量，单位为 m^3/a。

$$q = kY_0 e^{-kt} \tag{8-3}$$

式中，q 为单位气体产气速率 $[m^3/(t·a)]$；Y_0 为垃圾的实际产气量（m^3/t）；k 为产气速率常数（$1/a$）。

8.4.4.3 污染物排放强度

除去已被回收利用或焚烧处理的填埋气体后，剩下的填埋气体排放速率乘以气体中所评价污染物的浓度，则为该种污染物的排放强度，即排放强度 = 排放速率×污染物浓度（张小平，2004）。

8.4.5 渗滤液对地下水污染的预测

渗滤液对地下水污染的影响评价，除了收集常规资料外，还需用数学模型辅助分析。对垃圾填埋场而言，通过降水入渗量及垃圾含水量来估算渗滤液的产生量，进而预测渗滤液对地下水的影响。

8.4.5.1 渗滤液产生量

渗滤液产生量受多重因素影响，因此，在估算时可将整个填埋场剖面的含水率假设在田间持水率以上，然后采用水量平衡法进行计算：

$$Q = (W_p - R - E)A_a + Q_L \tag{8-4}$$

式中，Q 为渗滤液年产生量（m^3/a）；W_p 为年降水量（mm）；R 为年地表径流量（m^3）；$R = C \times W_p$，C 为地表径流系数；E 为年蒸发量（mm）；A_a 为填埋场地表面积（m^2）；Q_L 为垃圾产水量（L/s）。

8.4.5.2 渗滤液渗漏量

对一般的废物堆放场、未设置衬层的填埋场及无渗滤液收排系统的简单填埋场而言，渗滤液渗漏量等于渗滤液通过包气带土层进入地下水的渗滤量。

$$Q_{渗滤量} = AK_S \frac{d + h_{\max}}{d} \tag{8-5}$$

式中，$h_{\max}$ 为填埋场底部最大积水深度，$h_{\max} = L\sqrt{c}\left(\dfrac{\tan^2\alpha}{c} + 1 - \dfrac{\tan\alpha}{c}\sqrt{\tan^2\alpha + c}\right)$，$c = q_{渗滤液}/K_S$，$\alpha$ 为衬层与水面夹角，L 为两个集水管间的距离；d 为衬层的厚度（cm）；K_S 为衬层的渗透系数（cm/s）；A 为填埋场底部衬层面积（m^2）。

由此可见，渗漏速率与多种因素有关，其中的关键因素之一便是衬层的渗透系数。除此之外，渗滤液收排系统的收排效率将直接影响填埋场底部的渗滤液排放，进而影响渗滤液的积水深度，也是需要考虑的因素之一。

8.4.5.3　防治地下水污染的地质屏障和工程屏障评价

为避免废物对周围环境及人类造成影响，需采取一定的屏障保护。其中，为防止地下水受污染而依赖的天然环境地质条件称为天然防护屏障，所采取的工程措施称为工程防护屏障（赵其国等，1997）。

1）污染物的迁移速度

污染物的迁移速度 v' 计算公式如下：

$$v' = \frac{v}{R_d} \tag{8-6}$$

式中，$R_d = 1 + \dfrac{\rho_b}{\varepsilon_e} k_d$，$\rho_b$ 为土壤的堆积容重（g/cm^3），ε_e 为土壤的有效孔隙率（cm^3/cm^3），k_d 为污染物在土壤或水体中的吸附平衡分配系数（mL/g）；v 为渗滤液实际渗流速度（cm/s）。

2）填埋场址地质屏障评价

含水层中的强渗透性地质介质对污染物具有一定的阻滞作用，可通过吸附拦截一定量的污染物，使得有害物质浓度降低。但该阻滞作用受地下径流量的影响较大，同时随着介质表面污染物的增多，介质的吸附能力也会降低。因此，一般不选用强渗透性的含水层介质作为地质屏障。而那些渗透性较弱的黏土、松散的岩石或裂纹不发育的岩石等才是地质屏障的优选。

就包气带而言，其地质屏障作用大小与地质介质对污染物的阻滞能力及污染物在地质介质中的物理衰变、化学或生物降解作用有很大的关系。因此，可将地质介质的屏障作用分为三类：

（1）隔断作用。对于防渗性好的岩石层，可借助地质介质将废物与环境隔断。

（2）阻滞作用。在地质介质中仅发生吸附作用的污染物，迁移速度大大降低，进入环境的时间被延长，但最终依旧会排放到环境中。

（3）去除作用。吸附在地质介质中且发生衰变或降解的污染物，经过足够长的时间后便可穿过介质层达到所需浓度。

3）填埋场工程屏障评价

填埋场工程屏障主要为衬层系统，该系统依据渗滤液的收集系统、防渗系统、保护层、过滤层间的组合不同，可分为单层衬层系统、复合衬层系统、双层衬层系统及多层衬层系统等。作为评价填埋场衬层系统性能的重要指标，渗滤液穿透衬层所需的时间通常应在 30 年以上。

在对填埋场衬层系统进行评价时，应满足如下几点：①填埋场中渗滤液经处理后最终进入渗滤液收集系统；②填埋场气体经控制迁移后，其释放和收集可得到控制；③避免地下水进入填埋场，对渗滤液产生量造成影响。

8.4.6　有毒有害物的排放强度计算

含有有毒有害物质的固体废物直接排入水体，或在堆置过程中受雨水淋溶或地下水浸，而导致废物中的有毒有害成分浸出，造成水体污染。其淋滤液的产生量计算式如下：

$$L = W_{SR} + W_P + W_{GW} + W_D - \Delta S - E \tag{8-7}$$

式中，W_{SR} 为地面水径流量，$W_{SR} = W_P C$，C 为径流常数，一般砂质土 $C = 0.10 \sim 0.15$，黏质土 $C = 0.18 \sim 0.22$；W_P 为降水量，可参照堆置场所的气象资料；W_{GW} 为地下水径流量，$W_{GW} = KA\dfrac{\mathrm{d}h}{\mathrm{d}L}$，$K$ 为堆场底部土壤渗透率，A 为堆场被地下水浸溃的面积，$\mathrm{d}h/\mathrm{d}L$ 为地下水的水力梯度；W_D 为固体废物原有含水量；ΔS 为固体废物在堆置过程中的失水量；E 为蒸发量。

若年淋滤液以 m^3 表示，则可用气象站公布的年均降水量（$\mathrm{m} \times 10^{-1}$）乘以堆置场面积（$\mathrm{m}^2$）得地面水径流量 W_{SR}（m^3）。同样，地下水径流量也以年均流量 m^3 表示。W_D 和 ΔS 都应折算成体积（m^3）表示。

8.4.7　有毒有害物气体的释放

含有有机物和生物病原体的固体废物在堆置过程中，因有机物腐烂变质或厌氧分解而产生恶臭气体污染环境。恶臭气体的挥发速率可通过下式计算：

$$E_r = 2CW\sqrt{\frac{DLu}{\pi F}}\frac{m}{M} \tag{8-8}$$

式中，E_r 为挥发速率（cm^2/s）；C 为化学气体的蒸气压（101.325kPa）；W 为堆场或填埋场的宽度（cm）；D 为扩散速率（cm^2/s）；L 为堆场或填埋场的长度（cm）；u 为风速（cm/s）；F 为蒸汽压校正系数；m 为土壤中挥发性化合物的重量（kg）；M 为土壤与化合物的总重量（kg）。

8.5　固体废物控制及处理处置常用技术方法

8.5.1　固体废物控制的主要原则

固体废物处理是通过物理、化学、生物等不同方法，将固体废物转化为适于运输、贮存、利用和最终处置形态的过程。在此过程中针对不同性质的固体废物，需采用不同的处理原则。当前所采取的固体废物污染防治的原则为"无害化、减量化、资源化"。

（1）无害化是指通过物理、化学、生物等方法对固体废物进行处理，从而降低废物对人类及环境的危害，达到废物稳定化。所涉及的技术有很多，常用的技术有焚烧、填埋、堆肥等。按照固体废物的来源及性质，综合考虑其处理结果和成本，最终选出适合的处理方法。

（2）减量化是指通过适当的技术手段减少固体废物的产生量和排放量。首先，需从"源头"开始治理，通过"绿色技术"及"绿色原料"，降低固体废物的产生量。其次，通过提高产品的质量和寿命，减少废物的累积量。最后，秉着"循环经济"的思想，对已产生的废物进行回收利用。

（3）资源化是指通过对固体废物进行适当的处理，将其作为二次资源或再生资源再利用的过程。可分为以下内容：①物质回收，指从废物中回收指定的物质，作为二次资源加以利用；②物质转换，指将现有的废物加工转换成新形态的物质；③能量转换，指从废物处理过程中回收能量，作为热能或电能使用。

8.5.2　固体废物处理技术

固体废物处理技术是指将固体废物转变为适于运输、利用、贮存或最终处置的技术，主要包括物理处理、化学处理、生物处理、热处理和固化处理等技术。

（1）物理处理：通过浓缩或相关变化改变固体废物的结构，在此过程中固体废物的自身性质不会受到影响。比较常见的物理处理方法有压实、破碎、分选等。

a. 压实指利用压力的作用使固体废物间的空隙减少，体积缩小，容重增大，便于运输、贮存、填埋。多适用于易拉罐这类压缩性大且恢复性小的固体废物，而对玻璃、金属这类较紧实的固体而言，则不宜采用压实处理。

b. 破碎即通过外力克服固体废物间的凝聚力，使其破裂变碎的过程，即将固体废物由大块变为小块。常用的破碎方法有冲击破碎、剪切破碎、挤压破碎、摩擦破碎等。经破碎处理后的固体废物，尺寸与质地都更加均匀，更便于后期的压实处理。一般通过破碎比来衡量破碎程度。破碎比用来表示废物粒度在破碎过程中减少的倍数，可用以下两种方法来衡量。

a）最大粒度法：

$$i = \frac{D_{max}}{d_{max}} \tag{8-9}$$

式中，D_{max} 为破碎前的最大粒度（m）；d_{max} 为破碎后的最大粒度（m）。

b）平均粒度法：

$$i = \frac{D_{ave}}{d_{ave}} \tag{8-10}$$

式中，D_{ave} 为破碎前的平均粒度（m）；d_{ave} 为破碎后的平均粒度（m）。

c）分选指利用物料性质上的差异，采用人工或机械的手段将有用物质筛选出来加以利用，并将不利于后续处理的物质分离出来的过程。包括磁力分选、筛选、重力分选、手工拣选、涡电流分选、光学分选等。

（2）化学处理：通过氧化、还原、中和、化学沉淀等化学方法，使固体废物中的有害成分被破坏，从而达到无害化的过程。但因化学反应过程受条件及因素的制约，化学处理仅适用于处理成分单一或化学性质相似的废物，而那些成分复杂的废物，采用化学处理一般无法达到很好的效果。

（3）生物处理：利用微生物分解固体废物中的可降解有机物，使其无害化或能被综合利用。可分为好氧、厌氧及兼性厌氧处理。经处理后的废物体积减小，成分也更简单，更便于后期的运输、储存、利用与处置。相比于化学处理方法，也更经济实惠。但也存在一定的局限性，如处理时间长、处理效率不稳定等。

（4）热处理：利用高温破坏固体废物的结构及组成，从而达到减容化及无害化的目的。典型的热处理方法有焚烧及热解。

a. 焚烧是通过燃烧固体废物中的可燃性物质使其发生氧化，利用其热能的过程。该处理的优点为占地面积小、处理量大，且在燃烧过程中生成的热能可以被利用。但在焚烧过程中产生的烟气也会对大气造成一定污染，为此需升级焚烧设备、精化焚烧工艺。

b. 热解是利用有机物的热不稳定性，在无氧或缺氧条件下受热分解的过程。其优点为投资少、不需要催化剂。

（5）固化处理：通过物理或化学方法，将有害物质固定或包容在密实的惰性固化基材中，降低其对环境的危害，实现安全运输和处置。根据固化基材的不同可将固化处理分为水泥固化、石灰固化、玻璃固化和胶体固化等。衡量固化效果的指标为固化体的浸出率与增容比。

a. 浸出率：浸出率是指固化体浸于水中或其他溶液中时，有害物质的浸出速度。其计算式如下：

$$R_{in} = \frac{a_r / A_0}{(F/M)t} \tag{8-11}$$

式中，R_{in} 为标准比表面的样品每天浸出的有害物质的浸出率 [g/(d·cm^2)]；a_r 为浸出时间内浸出的有害物质的量（mg）；A_0 为样品中含有的有害物质的量（mg）；F 为样品暴露的表面积（cm^2）；M 为样品的质量（g）；t 为浸出时间（d）。

b. 增容比：增容比是指所形成的固化体体积与被固化有害废物体积的比值，即

$$c_i = \frac{V_2}{V_1} \tag{8-12}$$

式中，c_i 为增容比；V_1 为固化前有害废物的体积（m^3）；V_2 为固化体体积（m^3）。

另外，在进行固化处理时需满足如下几点要求：①固化物具有良好的机械性、抗渗透性、抗浸出性、抗干湿、抗冻融等特性；②固化过程的能耗及增容比低；③固化工艺简单，操作方便；④固化剂来源丰富，价廉易得；⑤处理费用低。

8.5.3　固体废物的处置方法

固体废物的处置是对废物进行分类后，将不同种类放置于不同的处置场所，并对其进行严格管理的过程，这也是控制固体废物污染的最后一步。分类后的废物经集中处置后，可有效地将危险废物与生物圈隔离开。在此过程中，一般会借助天然屏障或人工屏障。其中，天然屏障是指处置场自身的地质构造及其周围的地质环境。人工屏障是指处置废物的容器及场地内的各种辅助性工程屏障。常用的处置方法有陆地处置和海洋处置。

陆地处置包括土地填埋、土壤耕作和深井灌注。土地填埋是最普遍的陆地处置方法，也是处理危险废物的常用方法之一，填埋的关键是对浸出液进行控制。土壤耕作是利用土壤中的微生物对固体废物进行降解。深井灌注是利用废弃的矿井、黏土坑等对固体废物进行填充。

海洋处置包括海洋倾倒和远洋焚烧。海洋倾倒是指利用船舶等载运工具，将固体废物倾倒入海洋的行为。远洋焚烧是利用焚烧船在远海将一些含卤素或含氯的有机固体废物进行焚烧的过程。

对于不同类型的固体废物处置方法又可细分如下。

8.5.3.1　城市生活垃圾处置方法

城市生活垃圾大部分为可再生资源，其中约 80%可作为新的原料使用。其处置方法主要有卫生填埋、焚烧及堆肥等。一般来说，含有机物多的垃圾优先采用焚烧法，含无机物多的垃圾优先采用填埋法，含可降解有机物多的垃圾优先采用堆肥法。通过采用适合的方法，可有效去除垃圾中的有害物质，有利于垃圾中有用物质的回收利用，对于解决城市生活垃圾至关重要。

8.5.3.2　工矿业固体废物处置方法

从 20 世纪七十年代开始，人们开始逐渐重视对工矿业固体废物的再利用，先通过土地耕作、露天堆存等方法对工矿业固体废物进行处置，再将处置后的废物用作建筑材料、冶金原料、农肥等，使得工矿业固体废物得到了很好的再利用。以粉煤灰为例，其在各个国家有不同的用处。在英国粉煤灰多用于制砖，法国用其筑路。而我国对粉煤灰的利用还在初级阶段，一般将其用于制砖、作水泥、作农肥、铺路等方面。较其他国家而言，我国粉煤灰的利用市场还有待拓宽。

8.5.3.3　危险固体废物处置方法

危险固体废物是指那些置于环境中，会对人类健康及环境造成威胁的废物。针对这类废物的处置，可采用填埋法、焚烧法、化学法、生物法、固化法。

（1）填埋法作为应用时间最久的处置方法，因操作简单而受人们的青睐。其处理的关键在于利用填埋场的防渗系统，将废物与环境隔离。但因其在建设过程中需占用大量土地，一旦泄漏将造成难以补救的地下水污染。因此，在实施前需严格制订技术方案。

（2）焚烧法是指利用焚烧装置对废物进行焚烧，使其转化为无害的物质，热能排放到环境中，多适用于有机废物的处置。因此，在设计焚烧厂时应考虑热能的利用及尾气与灰渣的处置，在此基础上尽量降低投资及运行成本，使运行更加便捷。

（3）化学法是利用危险废物的化学性质，使废物发生一系列的化学反应，进而转换成无害物的过程。

（4）生物法是通过生物降解来解除危险废物的毒性。例如，堆肥处理是在一定水分及 C/N 的条件下，微生物将有机物发酵为肥料，实现废物的稳定化与无害化。

（5）固化法是通过将凝结剂与危险固废混合，使有害物质封闭在固化体中，从而达到稳定化、无害化、减量化的目的。我国主要采用这种方法处理放射性废物。

思　考　题

1. 简述固体废物的特点。
2. 简述固体废物对环境的影响。
3. 简述各类固体废物环境影响评价的标准及适用范围。
4. 固体废物环境影响评价可分为几类？每类的主要内容是什么？
5. 简述固体废物环境影响评价的特点。
6. 简述垃圾填埋场的主要污染源、环境影响及环境影响评价的工作内容。
7. 固体废物控制的主要原则有哪些？
8. 固体废物控制的处理处置方法有哪些？
9. 不同类型的固体废物处置方法又可如何细分？如何衡量固化处理效果？

扫二维码查看本章学习
重难点及思考题与参考答案

9　生态环境影响评价

9.1　概　　述

9.1.1　基本概念

9.1.1.1　生态学

生态学是研究生物与生物、生物与环境间相互作用关系的学科，即研究生态系统之间及生态系统与非生命系统间关系的学科。传统生态学按照研究的层次，通常分为个体生态学、种群生态学、群落生态学、生态系统生态学和景观生态学。在生态环境影响评价中，主要关注后四个层次（王罗春等，2017）。

9.1.1.2　物种与种群

物种是指由遗传基因决定，具有种内繁育能力，并区别于其他生物类群的一类生物。同一类生物个体的集合体即为种群。

9.1.1.3　群落

群落是指在一定时间一定空间内所有生物种群的集合体，包括动物、植物、微生物等各个物种的种群，共同组成生态系统中有生命的部分。

9.1.1.4　生态因子

生态因子指生物或生态系统的周围环境因素，可分为两大类：生物因子（动物、植物、微生物）和非生物因子（如光照、温度、水分、土壤、空气等）。

9.1.1.5　生态系统

生态系统是指包括生物部分和非生物环境两部分在内，在特定空间内组成的具有一定结构与功能的系统，也是生态影响评价的基本对象，即评价生态系统在外力作用下的动态变化及变化程度（图9-1）。

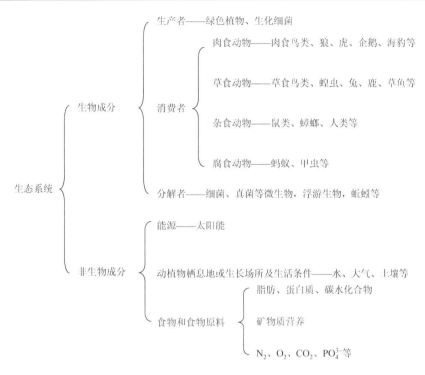

图 9-1　生态系统组成示意图（王罗春等，2017）

在生态系统中，生物与生物、生物与环境、各个环境因子之间相互联系、相互影响、相互制约，通过能量流动、物质循环和其他联系结合成一个完整的综合系统。其中，能量流动和物质循环是生态系统存在和运行的基础。

生态系统按其形成和影响可分为自然生态系统、半自然生态系统和人工生态系统。自然生态系统指未受到人类干扰或人工扶持的生态系统，其在一定的时间和空间范围内依靠生物及环境本身的自我调节来维持相对稳定；人工生态系统是指按照人类需要建立的，或受人类活动强烈干扰的生态系统；半自然生态系统介于人工生态系统和自然生态系统之间，如天然放牧草原、人类经营管理的天然林等。

生态系统评价方法大致可分为两种：一种是关于生态系统质量的评价方法，其侧重于生态系统属性信息，对其他方面较少考虑。例如，早期的生态系统评价就是着眼于某些野生生物物种或自然区的保护价值，重点指出该地区野生动植物的种类、数量及现状，判断存在的外界（自然的、人为的）压力，并以此提出保护措施和建议。目前关于自然保护区的选址、管理也同样属于这种类型。另一种是从社会经济的观点评价生态系统。首先，估计人类社会对自然环境的影响，评价人类社会经济活动所引起的生态系统结构、功能的改变及其改变程度。然后，提出保护生态系统和补救生态系统损失的措施。其目的在于在保障社会经济持续发展的同时，保护生态系统免受或少受有害影响。但由于影响因子、评价目的以及评价的内容和侧重点不同，虽然这两种评价方法的基本原理相同，但方法的复杂程度不尽相同。

9.1.2　评价目的

　　生态影响评价可分为生态环境质量评价和生态环境影响评价，不过从生态环境保护的角度出发，生态评价更侧重于生态环境影响评价。

　　生态环境质量评价是指根据拟定的指标体系，通过运用综合评价的方法评价特定区域内生态环境的优劣程度。生态环境影响评价是指对人类规划和实施后的建设项目可能导致的生态环境影响进行分析、预测和评估，并提出改善或减轻生态环境影响的对策和措施。一般来说，环境评价应该包括生态评价，只是由于各方面原因，现行的环境影响评价以污染影响评价为主，在一定程度上忽略了非污染性的生态环境影响评价。不过，随着环境评价理论与实践的不断深入，生态评价越来越引起人们的重视，一些建设项目或规划的环境评价已经包含了生态评价专题。

9.1.3　评价任务

　　生态评价的主要任务是认识生态环境的特点与功能，明确人类活动对生态环境影响的性质、程度，确定为维持生态环境功能和自然资源可持续利用而应采取的对策和措施。

　　1）保护生态系统整体性

　　生态系统是有层次的结构整体，由生物因子和非生物因子构成，两者相互联系，彼此制约，无论哪一个因子发生变化或受到损害，都会影响生态系统的整体结构，甚至导致破坏性变化。例如，在成层分布的热带雨林中，望天树处于最高层次，但若其被砍伐，位于其下层喜阴的林木就会因为暴晒而受到损害甚至枯萎，系统也会因此失去平衡，或者发生不可逆的变化。所以进行生态环境评价时，需充分考虑生物因子和非生物因子两者间的相互关系及整体性。

　　2）保护生物多样性

　　生物多样性是一个有关大自然物种拥有程度的笼统术语，包括在给定的空间内生态系统、物种和基因的数量和出现率。换言之，生物多样性包括基因（遗传）多样性、物种多样性和生态系统多样性三个层次。目前，人类关注的焦点通常是易于观察和易于采取保护措施的动植物物种问题，尤其是物种的濒危和灭绝问题。

　　生物多样性保护是全世界环境保护的核心问题，也是全球重大环境问题之一。生物多样性对人类有巨大的、不可替代的价值，它是人类群体得以持续发展的保障之一。例如，现在人类的群体已超 80 亿人，而且还在不断增加，然而，养活如此庞大人口的食物，95%来源于 30 种作物，其中又以小麦、玉米、稻谷占绝大多数。人类所饲养的家畜、家禽以及所养殖的水产类，种类也都十分有限。更值得注意的是，一个作物品种的寿命有限，因而作物品种需要不断更新，家畜家禽品种也需要不断改良。迄今为止，人类可以创造很多东西，但不能创造基因。培育高产、抗旱、耐瘠薄和抗病虫害的新品种的基因只能来自能经受环境变化的野生物种。所以只有保存野生动植物的多样性，才能为人类提供基因选择的可能性。

生物多样性影响评价的要求包括：①拟议项目影响的生态系统的类别（如热带森林或盐沼地等），其中，有无特别值得关注的荒地或具有国家或国际重要意义的自然景区；②明确生态系统的特征，如濒临灭绝的物种的生境，或特殊物种的繁殖筑巢的地方；③确定拟议项目对生态系统的冲击，如砍伐森林、改变水文状况、产生噪声等；④估计损失的生态系统总面积；⑤估计生态累积效应和趋势等。例如，由世界银行贷款兴建的"小浪底多用途水坝"工程项目环境影响报告书确定的生态影响评价重点是评价珍稀物种及特有的栖息地影响。由于黄河古河道和邻近的沼泽地是国际公认的重要野生动物栖息地，对于许多迁徙水鸟十分重要，因此该报告重点预测了项目对有生态价值的湿地和野生动物保护区产生影响的可能性。最后，该报告还从全球环境的角度分析了水坝工程带来的生态效益，例如，因减少煤炭燃烧而少排 SO_2、NO_x、CO_2 等有害气体，从而减少对全球变暖、地区性酸雨、地区性光化学烟雾的贡献。

　　3）保护区域性生态环境

区域性生态环境问题（包括水土流失、沙漠化、自然灾害等）是制约区域可持续发展的主要因素。拟议的建设项目不能加剧区域的环境问题，同时更应有助于区域生态环境的改善。事实上，任何开发建设活动的生态环境影响都具有一定的区域性特点。因此，生态环境影响评价应把握区域性特点，注重阐明区域性生态环境问题，提出解决问题的途径。

　　4）合理利用自然资源，保持生态系统的再生能力

自然生态系统虽都具有一定的再生和恢复功能，但其调节能力是有限的，如果人类过度地开发利用自然资源，则会造成生态系统功能退化。对生态环境的开发利用应遵循如下原则：①开发利用自然资源的规模和强度不应超过资源的再生能力；②鼓励生物资源的利用，提高可再生资源的利用效率，减轻对自然资源的开发压力；③借助科技手段增殖生物资源，变猎获野生资源为人工植培与增殖；④改善生物资源的生存环境，提高生物资源生产能力。

　　5）保护生存性资源

水资源和土地资源是人类生存和发展所依赖的基本物质基础，也是保障区域可持续发展的先决条件。我国人口众多，人均水资源和耕地资源相对紧缺。然而，城市、村镇的发展仍在不断地占用有限的耕地资源，水体污染的趋势也在逐渐加剧。因此，生态环境影响评价应注重对水资源和土地资源等生存性资源的保护。

9.2　生态环境影响评价的标准、范围和等级

9.2.1　评价工作标准

生态系统具有类型、结构多样复杂，地域性极强的特点，生态环境变化包括内在本质（生态结构）变化和外在表征（环境功能）变化，同时，存在数量变化和质量变化问题，符合由量变到质变的发展变化规律。因此，生态环境影响评价标准体系不仅复杂，且因地而异。一般包括以下几个方面。

　　（1）国家、行业和地方规定的环境质量标准：包括国家和地方的环境质量标准，如

农田灌溉水质标准、农作物大气污染物最高允许浓度等；地方政府规划的环境功能区划及其环境目标值，如河流功能区划、区域绿化指标、水土流失防治要求等；行业发布的环境评价规范、设计要求和其他技术文件。

（2）环境背景值或本底值：以评价项目所在区域或相似区域的生态环境背景值或本底值作为评价参考标准，考察项目建设前后生态环境的变化。

（3）类比标准：以未受人类较大干扰的，相似的生态系统或相似自然条件下的原生自然生态系统作类比参考对象，参考对象与实际项目应具有相似的性质、规模及区域生态敏感型。

（4）科学研究已阐明的生态影响阈值：当地或相似条件下科学研究已经阐明的生态影响阈值，如生物对污染物的耐受量、区域生态安全保障的绿化覆盖率、区域生态承载力（如旅游区承载力、区域人口承载力）等，可作为评价的参考标准。

（5）相关领域专家、管理部门及公众的咨询意见。

9.2.2 评价工作范围

生态评价应能够充分体现生态完整性，涵盖评价项目直接影响的范围和间接影响所涉及的范围。按照评价工作程序，评价范围可分为生态调查范围、生态分析范围、影响分析与预测范围等。按照受影响因子的性质，评价范围可分为植被、动物、土壤、地面水、地下水等不同因子相应的调查与评价范围。

生态影响评价的工作范围一般宜大不宜小，要保证将生态系统结构的完整性、运行特点和生态功能完全清晰地表现出来。实际工作中，确定生态评价范围时主要考虑以下因素。

1）地表水系特征

水系特征通常决定了生态系统的基本结构和运行规律。一般来说，在生态评价中需要明确阐明地表水系源头及归宿、集水面积及植被情况、河岸形态与冲淤情况、地表水功能状况及使用情况、水生生物类型及生态特点、径流特点与输沙情况、相关水系或水网特点、人类活动与地表水系的关系（如取水、排水及其影响可及的范围、对象）、影响地表水系水量和水质的主要因素、流域内敏感的生态目标等。

2）地形地貌特征

由于平原与浅丘地区生态系统的相似程度较高，因此调查范围可选择在人类活动的主要发生地或受其直接影响的地域。在山地丘陵地区，评价范围一般选择山体构成的相对独立或封闭的地理单元，且可适当沿着河道或沟谷等廊道延伸。而在陆海交接区，评价范围通常为沿海岸带延伸至相邻的其他功能区，其中向海洋的延伸范围应包括整个潮间带或深入海岸带生物基本消失的海域，并考虑海流、海峡、岛屿等的影响。

3）生态特征

生态调查范围受动物的活动范围直接影响，如鱼类的繁衍与索饵范围、鸟类的筑巢与取食距离、大型动物的活动范围等，上述均为生态调查时必须覆盖的范围。除上述范围外，湿地、红树林、保护区等特殊的生境，应将其视为独立的生态系统从而对其采取全面调查。另外，人类活动的区域范围或受其影响的生态系统物流的源与汇，生态环境功能所涉及的范围均需包含在调查与评价的范围内。

4）人类活动特征

一般来说，环境影响调查和评价的范围主要为项目建设地及其直接影响区域，除此之外，因生态因子的高度相关性和生态系统的开放性等一系列特点，还应包括受人类活动间接影响的区域环境。在某些情况下，技术可行性、资料可获得性及行政区界等因素也是需要考虑的影响因子。

9.2.3　评价工作等级

根据项目对生态影响的程度和影响范围，将生态环境影响评价工作级别划分为 3 级，见表 9-1。

表 9-1　生态评价工作级别

对象	主要生态影响及其变化程度	不同工程影响范围的评价工作级别		
		$>50km^2$	$20\sim50km^2$	$<20km^2$
生物群落	生物量减少<50%	2	3	—
	生物量锐减≥50%	1	2	3
	异质性程度降低	2	3	—
	相对同质	1	2	3
	物种多样性减少<50%	2	3	—
	物种多样性锐减≥50%	1	2	3
	珍稀濒危物种消失	1	1	1
区域环境	绿地数量减少，分布不均，连通程度变差	2	3	—
	绿地数量减少 1/2 以上，分布不均，连通程度极差	1	2	3
荒漠化	物化性质改变	1	2	3
		2	3	—
	物化性质恶化	1	2	3
敏感地区		1	1	1

根据我国现行的技术原则，生态影响评价的开发或建设项目通常分为两类。

（1）自然资源的开发项目，如大型矿山开采，大型水利电力工程、港口建设，石油和天然气开采等。

（2）工业建设和中小型资源开发项目，如化工厂、小型水利工程、道路建设等。

对于这两类项目，在对其进行生态评价时，需注意：若工程项目的影响范围属于两个不同的评价等级，原则上应根据较高等级进行评价；若拟开发建设项目导致该区域的土地利用类型或水文情况等发生明显改变，则评价工作等级应上调一级。

9.3　生态环境调查及现状评价

9.3.1　生态环境调查

生态环境调查是生态环境影响评价实施的基础工作，至少包括两个阶段：一是要在筛选影响识别和评价因子前进行初次现场踏勘；二是要在进行环境影响评价前进行详细勘测和调查。生态现状调查的范围应不小于评价工作的范围。

9.3.1.1　调查内容

生态系统调查的主要内容和指标需满足生态系统结构与功能分析的要求，一般包括组成生态系统的主要生物要素和非生物要素；能明确认识区域的主要生态环境问题和影响生态的主要因素；能分析区域自然资源优势和资源利用情况。

（1）生态系统调查：包括动植物物种，特别是珍稀、濒危物种的种类、数量、分布、生活习性，生长、繁殖和迁徙行为的规律；生态系统的类型、特点及环境服务功能；与其他环境因素（地形地貌、水文、气候、土壤、大气、水质等）相关的生态限定因素。

（2）区域社会经济状况调查：包括人类干扰程度（如土地利用现状等），如果评价区存在其他污染型工农业，或具有某些特殊地质化学特征时，还应该调查有关的污染源或化学物质的含量水平。

（3）区域敏感保护目标调查：调查地方性敏感保护目标及其环保要求。

（4）区域可持续发展规划、环境规划调查。

（5）区域生态环境历史变迁情况、主要生态环境问题及自然灾害等。

9.3.1.2　调查方法

（1）收集现有资料。从农林牧渔业资源管理部门、专业研究机构收集生态和资源方面的资料，包括生物物种清单和动物群落、植物区系及土壤类型地图等形式的资料；从地区环保部门和评价区其他工业项目环境影响报告书中收集有关评价区的污染源、生态系统污染水平的调查资料、数据。

（2）收集各级政府部门有关自然资源、自然保护区、珍稀和濒灭物种保护的规定，或环境保护规划及国内国际确认的有特殊意义的栖息地和珍稀、濒灭物种等资料，并收集国际相关规定等资料。

（3）现场调查。需要对评价区进行现场调查，以取得实际的资料和数据。可采用现场勘探考察和网络定位采样分析的方法对评价区的生态资源和生态系统的结构进行调查。

（4）在评价区已存在污染源或对污染型项目进行评价时，还需要进行污染调查。采样布点原则的确定需根据现有污染源的位置和污染物在环境中的迁移规律，采集大气、水、土壤、动物、植物样品，进行有关污染物的含量分析。

（5）为了满足质量保证的要求和不同栖息地、不同生态系统之间的相互比较，采样和分析需按标准方法或规范进行，同时景观资源调查需拍照或录像，以便取得直观资料。

9.3.2　生态环境影响识别

生态环境影响识别是将开发建设活动的作用与生态环境的反应结合起来做综合分析的第一步，目的是明确主要影响因素，主要受影响的生态系统和生态因子，从而筛选出评价工作的重点内容。主要包括影响因素、影响对象、影响效应的识别。

1）影响因素识别

影响因素识别是指对作用主体（开发建设活动）的识别，包括主要工程、所有辅助工程、公用工程和配套设施等的识别。在实施的时间顺序上，应包括施工期、运营期的影响识别，有些项目甚至还应包括设计期和死亡期的影响识别。影响因素的识别内容还包括影响方式，如作用时间的长短、直接作用还是间接作用等。

2）影响对象识别

影响对象识别是对作用受体（生态环境）的识别，包括对生态系统组成要素（生物因子、非生物因子）的影响识别；对区域主要生态问题，如水土流失、沙漠化、各种自然灾害等的影响识别；对区域敏感生态环境保护目标，如水源地、水源林、自然保护区、文物古迹、自然遗迹等的影响识别。

3）影响效应识别

影响效应识别主要是对影响作用产生的生态效应进行识别，主要包括影响性质和影响程度的识别。其中，影响性质指正负影响、可逆与不可逆影响、可补偿或不可补偿影响、有无替代方案、积累性影响还是非积累性影响、长期影响还是短期影响等；影响程度指影响范围的大小、持续时间的长短、影响发生的剧烈程度、是否影响生态系统的主要组成因素等。

影响识别一般以列表清单法或矩阵表达，并辅之以必要的文字说明。

9.3.3　生态环境现状评价

生态环境现状评价是在区域生态系统环境基本特征调查的基础上，对评价区的生态现状进行定量或定性分析，常采用文件和图件相结合的表现形式。

目前，生态环境现状评价方法尚处于研究和探索阶段。大部分评价采用定性描述和定量分析相结合的方法进行，但人为主观因素仍不同程度地参与在定量方法中，导致不确定性大大增加。因此，透彻地了解评价对象（生态系统）对生态环境影响评价起到了决定性的作用。通过丰富的现场调查和资料收集工作，以及由表及里、由浅入深的分析工作，对问题进行全面了解和深入认识。

生态环境现状评价一般需阐明：①生态系统的类型、基本结构和特点，评价区内的优势生态系统及其环境功能。②区域内自然资源的赋存情况、优势资源及其利用状况。③不同生态系统间的相关关系（如空间布局、物流等）及连通情况，以及各生态因子间的相关关系。④明确区域生态系统的主要约束条件（限制生态系统的主要因子）和所研究系统的特殊性。⑤说明生态环境目前所受到的主要压力、威胁和存在的问题。

生态环境现状评价因生态环境特点不同而有所不同，一般包括对生态系统的生物成分（如生物种、种群、群落等）和非生物成分（如水分、土壤等）的评价，即生态系统因子层次上的状况评价。通常也包括对生态系统整体结构与环境结构的评价、区域生态环境问题及自然资源的评价等。本章仅介绍生物成分的评价，非生物成分的评价可参考相关章节的内容。

9.3.3.1　物种评价

当拟议建设活动的作用区存在某些具有独特意义的物种而要确定其保护价值时，需要进行物种评价。最简单的方法是根据普遍公认的准则，在调查的基础上，列出评价区内应该保护的物种清单，并依照优先保护的顺序进行排序。

以下几类野生生物具有较大的保护价值：①已知道具有经济价值的物种；②对人类和行为学有研究意义的物种（如人猿）；③有助于进化科学研究的物种（如化石）；④能提供人以某种美的享受的物种；⑤有利于研究种群生态学的物种；⑥已经广泛研究并有文件规定属于保护对象的物种；⑦某些从原来的生存范围向其他类型栖息地延伸扩展的物种。

自然资源保护的决策要求对物种或栖息地的评价即使不能定量化，也要给出一种保护价值的优先排序。将各物种的"保护价值"相加即可得到一个栖息地、一个生态系统或一个地区的物种保护总价值。

9.3.3.2　群落评价

群落评价的目的是确定需要特别保护的种群及其生境。一般采用定性描述的方法。对个别珍稀而有经济价值的物种须进行重点评价。下面以群落保护类别评价为例加以说明。

对某项工程拟建场址 3km 范围内不同栖息地（水体、废料堆、农田、草原、洼地森林）的主要哺乳动物按照丰度定为以下四类。

A——丰富类，当人们在适当季节来栖息地视察时，每次看到的物种数量都很多。

C——普遍类，人们在适当季节来访时，几乎每次都可以看到中等数量的物种。

U——非普遍类，偶尔看到。

S——特殊关心类，珍稀的或者可能被管理部门列为濒危类的物种。

对 3km 范围内的哺乳动物、鸟类、两栖类和爬行动物按其处境的危险程度分为如下几类。

E 类——濒灭类，有成为灭绝物种的可能。

T 类——濒危类，物种的种群已经衰退，要求保护以防物种遭受危险。

S 类——特殊类，局限在极不平常的栖息地的物种，要特殊管理以维持栖息地的完整和栖息地上的物种。

B 类——由特别法律监督控制和保护的毛皮动物。

在环境影响评价中对栖息地、群落评价采用半定量的优化排序的方法，以便于项目的设计者和管理者理解和应用，尤其是针对替代方案的比较选择。通常首先给各个生态特征因子打分，并按其在生态系统的结构、功能中的相对重要性确定权重因子。然后，计算总分作为评价区生态系统相对价值的判定依据。

9.3.3.3　栖息地（生境）评价

下面以分类法为例说明栖息地评价。

按自然保护区标准分类方法将评价区各种生境归类，列表表达。例如，英国自然保护委员会将不同栖息地按自然保护价值分为三类。

第一类，野生生物物种的最主要的栖息地：原生林，高山顶，未施用过农药、化肥的永久性牧场和草原，低地湿地，未污染过的河流、湖泊、运河，永久性堤堰，大型沼泽地与泥炭地，海岸栖息地（峭壁、沙丘、盐沼）等。

第二类，对野生生物有中等意义的栖息地：人造阔叶林，新种植的针叶林与粗放放养的农业池塘，公路和铁路路边，具有丰富野草植物区系的可耕地，大型森林，成年人造林，小灌木林，交错区人造林，树篱，砾石堆，小沼泽地和小泥炭地，废采石场，未管理好的果园，高尔夫球场等。

第三类，对野生生物意义不大的栖息地：没有地面覆盖层的人造针叶林，临时水体，改良牧场，机场，租用公地，园艺作物和商业性果园，城镇无主土地，各种污染水体，暂时牧场的可耕地，球场，小菜园，杂草很少的可耕地，工业和城市土地等。

9.3.3.4　生态系统质量评价

在考虑植被覆盖率、群落退化程度、自我恢复能力、土地适宜性等特征的基础上提出了生态系统质量分析评价系统。按 100 分制给各特征赋值。生态系统质量 EQ 按下式计算：

$$EQ = \sum_{i=1}^{N} A_i / N \qquad (9\text{-}1)$$

式中，EQ 为生态系统质量；A_i 为第 i 个生态特征的赋值；N 为参与评价的特征数。

按 EQ 值将生态系统分为 5 级：Ⅰ级（EQ 在 100～70），Ⅱ级（EQ 在 69～50），Ⅲ级（EQ 在 49～30），Ⅳ级（EQ 在 29～10），Ⅴ级（EQ 在 9～0）。

　　以上几种半定量评价方法的共同点是按各生态因子的优劣程度分级给分，按其相对重要性确定权重因子，然后以"保护价值"或"生态系统质量"形式给出半定量评价结果。这种方法在开发建设项目替代方案优选或自然资源保护值判定方面有简明、直观和易操作的优点。但由于侧重的因子不同、精度要求不同和对现场实测数据根据要求不同，在评价参数给分和权重确定方面有不同程度的主观倾向性，造成互相之间缺乏"兼容性"，评价结果难以相互比较。另外，评价参数以生态系统中的生物特征为主，对生态系统中的物理因子考虑较少，这对于以破坏自然资源或生物资源为主的项目的环境影响评价或对自然保护区的评价比较适宜，而对于引起生态系统物理特征剧烈改变并导致生物特征改变的现代工业建设项目的环境影响评价则需要补充或单独进行物理特征影响的评价。

　　生态环境现状评价方面，评价方法依评价的主要目的、要求和生态系统的特点而定。物种评价、群落评价、栖息地评价都是以阐明某一问题为主或从阐明某一重点问题入手，同时反映系统的整体情况和其他信息。由于生态系统的结构与功能相当匹配（整体性），《环境影响评价技术导则　非污染生态影响》特别推荐在生态制图的基础上进行生态现状评价，即通过各种生物因子、非生物因子在空间的布局和相互关系来反映功能状况，例如，用植被斑块的空间分布、连通状况来分析物种和生物多样性资源的"栖息"和"流动"状况；用植被自身的异质组成（团块式）来分析自然组分抵御内外干扰的能力；用周边生物群落与评价区生物群落连通状况来分析周边自然生态对评价区域生境的支撑能力等。

9.4　生态环境影响评价介绍

9.4.1　评价一般要求

　　由于建设项目的所有活动和所有过程都可能对生态环境造成影响，生态环境影响评价首先要注意全面性，即主要工程、辅助工程、配套工程和公用工程的全部影响。其次，注意从选址（选线）、勘探设计、施工期、运营期直至工程报废的全过程影响。

　　生态环境被建设项目影响的方式主要有以下三种：集中作用与分散作用、长期作用与短期作用和物理作用与化学或生物作用。这些影响依据性质可分为正影响与负影响、可逆影响与不可逆影响和显现新影响与潜在影响。所有这些影响都应在生态环境影响评价中加以阐述。

　　受建设项目类型、对环境影响方式以及生态影响评价等级和目的要求不同等因素的影响，生态环境影响评价中涉及的方法、内容和侧重点也有很大的区别：有些可以用定性的方法去描述，而有些可以用定量或半定量的方法；有些生态系统中生物因子的评价是重点，而有些比较注重生态系统中物理因子的评价；有些生态系统效应是待建项目生态评价中的重点，而有些生态系统中的污染水平变化是评价中的重点，由此可以看出，生态影响评价并没有统一的格式，应该因地制宜地灵活运用。

9.4.2　评价基本步骤

生态环境影响评价是在影响识别、现状调查与评价的基础上，有选择有重点地对某些受影响的生态系统做深入研究，有意识地对某些可能发生变化的主要生态因子和生态功能进行定量或半定量的预测计算，从而对项目开发建设过程中生态环境变化可能带来的后果有一个总体认识，同时也为项目开发者应负的环境责任的明确和保护生态环境及维持区域生态环境功能不被削弱所采取的必要措施和要求的确定提供了极大的便利。

生态环境影响评价的基本程序如下。

（1）选定生态环境影响评价的主要对象和主要因子。

（2）依据不同的评价对象和评价因子选择不同的预测方法、参数、模式，然后进行计算。

（3）探讨确定评价标准和进行主要生态系统以及生态功能的影响评价。

（4）综合分析和评价生态环境及社会经济之间的相互影响关系。

9.4.3　评价主要内容

生态环境影响评价一般应阐明如下问题和内容。

（1）拟议建设项目主要影响的生态系统及其功能、影响的性质和程度。生态系统及其功能受到了待建项目的何种影响，以及影响的性质和程度。

（2）分析生态环境的变化对区域或流域生态环境功能和生态环境稳定性的影响，并讨论影响的补偿可能性和生态环境功能的可恢复性。

（3）对主要敏感目标的影响程度及保护的可行途径。

（4）主要生态问题和生态风险。说明目前该区域生态环境存在的主要问题和发展方向，说明出现生态风险的根源所在、概率以及可能造成的损失，说明影响生态风险的因素和生态风险的防范措施。

（5）生态环境宏观影响评述。阐明实现可持续性发展对生态环境的基本要求和区域生态环境状况，说明建设项目生态环境影响与区域社会经济发展的基本关系。

9.5　生态环境影响预测及风险评价

9.5.1　生态环境影响预测内容

生态环境影响预测是在生态现状调查和评价、工程分析与环境影响识别的基础上，有选择、有重点地对某些评价因子的变化和生态功能的变化进行预测。主要包括影响因素分析、生态环境分析、生态影响效应分析。通常建设项目对区域生态影响的预测内容包括以下几个方面。

1）对评价范围内生态系统及生态因子的影响

主要在现状调查的基础上，通过分析项目建设作用的方式、范围来判别其产生的生态影响，预测生态系统组成和生态功能的变化趋势，重点关注产生的不利影响、不可逆影响和累积生态影响。

2）对环境敏感区的影响

从影响方式、影响性质等方面分析项目建设对敏感区域的影响范围和程度，预测潜在后果。

3）对评价区域生态问题的影响

预测项目建设是否会对该区域的生态产生进一步影响，是否会加剧已有生态问题或是否能解决、缓解现有生态问题。

9.5.2 生态环境影响预测方法

生态影响预测方法应根据评价对象的生态学特征，以调查判定评价区的生态功能为基础，分别采取定量分析和定性分析相结合的方法进行预测。常用方法包括列表清单法、图形重叠法、景观生态学法、生态机理分析法、指数法、类比分析法和生物多样性评价法等。

一般采用类比分析、生态机理分析、景观生态学的方法进行分析与定性描述。也可采用数学模拟进行预测，如水土流失、富营养化等的影响预测。最终可在现状定量调查的基础上，根据项目建设的生态破坏程度进行推算预测。

9.5.3 生态风险评价

近年来，随着生态环境受到大范围的污染和破坏，生态风险评价受到越来越多的关注，并有向规划环境影响评价渗透的趋势（何德文，2021）。但生态风险并不仅仅针对环境污染，应全面考虑建设项目产生的生态风险。生态风险评价的重点不应局限于基本生态因子，还需结合对土壤、水系的影响；并分析评价风险产生后是否会对区域生态系统造成严重破坏、是否会改变生态系统的功能以及是否会导致生态系统的逆向演替。此外，生态风险评价的范围应由局部尺度扩大到中大尺度甚至全球尺度，从生物个体或群体发展到群落及整个生态系统。

9.6 生态环境影响的防护、恢复、补偿及替代方案

9.6.1 防护、恢复与补偿原则

为了使采取的措施达到修复和增强区域生态功能的要求，应按照先避让、再减缓、其次补偿、最后重建的顺序提出生态影响防护与恢复的措施。

　　凡是遇到包含不可替代、极具价值、极敏感、被破坏后很难恢复的（如特殊生态敏感区、珍稀濒危物种）其中任何一种应给予保护的生态环境时，都必须要有与之相匹配的、可靠的、可行的避让措施或生境替代方案。

　　除此之外，对于那些经过一些措施之后可以恢复或修复的生态目标，有效的避让措施也是十分必要的；否则，应制定恢复、修复和补偿措施。不同的实施阶段提出不同的生态保护措施，并提出实施时限和估算经费。

9.6.2　替代方案

　　替代方案也是十分重要的，主要包括：项目中的选线、选址替代方案，项目的组成和内容替代方案，工艺和生产技术的替代方案，施工和运营方案的替代方案，生态保护措施的替代方案。

　　生态环境评价中应对替代方案的可行性进行论证，对生态环境影响最小的替代方案是最优方案，能够切实可行地保护生态环境是对方案最基本的要求。

9.6.3　生态保护措施

　　生态保护措施应包括保护对象和目标，内容、规模及工艺，实施空间和时序，保障措施和预期效果分析，绘制生态保护措施平面布置示意图和典型措施设施工艺图，估算或概算环境保护投资。

　　对于可能会对生态环境造成重大影响的建设项目，不仅要考虑建设期间的生态保护措施，更应该有长远规划，应提出长期的生态监测计划、科技支撑方案，明确监测因子、方法、频次等。

　　明确施工期和运营期管理原则与技术要求。可提出环境保护工程分标与招投标原则，施工期工程环境监理、环境保护阶段验收和总体验收、环境影响后评价等环保管理技术方案。

思　考　题

1. 生态环境影响评价和传统的环境影响评价相比有哪些不同之处？
2. 生态环境影响评价的主要任务有哪些？
3. 如何确定生态环境影响评价的标准和范围？
4. 如何进行生态环境调查？其内容包括哪些？
5. 如何进行物种评价、生物群落评价？
6. 如何进行生态环境影响识别？
7. 生态环境影响评价的方法有哪些？

扫二维码查看本章学习
重难点及思考题与参考答案

10 环境风险评价

10.1 概　　述

10.1.1 关于环境风险评价的基本概念

1. 风险的概念

风险广泛存在于日常生活与工作中，是指一个事件产生我们所不希望结果的可能性。风险表征了在一定时间和空间状态下，某不幸事件发生的概率，时空状态和事件的实质都与该事件产生的可能性具有相对的关系，符合一定的统计学规律。由于客观状态下存在着诸多可能产生不利后果的事件，使得人或事物在一定范围内都会处于危险的环境中，因此，风险也是危险的根源。事实上，现实生活中发生的所有活动都带有一定的风险，而且每项活动的风险都大不相同，常见风险包括：健康风险、污染风险、自然灾害风险、决策风险和投资风险等（王晓等，2014）。

2. 环境风险的概念

由于自然活动和人类活动之间存在相互影响而发生冲突，产生危害人类健康、破坏生态环境甚至造成严重毁灭性后果的事件，这些危险事件发生的概率及其产生的后果称为环境风险，往往通过环境介质进行传播。环境风险一般用概率来进行表征和描述，具有危害性和不确定性。危害性是指风险事件会对其承担者造成损失产生或危害后果，包括生命健康、生态环境、经济财产和社会福利等方面；不确定性是指风险事件发生的时间、地点、强度、概率等难以事先被人们准确预见。

环境风险分类方式多种，广泛存在于社会生活中。按成因环境风险可分为物理风险、化学风险和自然灾害风险。物理风险是指机械设备使用不当引发的风险，化学风险是有毒有害和易燃易爆物质排放、泄漏引发的风险，自然灾害风险是指不可预测的自然灾害（如洪水、地震、台风、火山爆发等事件）发生而引发的各种风险。

按事件发生所需承担的对象环境风险可分为生态风险、人群风险和设施风险。人群风险是指风险事件导致人类伤、病、残、死的概率；设施风险是指风险事件对水库、大坝、房屋、桥梁等依托设施产生破坏的概率；生态风险是指因危险事件的发生导致生态系统本身或系统中某些重要要素（如生态系统的功能与结构、种群类型及数量等）被破坏的概率。

3. 环境风险场的概念

环境风险因子在空间中会形成某种特定的分布格局，具有一定的危害性，这种分布格局为"环境风险场"（environmental risk field，ERF）（刘晓东和王鹏，2021）。当环境风险因子的特有性质、所处的时空状态发生变化时，其所形成的环境风险场也会发生一定概率的变化，因此环境风险场具有不确定性。

4. 环境风险受体的概念

环境风险受体是指遭受破坏的承受者，如有价值的物体、人类、生态环境及社会系统。环境风险受体对环境风险因子具有一定的敏感性，这种性质常称为环境风险受体的易损性，它是环境风险受体固有的性质，与环境风险受体的性质与风险类型有关。根据环境风险系统理论，环境风险源与环境风险因子有着紧密的关系，环境风险源产生环境风险因子；环境风险源与环境风险场也存在因果关系；而环境风险受体与环境风险场之间不存在相互依存关系，具有相对独立性。在实施具体的环境风险评价中，为了得到环境风险受体的易损性，前提需假设环境风险受体处于匀强的环境风险场中。

5. 风险评价的概念

风险评价是指在识别和评估风险的基础上，对风险事件发生的概率、危险程度和损害的范围进行分析，评价事故发生的可能性和危害程度，通过与规定的安全标准值进行比较，得到事件的风险等级，采取一系列安全防护措施，将风险控制到一定程度，因此风险评价又称为安全评价。只有在充分了解企业所面临的各种风险种类和产生的危害后果的基础上，做出的评价才具有一定的精确性。任何企业在正常运行的过程中，不仅会产生新的风险因子，原有的风险因子也会发生改变。因此，企业必须严格实施风险识别，适时跟踪并了解在运行过程中风险因子变化的情况。

风险评价的种类多种，常根据不同的要求进行分类：①按评价的方法分为定量评价、定性评价、综合评价；②按评价的角度分为社会评价、经济评价、技术评价；③按评价的阶段分为事前评价、中间评价、事后评价；④按企业管理的风险内容分为设备操作的安全可靠性风险评价、环境质量的综合风险评价、化学物质的生态风险评价、工厂设计的风险评价、行为的可操作性风险评价以及管理的有效性风险评价。

进行风险评价时我们应重点关注以下两个方面：①根据各风险因素之间的关系建立数学模型，能用数值表示风险因素的危险性；②全面考虑风险因素，如人、物、机械设备、环境等。

6. 环境风险评价的概念

环境风险评价是指由于环境风险会带来一定的危害，为了评估该损失需要进行一系列环境管理和决策，环境风险评价也称事故风险评价。环境风险评价主要是为了解决有毒有害化学药品，易燃易爆物质和放射性物质的排放、泄漏以及大型操作设备的故障等事件对环境造成的灾难性影响。

环境风险广泛存在于人类的生活中，与社会经济的发展密切相关。环境风险评价主要针对社会经济发展所面临的不确定性事件，特别是对一些产生严重性危害后果事件的不确定性进行分析、评价和预测，这有助于决策者做出更为科学、合理的决策。同时，环境风险评价是从人类社会开发行为的效益与风险两方面进行人类行为的评估，不仅扩大了人们的认知范围，也提高了人们的认识水平。

近年来随着石油泄漏、化工厂爆炸等环境突发事件的发生，人们对探究环境风险评价的诉求愈发强烈。当前国内外学者对环境风险评价已进行了多方面的研究，针对不同环境受体（如企业个体、大气环境、水环境和土壤环境等）已开展了单项环境风险评价，还有一部分学者针对不同区域（如城市群、化工园区等）开展了综合环境风险评价，探究了不同环境下的风险调控方案，为区域环境风险的评估奠定了基础，建立上述的评价体系大多根据风险源和风险受体的种类（何德文，2021）。

风险源释放后进入环境中，风险因子常会造成不同程度的生态风险及健康风险，但现阶段对全过程风险事故或压力-状态-响应风险事故进行区域评价的风险控制能力较弱，研究风险因子在环境介质中迁移转化的实例较少。

10.1.2　环境风险评价与环境影响评价的区别与联系

环境影响评价是指对开发活动或建设项目实施后可能造成的环境影响进行分析、预测和评估，并进行实时监测、管理，为预防和降低环境影响危害而采取相应措施。进行环境影响评价时需要相关的法律保障，它是实施"预防为主"的环境保护政策的重要前提，规定了人们必须遵守的活动行为，该法规准则也称为环境影响评价制度。环境影响评价的分类方式多样：①按时间顺序可分为环境预测评价、环境现状评价、环境影响后评价；②按评价对象可分为规划环境影响评价、建设项目环境影响评价；③按环境要素可分为地表水环境影响评价、大气环境影响评价、声环境影响评价、土壤环境影响评价等。进行环境影响评价时，应着重关注开发行动或建设项目实施的具体方案、建设地点的环境本底情况、可能造成的环境影响，以便采取合适的对策措施降低可能造成的危害。

环境影响评价的重点是在进行开发活动或开发建设项目之前，为了预防其产生的风险，实施环境监测计划并进行持续性研究，不断证明其结果的正确性，反馈给决策者和开发者，以进一步修改和完善决策及措施。为体现环境影响评价的重要作用，在秉承着可持续发展战略和循环经济理念的基础上，实施过程中必须严格遵守国家法律法规和相关政策，实现公平、公正、科学的目标。人们拟议的开发行动或建设项目会对环境产生确定性和不确定性两种影响：确定性影响是指可以根据专家经验和各种模型做出定性描述和预测判断；不确定性影响是指只能推测分析风险事故的发生概率及可能造成的影响后果和波及范围，环境风险评价研究的是风险事件对环境造成的不确定性影响。

环境风险评价是环境影响评价的重要组成部分，在一定的条件下环境影响评价可以扩展为环境风险评价。如果数据表明污染物浓度在实际测量中的分布是在估算浓度中很狭窄的范围，则需进行环境影响评价；如果数据表明污染物浓度估值相差较大，则只需进行环境风险评价。因此，在实际进行环境影响评价时，当确定了某些重大的危险因子后，才需实施环境风险评价。环境风险评价与环境影响评价的主要区别见表 10-1。

表 10-1 环境风险评价与环境影响评价的主要区别（王罗春等，2017）

序号	分析项目	环境风险评价	环境影响评价
1	分析对象	突发事故	正常运行工况
2	持续时间	很短	很长
3	应计算的物理效应	火、爆炸、向大气和水体排污	噪声、热污染、向大气和水体排污
4	释放类型	瞬时或短时间连续释放	长时间连续释放
5	应考虑的影响类型	事故发生后的长期效应、突发性的猛烈效应	持续、累积的效应
6	主要危害受体	人和生态	人和生态
7	危害性质	短期、灾难性受毒	长期受毒
8	大气扩散模型	烟团模型、分段烟羽模型	连续烟羽模型
9	照射时间	很短	很长
10	源项确定	不确定性很大	不确定性很小
11	评价方法	概率方法	确定性方法
12	防范措施与应急计划	需要	不需要

10.1.3 环境风险评价的分类

环境风险评价的分类方式多样。按风险事件发生的时间关系，环境风险评价可分为概率评价（probability risk assessment）、实时后果评价（real-time assessment）和事故后后果评价（over-event assessment 或 past accident assessment）。概率评价是指在项目或设施建成之前，对可能产生的风险及后果影响进行预测；实时后果评价是指在风险事故发生期间内，根据有毒有害物质的实时浓度分布及迁移轨迹，做出能够降低事故对周围环境造成不利影响的决策和保护措施；事故后后果评价是指在风险事故发生之后，分析评价事故对环境造成的严重危害后果。

按评价的范围，环境风险评价可分为微观风险评价（micro risk assessment）、系统风险评价（system risk assessment）和宏观（或全国）风险评价 [macro（or national）risk assessment]。微观风险评价仅评价某单一风险设施；系统风险评价是对整个建设项目中的不同设施（如运输、加工、贮藏设施等）、不同活动（如建设、运行、拆除）、不同风险种类和不同人群进行评价，其主要评价要素包括时空范围、人群分布和效应影响；宏观风险评价的评价对象是全国范围内的某一特定行业。

按评价的内容，环境风险评价可分为化学物品的环境风险评价以及建设项目的环境风险评价。某种化学物品从生产到最终进入环境过程中会经历多个阶段，分析评估整个过程对环境、人体健康造成危害的可能性及产生的后果影响称为化学物品的环境风险评价，其主要的评价内容包括化学药品的产量、生态毒理性质以及化学物品对人体健康效应、环境效应等方面的影响，在进行化学物品的环境风险评价时应分门别类地识别化学物品，针对其对人体健康和环境造成危害的相对能力进行排序，确定优先级，根据优先程度分别进行评价。由于建设项目在运行过程中会产生不确定性危害，对风险事件发生的概率及造成的危害后果进行分析评价称为建设项目的环境风险评价，其主要的评价内容包括自然灾害、人为事故等外界因素破坏建设项目而引发的各种事故；工程项目在建设和正常运行过程中引发的各种事故对环境造成的破坏以及对人体造成的急性、慢性危害；化学工业、石油加工业、水库、大坝等工程项目在正常运行过程中产生的长期危害等。

10.1.4　环境风险评价的方法

只有确定开发活动或建设项目潜在的环境风险种类及形式之后，才能判断它们发生的概率及对环境造成的影响后果。环境风险评价主要分为三大类：确定性评价、概率评价以及确定性与概率集成评价。确定性评价方法主要包括多准则综合决策分析、综合环境风险评价指数、环境风险分级综合模型、层次分析与逻辑推理法、模糊综合风险评价、风险分类与制图分析和头脑风暴法等；概率评价方法主要包括环境风险区划、分步递进评价、非线性多概率算法、多目标整数规划、模糊随机风险评价、基于 GIS/RS（遥感）的空间分析法以及信息扩散法；确定性与概率集成评价在现阶段才逐渐发展起来，主要包括工业事故风险评估、环境风险全过程评估以及管理模型等。目前，这三类评价的对象单一，主要针对单一风险受体或单一建设项目的风险源，由于建设项目在运行过程中会产生多种复杂的不确定性风险因子、发生过程具有多样化，这些方法在实际区域环境风险评价中也很少应用。

10.1.5　环境风险评价的程序

完整的环境风险评价程序包括四个阶段：环境风险识别阶段、环境频率及后果估算阶段、环境风险评价阶段、环境风险管理阶段。具体的环境风险评价程序如图 10-1 所示。

环境风险识别阶段主要进行危险甄别、危险分析、事故频率估算，通过风险识别可以确定是有毒有害物质的释放，还是爆炸、火灾等危险事件的发生；环境频率及后果估算阶段主要通过对有害物质释放过程的分析，确定释放物质的种类、释放量、释放时间和释放频率，评价波及范围、等级和时间跨度，确定有害物质的污染途径并估算照射剂量；环境风险评价阶段主要通过计算环境风险度，确定评价范围内的环境风险发生率或某种特定群体的致死率；环境风险管理阶段主要根据风险评价结果，采取相应的能够降低或消除风险的管理措施。

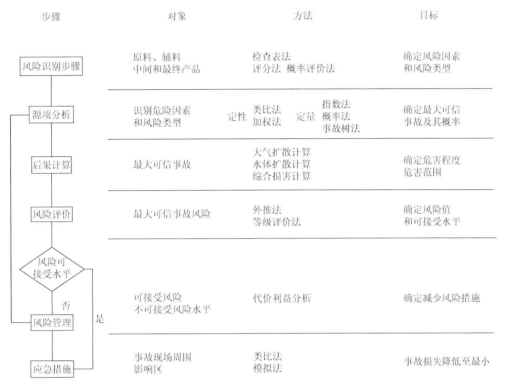

步骤	对象	方法	目标

图 10-1　环境风险评价程序（徐新阳和陈熙，2010）

10.2　环境风险识别

10.2.1　环境风险识别的内容

环境风险识别是进行环境风险评价的首要任务及重要步骤。根据因果分析的原则，采取筛选、监控、诊断的方法，从复杂的环境系统中找出风险因子。主要包括以下三个内容。

（1）收集资料。主要包括建设项目的工程资料（工程设计资料、建设项目安全评价资料、安全治理体制资料及事故应急预案资料）、环境资料（环境影响报告书中相关的项目周边环境和区域环境资料）、事故资料（国内外同行业典型事故及统计分析案例资料）。

（2）识别物质的危险性。筛选出环境风险因子，对建设项目中产生的有毒有害、易燃易爆物质进行危险性识别。

（3）识别生产过程的潜在危害。根据项目的生产特征，结合物质的危害性识别，划分建设项目的功能单元，确定主要危险源和潜在危险因素。

10.2.2　环境风险识别的目的

环境风险评价中的风险识别与安全生产的事故分析及安全管理的评价分析方法大致

相同，但侧重目的有所不同。进行安全生产事故分析的主要目的是找出事故发生的原因，提出防止事故发生的策略，预防或减少同类事故的发生，通过分析事故发生的规律和特征，找出风险因子及管理上的缺陷，发展工艺技术；安全管理评价分析是通过分析系统中的薄弱环节，消除潜在危险因子，其最终目的是实现系统最优化，达到最安全程度；环境风险评价中的风险识别是指对系统进行识别和诊断，发现潜在危险因素，筛选重大风险事件，计算事件的发生概率和危险系数，获得确定的系统风险值，通过与相关标准进行比较，进而评价该系统是否达到可接受的风险水平。环境风险识别的目的就是改善风险不确定性，找出环境系统中潜在的风险源及需要评价的重大风险事件。一般来说，环境风险识别的准确程度越高，风险评价的质量越好。

10.2.3　环境风险识别的步骤

环境风险识别中采用定性定量的分析方法，找出环境系统中潜在的危险因素，系统性筛选和描述因子。环境风险识别的步骤主要包括筛选风险因子并分析其潜在危害，确定具有潜在危害性的单元、子系统或系统，判断危害类型、转移途径及造成的危害，统计分析同类风险事故。就建设项目而言，风险识别的对象和范围涉及整个系统，包括与物质、设备、装置、工艺过程相关的所有单元，因此相应地要对物质、设备、装置、工艺过程的危险性进行识别与评价。

10.2.4　环境风险识别的方法

环境风险识别的方法主要包括专家调查法、幕景分析法、安全分析法及故障树-事件树分析法。

10.2.4.1　专家调查法

环境风险因素多而复杂，很难在短时间内用传统的统计学方法、因果论证方法或实验分析方法确定危险因子，例如，河流污染会对周围居民的身体健康产生一定影响，只有经过长期监测才能证实该污染与居民的癌症发病率之间的关系。专家调查法是一种常用的环境风险识别方法，是指在规定的程序下调查相关问题，利用专家的主观判断反应能力对环境风险进行识别，其是经验调查法中科学性较强的一种方法。该方法主要通过智力激励和德尔菲两种方式进行。

1）智力激励方式

智力激励方式对刺激创造性、产生新思维有积极的作用。它是将专家召集起来并在会议中交流各自对项目建设的观点和产生风险事故的认知，该会议一般由 10 个人组成，一个人独立汇集并总结所有意见。智力激励方式通常对以下几个问题进行回答，如所进行的建设项目会遇到哪些风险、这些风险会对哪些方面造成危害性等。参加风险识别的人员一般由环境风险评价专家、某个相关领域的专家及工程项目的设计人员组成。该方法适用于问题浅显、目标明确的情况。

智力激励方式能发挥专家的智慧和技能优势，但专家的专业知识和业务水平有一定局限性，工程项目的潜在危害性涉及面宽，因此该方式的代表性并不全面，观点的正确性有待提高，甚至会有错误的判断。

2）德尔菲方式

德尔菲方式是指以匿名的方式收集专家的建议，领导小组汇总并整理每一轮的意见，形成资料再一次发放给每位专家，供专家参考并提出新的论证，如此反复多次，专家们的建议趋于一致，可靠性增强。德尔菲方式是在意见判断和价值领域内的一种延伸，传统的数量分析具有一定的限制性，该方式可以为决策者开拓更加合理的思路，提供更多解决方案，更加准确地估算出未来发展过程中可能出现的各种前景。其具有匿名性、轮回反馈沟通性和评价结果的统计性，达到了互相启发和定量处理结果的目的。

德尔菲方式应用于环境风险识别中具有以下优势：在缺乏客观数据和资料的前提下，估算出风险事件发生的地点及时间，明确风险成因，确定某一风险事件可能发生的概率，评价事故的发展进程；利用研究人员的专业性，主观定量分析建设项目可能引发的环境风险，具有一定的科学性。

10.2.4.2 幕景分析法

幕景分析法能帮助决策者识别关键因素，提供需要监控的环境风险范围，对决定性风险因子对未来环境可能造成的危害进行分析评价，其研究重点是引起环境风险的因素对整个工程项目造成的危害性后果。

幕景分析法通常包括筛选、监测和诊断三个阶段。筛选是使用一定的程序对具有潜在危险性的产品、过程和现象进行选择和分类；监测是观测、记录和分析某种危险产品；诊断是根据风险后果，判断并分析其风险因素，找出风险因子。筛选、监测和诊断是从不同的侧面来识别环境风险，三个阶段的步骤种类相同，只是顺序上存在差异：筛选，仔细检查—征兆鉴别—疑因估计；监测，疑因估计—仔细检查—征兆鉴别；诊断，征兆鉴别—疑因估计—仔细检查。

10.2.4.3 安全分析法

安全分析法是一种适用于安全系统工程的分析方法。首先，将风险评价的研究对象视为一个相互作用、相互依存、相互制约的整体。然后，通过系统分析理论对整个系统进行组织管理，为决策者提供正确的规划方案。安全分析法是对所有涉及的物质进行划分和简化，进而分析评价系统的可靠性和安全性。

1）系统的划分与简化

区域系统风险识别的过程相对复杂，为了有效地分析源项，往往要对系统进行简化。

系统的简化是将一定范围内的评价对象视为一个完整的系统，按照相应的规则分解为含有一定功能单元的若干子系统。

2）系统可靠性、安全性的数量表征

系统的可靠性是指系统在规定地点和时间内，完成某种功能的能力；系统的安全性是指系统失效、人员发生失误的概率以及造成人员伤亡和财产损失的可能性。任何系统的可靠性和安全性都与系统的成本和收益相关，系统可靠性的提高将导致生产成本的增加和安全费用的降低。系统安全性分析就是在系统的安全费用与成本费用之间寻找最优化点，即系统总费用的最低点。对于所有特定的系统，都可以通过计算对其可靠性和安全性进行量化。

10.2.4.4　故障树-事件树分析法

故障树-事件树分析法主要采用的方法为图解分析法，该方法将大的故障拆分成小的故障，同时深入探讨引起故障的各种原因。因其形状类似树枝，故形象地称为故障树和事件树。

1）故障树分析

故障树分析比较适用于大型复杂系统，它是一种演绎分析工具，详细地描述了系统在某种危险状态下所有可能发生的故障。通过对故障树的分析，可以估算出特定事故发生的概率。在进行故障树分析之前，必须将复杂的环境风险系统分解为小的、易于识别的、简单的系统，分解的原则是将风险问题明确化、单元化。例如，在识别建设化肥厂的风险时，首先必须将环境风险分解为相应的化学风险和物理风险。

2）事件树分析

事件树分析是指从初始事件出发，根据事件发展的先后顺序，对后续事件进行逐步分析，每一步都应考虑各种可能发生的状态，直到可以用水平树图表示其造成的危害性后果。事件树分析可以定性、定量地了解事件整体的动态过程和各种状态发生的概率。

10.2.5　环境风险的危险性识别

不同的原料、中间体、终产品和废物需要由不同材料制成的设备装置进行处理、使用、运输、储存，但不同的物质具有不同的理化性质及毒理性质，其中一些物质还具有潜在危险性，因此进行环境风险的危险性识别是十分重要的。危险性识别主要包括以下三个方面：物质、化学反应和工艺过程的危险性识别。

10.2.5.1　物质的危险性识别

1）易燃、易爆物质的识别

易燃、易爆物质是指具有火灾爆炸危险性的物质，分为爆炸性物质、氧化剂、可燃气体、自燃性物质、水燃烧物质、易燃与可燃液体、易燃与可燃固体等。

（1）爆炸性物质：它是一类在高温、冲击、摩擦或某种物质的作用下，能伴随着能量的快速释放，瞬间引起剧烈物理化学反应的物质，具有变化速度快、反应过程中放出或吸收的热量多、生成气态产物多的特点。爆炸性物质分为爆炸性化合物和爆炸性混合物。爆炸性化合物的化学成分复杂，分子中含有不稳定的爆炸性基团，叠氮化合物、重氮化合物、硝基化合物、乙炔化合物、过氧化物、氮氧化物、氮的卤化物、硝酸酯、硝胺、雷酸盐、氯酸盐和高氯酸盐都属于爆炸性化合物；爆炸性混合物通常由机械搅拌将两种或两种以上的爆炸性成分和非爆炸性成分混合而成，硝胺炸药是具有代表性的爆炸性混合物。

（2）氧化剂：它是一类具有极强氧化性的物质，在温度低于 500℃时会发生分解反应并引起燃烧或爆炸。氧化剂通常分为有机氧化剂和无机氧化剂。由于氧化剂遭受摩擦、撞击、潮湿、高热或接触易燃物、还原剂等会发生强烈的分解反应，某些反应甚至会引起燃烧或爆炸，因此氧化剂是具有危险性的。

（3）可燃气体：它是一类受热、遇明火或与氧化剂接触能燃烧或爆炸的气体，分为一级燃气和二级燃气。一级燃气的燃烧浓度下限小于 10%，二级燃气的燃烧浓度下限大于 10%，燃烧极限的下限也称为着火下限，燃烧极限的上限也称为着火上限。可燃气体会产生危险的原因在于其可燃性、自燃性和爆炸性。可燃气体的可燃性和爆炸性以其燃烧极限为特征，可燃气体的燃烧极限是指可燃气体与空气混合物遇到火源并能在一定温度下能进行燃烧时的浓度范围，通常用可燃气体在空气中的体积百分比表示；可燃气体的自燃性是指可燃气体在加热到一定温度时能发生自燃现象，加热到的最低温度称为可燃气体自燃点，在等效反应浓度下的自燃点称为标准自燃点，自燃点与可燃气体的浓度、体系的压力、容器的直径等因素有关。一般来说，自燃点越低，危险系数越大。

（4）自燃性物质：它是一类通常不需要明火，在外界温度和湿度的影响下或在空气的氧化作用下自身就能达到自燃点的物质。自燃性物质分为一级和二级两个级别。一级物质在空气中能发生剧烈氧化反应，具有自燃点低、燃烧剧烈、危险性大的特点，主要包括三乙基铝、硝化纤维、黄磷、铝和铁等的溶剂；二级物质是指在空气中缓慢氧化并具有低自燃点的物质，它们只能在积累热量的条件下发生自燃现象，如油脂等。影响自燃性物质自燃的因素主要包括物质的分子结构和粒径、热量积聚、发热速率和系统压力等。

（5）水燃烧物质：它是一类遇水或潮湿空气能分解成可燃气体，伴随着放热并引起燃烧或爆炸的物质，包括硼烷、Li、K 等金属及其氢氧化物等。

（6）易燃与可燃液体：它是一类遇火、受热或与氧化剂接触可能发生燃烧或爆炸现象的溶液、乳液或悬浮液，具有易燃性、挥发性、毒性和低密度的特点。其危险特性参数主要包括闪点、自燃点、沸点、热膨胀性、爆炸极限、流动扩散性、饱和蒸气压、带电性等。闪点是易燃与可燃液体特有的危险性表征参数，指流体可以发生燃烧的最低温度，它反映了液体燃烧的难易程度，闪点越低，易燃与可燃液体越容易燃烧。一般来说，易燃与可燃液体的闪点一般小于 61℃。

（7）易燃与可燃固体：它是一类对热、冲击、摩擦敏感的固体，具有燃点低的特点。易燃与可燃固体分为一级和二级两个级别。一级固体具有燃烧速度快、燃点低、易燃易爆的特点，如磷、含磷化合物和硝基化合物；二级固体的燃烧速度和燃烧性能相对较低，如金属粉末和碱金属氨基化合物。易燃与可燃固体的危险特性参数通常包括自燃点、熔点和比表面积等。可燃固体的自燃点通常在 180～400℃，低于可燃液体和可燃气体的自燃点，一般在 300℃以下能够燃烧的固体称为易燃固体，介于 300～400℃能够燃烧的固体称为可燃固体。

2）毒性物质的识别

毒性物质是指能与机体体液或组织发生生物化学或生物物理反应，影响或破坏机体的正常生理机能，造成暂时或长期病理状态，甚至危及机体生命健康的物质，如苯、氯、硝基苯、氨、有机磷农药、汽油、硫化氢等。毒性物质的表征系数通常为引起实验动物中某种特定毒性反应所需的化学药品剂量，常采用以下指标进行表征。

（1）绝对致死量或浓度（LD_{100} 或 LC_{100}）：导致中毒动物全部死亡的有毒物质最低剂量或浓度。

（2）半数致死量或浓度（LD_{50} 或 LC_{50}）：导致中毒动物一半死亡的有毒物质最低剂量或浓度。

（3）最小致死量或浓度（MLD 或 MLC）：导致中毒动物个别死亡的有毒物质最低剂量或浓度。

（4）最大耐受量或浓度（LD_0 或 LC_0）：中毒动物全部存活的有毒物质最大剂量或浓度。

有毒物质主要通过三种途径进入生物体内：包括呼吸道吸入、皮肤吸收和消化道吸收。有毒物质的危害程度按急性中毒发生率、慢性中毒发生率和致癌性进行分类，常分为极端危害、高度危害、中度危害和轻微危害四类。

10.2.5.2　化学反应的危险性识别

化学反应分为普通化学反应和危险化学反应。危险化学反应包括放热反应、爆炸反应、产生爆炸性混合物的反应和产生危险性物质的反应，为了防止发生危险事故，必须严格控制危险化学反应。

10.2.5.3　工艺过程的危险性识别

工业生产装置是由不同阶段产生且相互影响的多个工艺过程高度集合而成的，具有潜在危险性。通常采用安全系统分析方法识别危险性，如安全检查表、初步危险性分析、故障模式影响度分析等。

1）安全检查表

安全检查表是识别潜在危险因子最简单且实用的方法。它通过把系统分解成若干个子系统或单元，利用已有的经验和知识，拟订安全问题清单，并附有有关规范要求，然后按顺序编制成表（表 10-2）。

表 10-2 安全检查表

类别	子类别	检查内容
厂区选址及总图布置	工厂位置	
	平面布置	
	车间布置	
	储运布置	
	厂区周围居民	
生产工艺	原材料	
	工艺操作	
装置设备	生产装置设备	
	仪表管理	
	电器安全	
	锅炉与压力容器	
操作管理	规程	
	培训考核	
	特殊训练	
	巡检	
防灾、消防	防火设施设备	
	防火规范	
	防火措施	
	应急措施	

2）初步危险性分析

初步危险性分析是一种定性分析系统危险因子和危险度的方法，初步危险性分析的对象是危险零部件、系统各单元的交接面及人员失误造成的环境影响。该方法以同类系统过往发生的大量事故和安全管理经验为基础，通过能量转换进行分析，考虑其潜在的危险性及发展规律。初步危险性分析的步骤主要包括根据经验分析可能发生的事故类型、环境影响因素，确定初始危害物及危险等级，提出防范措施。

按事故发生的可能性和事故后果的危害性可以将危险性分为四个等级：

（1）安全级：不发生危险。

（2）临界级：接近事故发生节点，若不防控或排除会发展成事故。

（3）危险级：可能发生会破坏系统并造成人员伤亡的事故。

（4）灾难性级：可能发生会造成极大危害性后果的事故。

3）故障模式影响度分析

故障模式影响度分析是通过对故障类型及危险度进行综合分析，按照实际需求，将系统分解为多个子系统，然后逐个分析可能造成的故障模式及后果影响，识别出重大危险故障，并对其中最大的故障模式进行危险度分析。

10.2.6　环境风险识别的定量分析

环境风险识别的定量分析是指基于生产知识和实际经验,运用逻辑推理方法识别危害并进行定量计算和分析,其目的是筛选出主要风险因素进行风险识别,确定最大可信灾害事故和事故源项,为降低事故造成的危害性影响提供科学依据。进行定量分析的方法主要有指数法和概率法,这里对指数法加以说明。

指数法是指根据原料、中间体和产品的性质、数量、工艺特点及操作过程等技术指标计算危害值,划分危险等级。

（1）火灾、爆炸危险指数:

$$F(\mathrm{FI}) = M_F \times \frac{100+P}{100} \times \frac{100+S}{100} \qquad (10\text{-}1)$$

式中,$F(\mathrm{FI})$为火灾、爆炸危险指数;M_F为单元中重要物质的物质系数;P为一般工艺危险系数之和;S为特殊工艺危险系数之和。

（2）毒性危险指数:

$$T_1 = \frac{T_h}{100} \times \frac{P+S+W}{10} \qquad (10\text{-}2)$$

式中,T_1为毒性危险指数;T_h为工艺中最危险物质的毒性系数;P为一般工艺危险系数之和;S为特殊工艺危险系数之和;W为工艺过程毒性系数之和。

（3）根据实施的安全措施和方法,确定火灾、爆炸和毒性的风险指数,以减轻和消除危害后果。

10.3　环境后果分析

10.3.1　环境后果分析的内容

环境后果分析是指计算和分析最大可信灾害事件的源参数,如事件引起的污染情况、污染物的理化性质和毒理学特征、污染物的转移方式和途径、事故可能造成的灾害类型以及灾害发生后对生物和环境产生的负面影响等,为环境风险评价提供科学依据。为了确定系统风险的可接受程度,需要对最大可信灾害事件进行风险评估,如果最大可信灾害事件的风险值超过了可接受的水平,则必须采取一定的措施来降低系统的风险度。

10.3.2　环境后果分析的步骤

就有毒有害化学物质的泄漏事件来说,具体的环境后果分析步骤如下。

最大可信灾害事件。

↓

确定典型泄漏:分析最大可信灾害种类,确定典型泄漏类型。

↓

确定泄漏物性质：确定泄漏物的相、压力、温度、易燃性和毒性等性质。

↓

泄漏所致后果判断：采用事故情况判断图进行判断。

↓

泄漏后果分析：计算泄漏物质的排放速率、扩散方式和危害性。

↓

直接释放特性分析：根据泄漏物质的特性和原有条件，确定泄漏物质排放到环境的初始源强和排放的早期特点。

↓

后果危害分析：确定泄漏物质对周围水体和大气环境的影响及其在土壤中迁移转化的过程、引起火灾爆炸后造成的不良后果。

↓

扩散途径或危害类型：确定泄漏物质的扩散途径，如水体、大气、土壤等，分析危害类型。

↓

后果综述。

10.3.3 环境后果分析的计算

1）有害物质泄漏量的计算

有害物质的泄漏包括液体泄漏、气体泄漏和两相泄漏，针对不同的泄漏类型，物质排放速率、扩散性质和危害特性的计算方法不同。

当有害液体的排放状态保持液态时，储存有害液体的容器尺寸或管道长度与泄漏孔直径之比小于 12 时，瞬时排放率可按照伯努利方程计算：

$$Q = C_d A_r \rho_1 \left[\frac{2(P_1 - P_a)}{\rho_1} + 2gh \right]^{\frac{1}{2}} \tag{10-3}$$

式中，Q 为瞬时排放率（kg/h）；C_d 为排放系数，对于液体流动，一般取 0.6～0.64，该值取决于流动状态和孔的形状；A_r 为泄漏孔的有效开放面积（或称释放面积）（m²）；ρ_1 为有害液体的密度（kg/m³）；g 为重力加速度（m/s²）；h 为流体的静压差（高度差）（m）；P_1 为容器内部压力（N/m²）；P_a 为大气压力（N/m²）。

假设有害气体是在理想气体的绝热可逆膨胀状态下排放，瞬时排放率可按照如下方程计算：

$$Q = Y A_r C_d \rho_1 \left\{ \left[\left(\frac{M\gamma}{RT_1} \right) \cdot \left(\frac{2}{\gamma + 1} \right)^{\frac{\gamma+1}{\gamma-1}} \right]^{\frac{1}{2}} \right\} \tag{10-4}$$

式中，Y 为泄漏系数，当 $P_a < P_1 \left(\dfrac{2}{\gamma+1} \right)^{\frac{\gamma}{\gamma-1}}$ 时，一般取 $0 \sim 1$；T_1 为气体温度（K）；R 为气体普适常数[J/(mol·K)]；M 为有害气体分子量；γ 为热辐射率；其他符号同上式。

2）有害物质泄漏后的扩散估算

有害液体泄漏后会迅速蔓延至不能蔓延的厚度，或者直至液体的蒸发率与排放率相等。为了估算有害液体泄漏后的扩散，必须找出蔓延半径与时间的函数关系，研究其扩散过程，可按照如下方程计算：

$$r = \left(\frac{t}{\beta} \right)^{\frac{1}{2}} \qquad \beta = \left(\frac{\pi \rho_1}{8gm} \right)^{\frac{1}{2}} \qquad （10\text{-}5）$$

式中，r 为蔓延半径（m）；m 为泄漏质量（kg）；t 为时间（s）；ρ 为液体密度（kg/m³）。

对于连续泄漏：

$$r = \left(\frac{t}{\beta} \right)^{\frac{3}{4}} \qquad \beta = \left(\frac{\pi \rho_1}{32gm} \right)^{\frac{1}{3}} \qquad （10\text{-}6）$$

近年来有害气体在大气中的扩散引发了广泛的关注，发展了许多扩散模型。在环境风险评价中，比空气密度大的烟云是我们研究的重点，因为这种烟云下沉会对环境造成一定危害。当仅考虑重力作用下，瞬间泄漏的烟云会形成半径为 R、高度为 h 的圆柱体时，常采用以下模型：

$$\frac{\mathrm{d}R}{\mathrm{d}t} = \left[Kgh(\rho_2 - 1) \right]^{\frac{1}{2}} \qquad （10\text{-}7）$$

式中，R 为烟云形成的半径（m）；K 为实验值，一般取 1；ρ_2 为烟气的密度（kg/m³）；h 为烟云的高度（m）。

3）有害物质泄漏的影响

有害物质泄漏造成的环境影响与泄漏物质的毒性、暴露时间和暴露浓度有关。现阶段人们对物质的毒性还没有完全了解，比较不同物质的毒性大小也相对困难。因此，通常采用半致死浓度或极限阈值浓度来计算扩散中的最低浓度，根据选择的最低浓度和空气污染物扩散模式的计算结果确定有毒物质泄漏的影响程度。

10.4　环境风险评价介绍

10.4.1　环境风险评价的目的与标准

环境风险评价的最终目的是确定社会可接受的风险水平，分析和预测建设项目中可能出现的突发事件，通常不包括自然灾害和人为破坏事件，以减少有毒有害、易燃和爆炸性物质对人体健康、安全造成的危害及对环境产生的影响，采取合理可行的预防、应急、缓解措施，确保风险事件对环境造成的破坏程度和事故发生率达到可接受的程度。

因此，环境风险评价也是计算环境风险发生概率以及判断风险后果是否达到可接受水平的过程。比较法常用于判断某种环境风险是否可被社会接受，即把环境风险与降低风险的成本、承担风险的收益进行比较。在环境风险评价中，有几种常用的比较方法如下。

1）与自然背景风险和行业风险进行比较

理论上，所有的生产经营活动都存在一定的风险，但社会可以接受自然背景风险值，通常也称其为环境风险背景值。一些研究人员将闪电、地震、风暴和火山爆发等无法控制的自然灾害的风险值视为自然背景风险值（$10^{-6}a^{-1}$），也有研究人员认为，人们会遭遇洪水、中毒、车祸等意外事故，将这类事故的风险值作为自然背景风险值（$10^{-5}a^{-1}$）（陆书玉，2001）。美国环境保护署认为小型人群可接受风险值为 $10^{-4}\sim10^{-5}a^{-1}$，社会人群可接受风险值为 $10^{-6}\sim10^{-7}a^{-1}$。行业风险评价标准规定的是每个行业可接受的风险值，分为最大可接受风险水平和可忽略风险水平，最大可接受风险水平是不可接受风险水平的下限，可忽略风险水平是指危害控制的副作用可能超过其减少危害收益的水平。表 10-3 列出了不同单位和学者给出的可接受风险。

表 10-3　不同单位和学者给出的可接受风险

单位	最大可接受风险水平	可忽略风险水平	备注
瑞典环境保护局	1×10^{-6}	—	化学污染物
荷兰建设环境部	1×10^{-6}	1×10^{-8}	化学污染物
英国皇家学会	1×10^{-6}	1×10^{-7}	—
国际原子能机构	—	5×10^{-7}	辐射污染物
国际放射防护委员会	5×10^{-5}	—	辐射污染物
丹麦环境保护局	1×10^{-6}	1×10^{-8}	化学污染物
特拉维斯（美国）	1×10^{-6}	—	—

资料来源：张从，2002；徐新阳和陈熙，2010

2）与缓解风险措施的成本和收益进行比较

为降低风险产生的不利影响，通常会采取一些措施方法，但实施措施是需要付出一定代价的。为了寻求最有效和成本最低的措施，有必要同缓解风险措施的成本与收益进行比较。

3）与承受风险所带来的好处进行比较

承担了风险就应得到效益，一般来说，风险越大，效益就越高。

4）与某些风险评价的标准进行比较

（1）补偿极限标准。

随着降低风险措施的投资成本增加，事故的年发生率有所下降。但是，当达到一定的投资值后，如果继续增加投资，通过减少意外损失而获得的补偿微乎其微，此时的风险值也称为风险评价的标准。

（2）人群可接受的风险标准。

从事某种职业或受自然灾害而造成伤亡的概率是客观存在的。例如，在产生有毒有害气体的化工行业，一年发生泄漏事故而导致 10 人死亡的概率是 10^{-3}，导致 100 人死亡的概率是 10^{-6}，这个概率是普遍存在的，也是社会可以接受的，此时的风险度可以作为风险评价的标准。

（3）恒定风险标准。

存在多种可能发生的事故，无论每一种事故产生何种强度的后果，当它的风险强度与风险率的乘积相等时，就存在一个恒定风险水平值。该恒定风险水平值可以作为评价和管理最客观、合理的标准。

10.4.2 环境风险评价的内容

拟开发行动或建设项目的环境风险评价内容与其所处的环境条件及民众的风险意识有一定的关系。其评价内容主要包括：

（1）对拟开发行动或建设项目的社会、经济和环境风险进行评估，同时从其他方面评价经济收益，以综合评价风险的可接受水平。

（2）将拟开发行动或建设项目与相关的周边环境作为一个整体，从风险源、控制条件到目标的所有方面进行全面评估。

（3）从解决拟开发行动或建设项目的具体问题出发进行环境风险评价。

10.4.3 环境风险评价的范围

（1）根据引起的不利危险事件类型来确定。

建设项目在正常运营过程中引起的危险事件，建设项目在不正常运营过程中引起的危险事件，因自然灾害等外界因素破坏建设项目而引起的危险事件。

（2）根据接受风险的人群来判断。

项目工作人员（职业性风险）、一般公众和特殊敏感人群。

（3）根据不同的工程流程来确定。

一些危险品不仅在其自身边界附近会引发风险，而且在其作用过程中也会对外界环境造成危害。

（4）根据评价的地理边界来确定。

一个建设项目的运行流程可以延伸到距厂址很远的地方，因此，进行环境风险评价时必须确定适当的地理边界。

（5）根据项目建设的不同阶段来确定。

根据项目规划、施工、调试、运营、服务期满后等不同阶段确定不同的环境风险评价边界。

（6）根据风险持续的时间来确定。

有些建设项目产生的有毒有害物质能在环境中循环利用，因此，不应该将评价时间仅限在使用期限内。

10.4.4　环境风险评价的重点

环境风险评价是将预测和防范风险事故对人群、生态系统造成危害后果作为工作重点，在环境条件允许的情况下，利用环境安全评价数据进行环境风险评价。环境风险评价与环境安全评价的主要区别在于环境风险评价侧重于风险事故对外部环境的影响，而环境安全评价侧重于提高系统的安全性和可靠性。

10.4.5　进行环境风险评价时应注意的问题

社会经济的发展必然会产生风险事件，进行环境风险评价可以确定风险种类并了解其对环境、人类造成的危害性后果，通过与社会、经济效益进行比较，寻求最佳解决途径。然而，由于环境风险的相互依存性，环境风险、社会效益、环境效益之间始终存在着某种联系以及评价人员进行风险评估时意见的不统一性，这就决定了环境风险评价的不确定性，降低一种风险的危害性程度往往会导致另一种风险的产生。因此，我们必须不断完善环境风险评价的理论、方法和内容，合理协调环境风险与社会效益、经济效益之间的关系，提高评价人员比较风险的能力。

10.5　环境风险管理

10.5.1　环境风险管理的内容

环境风险管理虽然是环境风险评价的最终步骤，但也是至关重要的环节。环境风险管理是指根据相关法律准则规定的可接受的风险水平，在风险评价的基础上采取合适的技术方案，进行效益分析来降低事故费用，降低或消除风险造成的不利影响，根据社会政策进行评估，实施相应的管理措施，保护生态系统和人群健康安全，并从经济效益的角度出发，分析收入效益是否大于潜在损失。

环境风险管理需要考虑的因素包括社会效益、经济价值和环境风险等，通过管理手段避免社会不可接受的风险事故的发生，基于管理目的和风险评价结果，采取有效的技术方案降低风险程度和经济损失。同时，根据可承受的风险程度，考虑经济、政治因素后进行分析判断，实施合适的管理方案，达到保护生态系统和人类健康安全的目的。

现代化建设必然带来一系列污染物，因此，环境风险的零存在和人类社会与生态系统对风险的零接受是不可能的。所以，风险源的存在并不意味着什么，我们需要解决的问题是如何有效地控制风险源。因此，在风险评价的基础上，找到建设项目实际或潜在的风险、行动方案效益及降低风险带来的后果这三者之间的平衡，选择最佳的实施方案，这才是环境风险管理的目的。

环境风险管理的主要内容包括以下四个方面：一是加强风险应急和风险恢复管理，

提高环境影响评价质量；二是制定有害物质的环境管理标准和规定；三是加强风险源控制，包括风险源类型和分布、风险源控制管理方案、风险控制人员的培训和配置；四是起草工业区和城市的综合环境管理计划。

风险管理人员在对生态安全和人体健康做出重大决策时，必须在潜在风险和以下因素中取得平衡：

（1）控制或减少人体或生态暴露的能力。

（2）采用危害性较小的替代物品。

（3）对商贸的影响。

（4）加强管理的能力。

（5）对未来法律法规政策的影响。

（6）消费者的期望。

（7）宣传教育以便消费者做出选择。

（8）企业最终转移到消费者身上的费用及所需付出的代价。

10.5.2　环境风险管理的原则

近年来，环境风险管理在环境风险评价中的重要作用充分地体现出来，环境风险管理能使研究人员和管理者将注意力集中在那些能够获得巨大效益回报的风险上。因此，环境风险管理研究的重点就是正确地注意到哪些是会对环境产生显著影响的风险。我们不可避免地对环境风险的理解、评估和管理具有主观性，因此，在进行环境风险管理时必须遵循以下两个基本原则：①以尽可能客观、公正的方式分析风险；②将风险控制到可接受的水平。

10.5.3　环境风险管理的方式

（1）采用搬迁厂址、迁移居民的方式来转移风险。

（2）关闭存在环境风险的工厂或生产线来规避风险。

（3）通过改进生产设备或改革生产流程来降低风险。

（4）改变生产原料或者产品品种，用另一种较小的环境风险替代原有的环境风险。

10.5.4　环境风险管理的重点

（1）制定战略对策。为加快国家环境风险管理体系的建设和完善，我们需要制定国家和重点地区风险管理的战略对策。首先，识别国家和重点地区的重要风险因素，建立优先管理清单，对系统环境风险进行分析评估。然后，以环境风险的"全过程管理"和"优先管理"为目标，确定环境风险管理的优先级，逐步推进国家环境风险管理体系的建设和实施，构建环境风险防控的专项规划，制定国家及重点地区的环境风险管理的战略对策，促使环境管理模式从质量提升转变为以风险控制为目标导向，实现环境风险管理纳入各级政府决策、规划和实施重大建设项目中。

（2）建立和完善环境风险管理支撑体系。一是完善立法监管体系，加快建立我国环境风险防控和管理的法律体系；二是完善技术导则和标准，建立完善综合管理技术指南和标准体系；三是进一步提高环境响应能力，建立健全以环境风险评价为基础的国家环境应急预案体系，切实提高各级、各类环境应急预案的适用性和可操作性；四是加强环境风险的基础性研究，增强科研人员的科技支撑能力。

（3）建立有效的环境风险交流系统。为了加强不同利益相关者之间的沟通、协商和合作，缩小公众感知环境风险水平与实际环境风险水平之间的差距，我们需要进行有效的环境风险沟通。根据国家生态环境监测网络建设的规划与实施方案，构建部委、地方和中央环境保护部门之间的生态环境监测网，健全环境信息共享机制，确保监测数据的准确性和统一性，并建立包含所有利益相关者在内的多实体参与管理的环境风险沟通系统，重点加强完善信息交流平台，提高公众的参与效率。

10.5.5 环境风险管理的现状及问题

虽然我国环境风险管理体系在发展过程中得到了不断的完善，但总体上仍处于初级阶段，环境管理模式也尚未实现以风险防控为导向的目标，主要问题体现在以下三个方面（朱世云等，2013；章丽萍，2019；张朝能等，2021）。

（1）缺乏环境风险管理的目标策略。我国未来环境风险管理的主要目标是解决实际风险水平与公众可接受的风险水平之间的矛盾，构建和完善能够满足现阶段社会经济发展需要和大众满意的环境安全保障管理模式，这就需要制定和实施相应的战略对策和项目规划来实现。我国制定目标战略并开展环境风险防控与管理的重要前提是对环境风险的本质有清醒的认知。但是，我国目前缺乏一个系统完善的国家环境风险分析、评估和分类方案，无法支撑分类、分级、分区管理环境风险措施的实施。因此，我们只能针对现阶段已经发生的环境风险事件来完善环境风险管理体系。

（2）环境风险管理支撑体系不健全。一是法律制度不完善。在现阶段的环境立法监管体系中，环境风险防控和管理的地位相对较低，可操作性不强，相关条款也不够明确清晰，甚至还存在一些专项法律法规空白的问题。二是环境风险管理标准体系与技术指南不完善。随着国家越来越重视对突发环境风险事件的防控，我们需要不断改进环境风险管理标准体系与技术指南。总体上，我国现有的指南和导则并没有体现出针对性、系统性和层次性，缺乏系统完整的风险管理技术指南与标准体系。三是风险应急能力有待提高。突发环境事件具有影响性大、分布范围广、对社会安定危害强的特点，虽然目前我国已初步建立了由国家、地方、部门、企业单位组成的环境应急预案网络，基本形成了环境应急预案管理体系，但国家环境风险应急系统中仍存在薄弱环节，无法确保突发风险事件发生后对环境和民众造成的影响降到最低，因此我们仍需不断提高环境风险应急能力。四是环境风险的系统化基础研究和科技支撑能力不足。我国目前的环境风险管理仍处于初级阶段，缺乏公众环境风险感知、人体健康暴露反应关系及政策费用效益评估的意识，对突发事件对人类健康和生态系统安全的危害途径、损害机理等方面的研究尚有不足，无法为环境风险管理的决策提供有效全面的科学基础和理论依据。

（3）环境风险信息公开和风险交流系统不完善。近年来，环境风险管理更加注重公众的参与，其中，环境风险沟通的重要依据是公开的环境风险信息。目前，我国已经建立了环境质量信息公开系统，特别是为了保证大气和地表水质量环境信息的准确性和及时性，我国设立了专门的监测点，但部分地区的地下水水质监测信息系统、土壤质量环境信息系统仍有待完善。因此，必须兼顾公众参与和风险信息公开，完善风险管理体系。

10.5.6　环境风险管理的基本体系

10.5.6.1　风险防范

预防风险事故的发生比事后采取补救更加重要。为了防范风险，我们可以采取以下具体措施。

（1）施工选址、总体布局及建筑的安全防范措施：对建设用地周围的工矿企业、交通要道、车站、码头等必须划定安全防护距离和防火间距；对厂区周围的居民区设置卫生防护距离；厂区总体布局必须满足事故防护要求，设有应急疏散、救援通道以及避难所等。

（2）危险化学品储存和运输的安全防范措施：对危险化学品的储存地点、储存量提出安全要求，危险品与环境敏感防护目标之间的距离必须符合国家相关规定。

（3）工艺技术设计的安全防范措施：应设立自动检测、报警、紧急切断和紧急停车系统；建立应急救援通道和设施；设置紧急疏散通道和避难所；完善防火、防中毒、防爆等事故管理系统。

（4）自动控制设计的安全防范措施：设置有毒有害气体、可燃气体的检测报警系统及在线分析方案系统。

（5）电气、电信的安全防范措施：划分爆炸危险区和腐蚀区，落实防爆、防腐蚀方案。

（6）消防及火灾报警系统的安全防范措施：配置消防设备，建设消防事故水池，合理布局消防排污口、厂区废水的切断装置等。

（7）设计应急救援站和毒气防护站。

10.5.6.2　风险应急

风险应急的根本目标是保护风险受体免遭风险的危害，确保事故发生后，能够有效及时地控制风险。风险应急工作的重点是建立高效及时的风险事故应急响应体系，制定应急决策和应急预案，减小风险事故的不利影响，预防和降低对人类和环境造成的危害，保障民众生命安全和财产安全。应急决策体系主要包括以下三个部分：环境风险源的规避、控制和管理技术以及发生突发事件后环境风险源的应急处理技术。应急预案体系主要包括以下五个部分：完整的救援应急队伍、应急组织管理指挥系统、救援保障系统、整体协调和救援物资供应系统。

10.5.6.3　风险处置

风险处置是环境风险管理全过程的最后一步，主要对遇难者的救援情况、事故责任人的管理以及事故处理过程中必须采取的合理措施进行分析和总结，以降低事故带来的环境隐患，减轻风险事故给承受者带来的心理痛苦。但目前环境风险管理人员对环境修复的重视程度还远远不够，关注的重点仍是应急响应工作，这会进一步危害公众健康、破坏生态环境，加大风险事故的后续不利影响。

思　考　题

1. 什么是风险？风险评价有哪些特点？
2. 环境风险评价和环境影响评价有哪些不同？
3. 环境风险评价的内容是什么？
4. 为什么要进行环境风险识别？
5. 进行环境风险识别有哪些常用方法？
6. 什么是环境后果分析？
7. 进行环境风险评价的目的是什么？
8. 环境管理的内容包括哪些？
9. 环境风险管理的重点是什么？

扫二维码查看本章学习
重难点及思考题与参考答案

11 环境影响报告书的编写与实例

11.1 环境影响报告书的编写

11.1.1 环境影响报告书的编写原则

环境影响报告书是环境影响评价程序和评价内容的书面表现形式，是环境影响评价的重要技术文件。在编制环境影响报告书时应遵循以下原则。

（1）政策性。

必须跟踪掌握有关政策法规，剖析建设项目对环境产生的潜在影响，针对区域规划、产业政策、能源政策、资源利用政策、清洁生产、环境保护目标等内容，提出相应建议。

（2）针对性强，重点突出。

根据建设项目性质、规模、特点、污染物种类、数量、毒性、排放特征、环境敏感性等，通过全面系统分析，筛选出对环境干扰强、影响范围大，有致害威胁的主要因子作为评价对象，明确特征污染因子。

（3）为建设项目选址、工程设计提供参考。

根据国家颁布的环保法规和当地区域规划等，提出建设规模、建设厂址、工艺布局、污染物排放等建议；分析拟采取的环保措施方案的先进性、可行性和可靠性，确保污染物达标排放和总量控制。

（4）报告书文字简洁、准确，图表清晰，论点明确。

典型项目或比较复杂的项目应有主报告和分报告（或附件），主报告应简明扼要，专题报告、计算依据列入分报告。

11.1.2 环境影响报告书编写的基本要求

（1）环境影响报告书的总体结构应符合国家环评技术导则及《建设项目环境保护管理条例》的要求，内容全面，重点突出，实用性强。

（2）基础数据是环境影响评价的基础，一旦污染源排放量数据有误，即使选用正确的计算模式和精确计算，其预测结果也将是错误的。因此，基础数据必须可靠，对于不同来源的同一参数数据，如果出现不同，应进行核实。

（3）环境影响评价预测模式都有一定的适用条件，评价参数也因污染物和环境条件的不同而不同。因此，应"因地制宜"选择预测模式和参数，选择推导条件和评价条件相近或相同的模式和参数。

（4）报告书要语句通顺、条理清楚、文字简练、篇幅适当。综合性、结论性的图表应放到报告书正文中，有参考价值的图表应作为附件材料，以减少篇幅。

（5）评价结论中必须对建设项目的可行性、建设规模、选址的合理性等做出明确的回答，不能模棱两可。评价结论须以报告书中客观的论证为依据，不能带有感情色彩。

（6）环境影响报告书中应有评价资格证书、报告书的署名，报告书编制人员按行政总负责人、技术总负责人、技术审核人、项目总负责人依次署名盖章，报告编写人署名。

11.1.3 环境影响报告书的编写要点

环境影响报告书编制的基本格式分两种：以环境现状（背景）调查、污染源调查、影响预测及评价进行分章编制，它是《建设项目环境保护管理条例》中规定的编制格式；以环境要素（含现状评价及影响评价）分章编制。

11.1.3.1 按现状调查及环境影响评价分章的编写要点

1）总论

（1）环境影响评价项目的由来。

（2）编写环境影响报告书的目的。

（3）编写依据。

环境影响评价委托合同或委托书；建设项目建议书的批准文件或可行性研究报告的批准文件；《建设项目环境保护管理条例》及地方环保部门为贯彻此办法而颁布的实施细则或规定；建设项目的可行性研究报告或设计文件；评价大纲及其审查意见或审批文件。

（4）评价标准。

一般包括大气、水、土壤、噪声等环境质量标准，以及污染物排放标准。应列出当地环境保护部门根据环境情况确定的环保标准，当标准中分类或分级别时，应指出执行哪一类或哪一级。

（5）评价范围。

按空气、地表水、地下水、噪声、土壤及生态环境分别列出，并简述评价范围确定的理由，给出评价范围的评价地图。

（6）控制及保护目标。

建设项目中是否有需要特别加以控制的污染源，主要是排放量特别大或排放污染物毒性很大的污染源。评价范围内是否有需要特别保护的重点目标，如特殊住宅、自然保护区、疗养院、文物古迹、风景旅游区等。

2）建设项目概况

（1）建设规模。

如果是扩建、改建项目，应说明原有规模。

（2）生产工艺。

按照生产方案分别介绍每一个产品投入产出的全过程，包括原料投入、加工次数、加工性质、排污特征及生产产品等。应列出重要的化学反应方程式，给出生产工艺流程图。对扩建、改建项目，还应对原有的生产工艺、设备及污染防治措施进行分析。

（3）原料、燃料及用水量。

应给出原料、燃料的组成成分及百分比，列出原料、燃料、用水量的消耗量，并给出物料平衡和水量平衡图。

（4）污染物排放情况。

应列出各污染源排放的废气、废水、废渣的数量、排放方式和去向。当有放射性物质排放时，应给出种类、剂量、来源及去向。对于设备噪声源，应给出设备噪声功率级，对于振动源，应给出振动级，并说明噪声源在厂区内的位置及与厂界的距离。

对于扩建、改建项目，应列出技术改造前后污染物排放量的变化情况，包括污染物的种类和数量。

（5）拟采取的环保措施。

详细介绍废气、废水、固体废物治理方案、工艺流程、主要设备、处理效果、污染物是否达标排放、投资及运行费用等。

（6）工程环境影响因素分析。

根据污染源、污染物排放情况及环境背景状况，分析污染物可能影响环境的各个方面，将其主要影响作为环境影响预测的重要内容。

3）环境现状（背景）调查

（1）自然环境调查。

评价区地形、地貌概况；水文及地质状况；气象与气候；土壤及农作物；森林、草原、水产、野生动物、野生植物、矿藏资源等。

（2）社会环境状况调查。

行政区划，人口分布，人口密度，人口职业构成与文化构成；工矿企业的分布概况及交通运输情况；文化教育概况；人群健康及地方病情况；自然保护区、风景旅游区、名胜古迹、温泉、疗养区以及重要政治文化设施。

（3）环境质量现状调查。

大气环境质量现状监测；地表水环境质量现状调查；地下水水质现状调查；土壤及农作物现状调查；环境噪声现状调查；人体健康及地方病调查等。

4）污染源调查与评价

污染源排放污染物的种类、数量、方式、途径及污染源的类型和位置，直接关系它的危害对象、范围和程度。因此，污染源调查与评价是环境影响评价工作的基础。

（1）建设项目污染源预估。

（2）评价区内污染源调查与评价。

5）环境影响预测与评价

大气环境影响预测与评价；地表水环境影响预测与评价；地下水环境影响预测与评价；噪声环境影响预测与评价；固体废物影响预测与评价；生态环境影响评价等。

6）环保措施的可行性分析及经济技术论证

（1）大气污染防治。

废气净化和除尘系统的工艺流程，设备型号、处理效率、运行费用和排放指标；分析排放指标是否符合排放标准；论述工艺参数及设备选型可行性。

（2）水污染防治。

废水处理的工艺原理、流程、处理效率等；分析排放指标是否符合排放标准；阐述拟选废水处理工艺的可行性。

（3）固体废物污染防治。

固体废物（包括危险固体废物）的排放去向、处理处置方法等。

（4）噪声污染防治。

提出减少振动、降低噪声的具体措施，并分析可行性。

（5）绿化。

提出绿化措施、绿化面积、绿植种类，分析绿化率是否达到有关要求，如果不能达到有关要求，需提出提高绿化率指标的具体措施。

7）环境影响经济损益分析

从社会效益、经济效益和环境效益三方面对项目建设的环境影响经济损益进行定量或定性分析，从而分析项目建设的可行性。

8）环境监测的建议

9）结论

（1）评价区环境质量现状。

（2）主要污染源、污染物及排污特征。

（3）建设项目对评价区环境的影响。

（4）环保措施的可行性。

（5）从社会效益、经济效益和环境效益相统一的角度，提出项目建设是否可行；根据项目的具体情况，提出可供建设单位参考的建议。

10）附件、附图及参考文献

（1）附件主要包括建设项目的可行性研究报告、评价大纲、评价通知单、委托合同及批复等。

（2）附图包括建设项目的地理位置图，大气、地表水、地下水、固体废物、噪声监测布点图，总平面图，主要工艺流程图等。

（3）参考文献应为正式出版的著作、论文，没有正式出版的内部资料不能作为参考文献。参考文献应给出作者、文献名称、出版单位、版次、出版日期等。

11.1.3.2 按环境要素分章的编写要点

1）总论
内容同上。

2）建设项目概况
内容同上。

3）污染源调查与评价
内容同上。

4）大气环境现状与影响评价

（1）大气环境现状（背景）调查。

（2）大气环境影响预测与评价。

5）地表水环境现状与影响评价

（1）地表水环境现状（背景）调查。

（2）地表水环境影响预测与评价。

6）地下水环境现状与影响评价

（1）地下水环境现状（背景）调查。

（2）地下水环境影响预测与评价。

7）环境噪声现状与影响评价

（1）噪声环境现状调查。

（2）噪声环境影响预测与评价。

8）土壤及农作物现状与影响预测

（1）土壤及农作物环境现状调查。

（2）土壤及农作物环境影响预测与评价。

9）生态环境现状与影响预测

（1）森林、草原、水产、野生动物等现状调查。

（2）生态环境影响预测与评价。

10）建设项目对其他环境的影响预测

其他环境包括振动、电磁波、放射性等。

11）环保措施的可行性分析及经济技术论证

内容同上。

12）环境影响经济损益分析

内容同上。

13）结论

内容同上。

11.2　环境影响报告书编写实例

本节以盘锦市某化工项目为例说明环境影响评价大纲与报告书的编写。

11.2.1　环境影响评价大纲的编写

一、总论

（一）编制依据

（二）评价工作原则和评价重点

（三）环境影响因素识别和评价因子筛选

（四）环境功能区划

（二）区域环境概况

（三）工程分析

（四）环境保护措施

（五）环境影响预测分析

（六）公众参与情况

（七）综合评价结论

十、附件

11.2.2　环境影响报告书的编写

一、总论

（一）编制依据

1. 国家法律法规

2. 地方法律法规

3. 行业导则

4. 相关文件与资料

（二）评价工作原则和评价重点

本评价突出环境影响评价的源头预防作用，坚持保护和改善环境质量。

1. 依法评价

本评价贯彻执行我国环境保护相关法律法规、标准、政策等，优化项目建设，服务环境管理。本评价结合园区规划、环境保护规划和环境功能区划开展，各专题的工作都以"依法评价"为基本工作原则并加以落实。

2. 科学评价

依据环境影响评价导则，规范环境影响评价方法，科学分析项目建设对环境质量的影响。对生产过程中排放的废气、废水、固体废物、噪声等进行详细分析，给出污染流程；切实落实各项污染治理措施，分析污染源稳定达标排放的可行性和可靠性，提出改进措施的意见与建议。

3. 突出重点

根据建设项目工程内容及其特点，明确其与环境要素间的作用效应关系，根据规划环境影响评价结论和审查意见，充分利用符合时效的数据资料及成果，对建设项目主要环境影响予以重点分析和评价。

本评价以工程分析、污染防治措施、环境影响评价、环境风险评价为重点，力争做到评价工作重点突出、内容具体、真实客观，最终得出的评价结论明确可信，提出的污染防治措施具有可操作性和实用性。

本评价以企业现状回顾性分析、工程分析、污染防治措施、环境影响评价以及环境风险评价为重点，同时对环境空气、水、噪声、固体废物、环境经济、环境管理等进行兼评与分析，在评价的基础上提出相应治理对策。

本次环评的重点为下列专题：

（1）工程分析专题。

（2）污染防治措施专题。

（3）环境影响评价专题。

（4）环境风险评价专题。

（三）环境影响因素识别和评价因子筛选

1. 环境影响因素识别

通过对本项目环境影响因素及污染物排放分析，并结合同类工程的环境影响类比调查，本项目的环境影响要素筛选见表 11-1。

表 11-1 环境影响要素筛选矩阵

评价时段	环境影响要素	水环境	空气环境	声环境	地下水环境	土壤环境
施工期	废水 废气 噪声 土壤					
运行期	废水 废气 噪声 土壤					
环境风险						

2. 评价因子筛选

根据筛选结果确定本项目的评价内容和主要评价因子，见表 11-2。

表 11-2 评价内容及评价因子表

污染物	评价时段	评价内容	评价因子	
			现状因子	预测因子
废气	施工期	施工废气对空气环境的影响	PM_{10}、TSP（总悬浮颗粒物）等	
废水		施工废水处理依托性分析	pH、COD、SS、氨氮等	
噪声		施工噪声对厂区边界的影响	L_{Aeq}（等效连续 A 声级）	
固体废物		施工固体废物的处置	生活垃圾和建筑垃圾	
废气	运行期	废气对空气环境的影响	SO_2、NO_x、颗粒物、总挥发性有机化合物、非甲烷烃	非甲烷烃
废水		废水处理依托性分析	—	COD、氨氮、悬浮物、石油类
噪声		设备生产噪声对厂区边界的影响	L_{Aeq}	L_{Aeq}
地下水中污染物		正常生产及事故状态对地下水的影响	K^+、Na^+、Ca^{2+}、Mg^{2+}、CO_3^{2-}、HCO_3^-、Cl^-、SO_4^{2-}、pH、氨氮、硝酸盐、亚硝酸盐、挥发性酚类、氰化物、砷、汞、铬（六价）、总硬度、铅、氟、镉、铁、锰、溶解性总固体、高锰酸盐指数（耗氧量）、硫酸盐、氯化物、总大肠菌群、石油类、蒽	COD、石油类

污染物	评价时段	评价内容	评价因子	
			现状因子	预测因子
土壤中污染物	运行期	正常生产及事故状态对土壤的影响	石油烃、镉、砷、汞、铜、镍、六价铬、铅、2-氯酚、硝基苯、萘、苯并[a]蒽、䓛、苯并[b]荧蒽、苯并[k]荧蒽、茚并[1, 2, 3-cd]芘、二苯并[a, h]蒽、苯并[a]芘、苯胺、1, 1, 1, 2-四氯乙烷、1, 1, 1-三氯乙烷、1, 1, 2, 2-四氯乙烷、1, 1, 2-三氯乙烷、1, 2, 3-三氯丙烷、1, 1 二氯乙烷、1, 1-二氯乙烯、1, 2-二氯苯、1, 2-二氯乙烷、1, 2-二氯丙烷、1, 4-二氯苯、苯、四氯化碳、氯苯、三氯甲烷（氯仿）、顺式-1, 2-二氯乙烯、乙苯、间/对-二甲苯、二氯甲烷、邻-二甲苯、苯乙烯、四氯乙烯、甲苯、反式-1, 2-二氯乙烯、三氯乙烯、氯乙烯、氯甲烷	-

（四）环境功能区划

1. 环境空气功能区划

根据盘锦市环境空气质量功能区划，本项目所在区域为 2 类环境空气质量功能区。

2. 地表水环境功能区划

本项目产生的污水经厂内污水处理厂处理达标后，一部分污水深度处理后作为中水回用，其余污水达标后排入园区污水处理厂末端监控池，经监控合格后，最终排放至就近地表水。

3. 声环境功能区划

本工程选址位于化工园区内，该区域声环境功能按照 3 类区控制。

（五）评价等级和评价范围

1. 评价等级

（1）大气环境影响评价等级。

本项目采用《环境影响评价技术导则　大气环境》（HJ 2.2—2018）中推荐的估算模型进行评价等级计算。根据项目污染源初步调查结果，分别计算项目排放主要污染物的最大地面空气质量浓度占标率 P_i 及第 i 个污染物的地面空气质量浓度达到标准值的 10% 时所对应的最远距离 $D_{10\%}$，计算公式如下：

$$P_i = \frac{C_i}{C_{0i}} \times 100\%$$

式中，P_i 为第 i 个污染物的最大地面空气质量浓度占标率（%）；C_i 为采用估算模型计算出的第 i 个污染物的最大 1h 地面空气质量浓度（μg/m³）；C_{0i} 为第 i 个污染物的环境空气质量浓度标准（μg/m³）。

根据《环境影响评价技术导则　大气环境》（HJ 2.2—2018）中的有关规定，大气环境影响评价等级判据见表 11-3。

表 11-3 大气环境影响评价等级

评价等级	评价等级判据
一级	$P_{max} \geqslant 10\%$
二级	$1\% \leqslant P_{max} < 10\%$
三级	$P_{max} < 1\%$

根据导则推荐的 AERSCREEN 估算模型，对本项目污染源进行计算，统计出各污染物下风向浓度和其出现位置，估算模型参数详见表 11-4，估算结果详见表 11-5。

表 11-4 估算模型参数一览表

参数		取值
城市/农村选项	城市/农村	农村*
	人口数（城市选项时）	—
	最高环境温度/℃	35
	最低环境温度/℃	−30
	土地利用类型	农作地
	区域湿度条件	中等湿度气候
是否考虑地形	考虑地形	√是□否
	地形数据分辨率/m	90
是否考虑岸线熏烟	考虑岸线熏烟	□是√否
	岸线距离/km	—
	岸线方向/(°)	—

*由于面源周边都是高度较高的装置区，因此面源计算选择的城市选项。

表 11-5 大气环境评价等级估算结果一览表

装置名称	污染源	污染因子	最大质量浓度/（mg/m³）	P_{max}/%	$D_{10\%}$/m	评价等级
调和车间						
基础油罐区						
润滑油罐区						
柴油罐区						
新建装卸车场						

同时，根据《环境影响评价技术导则 大气环境》（HJ 2.2—2018）中的规定"对电力、钢铁、水泥、石化、化工、平板玻璃、有色等高耗能行业的多源项目或以使用高污染燃料为主的多源项目，并且编制环境影响报告书的项目评价等级提高一级"，本项目大气环境影响评价等级确定为一级。

（2）地表水环境影响评价等级。

本项目产生的污水送厂内污水处理厂进行处理，达标污水排入园区污水处理厂末端监控池，经监控合格后，最终排放至附近地表水。本项目废水排放为直接排放。因此，按照《环境影响评价技术导则 地表水环境》（HJ 2.3—2018）的规定，本项目地表水环境影响评价等级为三级 A。

（3）噪声环境影响评价等级。

本项目所在声环境功能区适用于《声环境质量标准》（GB 3096—2008）规定的 3 类标准地区。本工程实施前后公司厂界噪声值增高量在 3dB(A)以内，同时受噪声影响人口数量变化不大。因此，噪声环境影响评价等级为三级。

（4）地下水环境影响评价等级。

根据《环境影响评价技术导则 地下水环境》（HJ 610—2016）中附录 A 地下水环境影响评价行业分类表，本项目地下水环境影响评价项目类别为 I 类。

地下水环境敏感程度：根据《环境影响评价技术导则 地下水环境》（HJ 610—2016），本项目地下水环境敏感程度分级为"较敏感"。

综合上述条件，同时考虑项目距离水源保护区较近，因此本项目地下水环境影响评价等级提级为一级，等级划分依据见表 11-6。

表 11-6 建设项目地下水环境影响评价等级划分表

类别	I 类项目	II 类项目	III 类项目
敏感	一	一	二
较敏感	一	二	三
不敏感	二	三	三

（5）环境风险评价等级。

本项目大气环境风险评价等级为一级，地表水环境风险评价等级为二级，地下水环境风险评价等级为二级。

（6）土壤环境影响评价等级。

本项目厂区占地规模为中型（5～50hm²）；周边均为企业用地，土壤环境敏感程度为不敏感（I 类）。项目土壤污染影响型评价等级划分见表 11-7。

表 11-7 土壤污染影响型评价等级划分表

敏感程度	I 类			II 类			III 类		
	大	中	小	大	中	小	大	中	小
敏感	一级	一级	一级	二级	二级	二级	三级	三级	三级
较敏感	一级	一级	二级	二级	二级	三级	三级	三级	—
不敏感	一级	二级	二级	二级	三级	三级	三级	—	—

本项目属于Ⅰ类项目、占地规模为中型、土壤环境敏感程度为不敏感。对照表11-7，本项目土壤环境影响评价等级为二级。

2. 评价范围

根据本项目特点及评价工作内容和深度的要求，确定本项目各专题环境影响评价范围如下。

（1）本项目大气环境影响评价范围为以项目厂址为中心区域，自厂界外延 2.5km 的矩形区域。

（2）本项目地表水环境影响评价范围为污水处理厂排污口上游 500m 处至排污口下游 23km 地表水体处，全长 23.5km 的范围。

（3）噪声环境影响评价范围为企业厂区边界。

（4）土壤环境影响评价范围为项目占地范围外延 200m。

（5）地下水环境影响评价范围。由于拟建项目厂区及周边水文地质条件简单，因此，调查区评价范围采取自定义法确定，总面积约 16km^2。

（六）污染控制和环境保护目标

基于本项目污染物产生情况及环境影响问题，并根据评价区环境功能区划的要求，确定本项目污染控制的目标。总体上说，本项目污染控制目标是：①做到全过程最大限度地减少污染物排放；②确保项目实施后污染物排放浓度和污染物总量控制指标"双达标"；③采取有效的事故安全防范及应急措施，使本项目的环境风险降至最小。

1. 污染控制目标

（1）废气污染控制目标。

对于本项目废气污染物排放，要充分作好治理措施论证，力争采用技术先进、运行可靠且经济的治理措施，最大限度地减少排放量。不仅要确保本项目废气中污染物达标排放，而且要满足大气环境质量和污染物排放总量控制的要求。

（2）废水污染控制目标。

做好本项目的废水治理及排水方案论证，提出合理可行的方案作为设计依据，使项目实施后实现"清污分流"；并遵照"节约用水"的原则，确保本项目废水水质符合相应的废水排放标准。

（3）噪声污染控制目标。

采取有效的减噪措施，确保厂界及环境噪声达标。

（4）固体废物污染控制目标。

采取有效的回收措施，使固体废物达到最有效的回收再利用，最大限度地减少排放量，同时做好固体废物的无害化处理工作。

（5）环境风险污染控制目标。

采取有效的事故预防及应急措施，力争将事故风险降至最小，杜绝污染大气环境及损害周围居民的事故性排放废气和废水发生。

（6）地下水污染控制目标。

采取有效的地下水污染防治措施，使项目实施过程中可能造成的直接和间接危害降至最低，从而预防与控制环境恶化，保护地下水资源不受影响。

2. 环境保护目标

（1）大气环境保护目标。

确保本项目建成后评价范围内环境空气质量维持在现有水平，重点保护对象为厂区周围居民区及高速公路。本项目大气环境保护对象为以项目厂址为中心区域，自厂界外延 2.5km 的矩形区域内的环境敏感点。

（2）地表水环境保护目标。

做好本项目的废水治理及排水方案论证，提出合理可行的方案作为设计依据，使项目实施后实现"清污分流"；并遵照"节约用水"的原则，确保本项目产生的废水达标排放。本项目地表水环境保护目标为附近地表水。

（3）地下水环境保护目标。

采取有效的地下水防治措施，确保地下水资源、地下水环境不因本项目的实施而受到影响。本项目地下水环境保护目标为厂区东侧的水源保护区。

（4）声环境保护目标。

本项目声环境保护目标为厂址周边居民。

（七）评价标准

1. 环境质量评价标准

（1）大气环境质量标准。

项目所在区域属于二类环境空气质量功能区，故 TSP、PM_{10}、SO_2、NO_2、NO_x、CO、O_3 执行《环境空气质量标准》（GB 3095—2012）中的二级标准；TVOC（总挥发性有机物）执行《环境影响评价技术导则 大气环境》（HJ 2.2—2018）附录 D 中的要求，具体标准限值见表 11-8。

表 11-8 环境空气质量标准一览表

污染物名称	浓度限值/(mg/m³)（标准状态）				备注
	一次	1h 平均	日平均	年平均	
SO_2	—	0.5	0.15	0.06	
NO_2	—	0.2	0.08	0.04	
NO_x	—	0.25	0.10	0.05	
CO	—	10	4	—	《环境空气质量标准》（GB 3095—2012）二级
O_3	—	0.2	0.16（8h 平均）	—	
TSP	—	—	0.3	0.2	
$PM_{2.5}$	—	—	0.075	0.035	
PM_{10}	—	—	0.15	0.07	
TVOC	—	—	0.60（8h 平均）	—	《环境影响评价技术导则 大气环境》（HJ 2.2—2018）附录 D

（2）地表水环境质量标准。

本项目产生的污水经厂内污水处理厂处理达标后，一部分经深度处理作为中水回用，其余污水达标后排入园区污水处理厂末端监控池，经监控合格后，污水最终排放至附近地表水，水质执行《地表水环境质量标准》（GB 3838—2002）中Ⅳ类水体标准，具体见表 11-9。

表 11-9　地表水环境质量标准一览表

序号	项目	Ⅳ类标准值
1	pH（量纲一）	6～9
2	COD/(mg/L)	≤30
3	BOD$_5$/(mg/L)	≤6
4	高锰酸盐指数/(mg/L)	≤10
5	氨氮/(mg/L)	≤1.5
6	石油类/(mg/L)	≤0.5
7	挥发酚/(mg/L)	≤0.01
8	氰化物/(mg/L)	≤0.2
9	硫化物/(mg/L)	≤0.5
10	溶解氧/(mg/L)	≥3
11	总磷/(mg/L)	≤0.3
12	总氮/(mg/L)	≤1.5

（3）地下水环境质量标准。

本项目地下水环境执行水质评价依据《地下水质量标准》（GB/T 14848—2017）中Ⅲ类水质标准，该标准未规定的石油类指标参照《生活饮用水卫生标准》（GB 5749—2022）的附录 A（≤0.3mg/L），具体见表 11-10。

表 11-10　地下水环境质量标准一览表

序号	项目	标准值	序号	项目	标准值
1	pH（量纲一）	6.5～8.5	12	Na$^+$/(mg/L)	≤200
2	氨氮/(mg/L)	≤0.5	13	氟/(mg/L)	≤1.0
3	硝酸盐/(mg/L)	≤20	14	镉/(mg/L)	≤0.005
4	亚硝酸盐/(mg/L)	≤1	15	铁/(mg/L)	≤0.3
5	挥发性酚类/(mg/L)	≤0.002	16	锰/(mg/L)	≤0.1
6	氰化物/(mg/L)	≤0.05	17	溶解性总固体/(mg/L)	≤1000
7	砷/(mg/L)	≤0.01	18	高锰酸盐指数（耗氧量）/(mg/L)	≤3.0
8	汞/(mg/L)	≤0.001	19	硫酸盐/(mg/L)	≤250
9	铬（六价）/(mg/L)	≤0.05	20	氯化物/(mg/L)	≤250
10	总硬度/(mg/L)	≤450	21	总大肠菌群/(mg/L)	≤3.0
11	铅/(mg/L)	≤0.01	22	石油类/(mg/L)	≤0.3

（4）土壤环境质量标准。

本项目所在地土壤环境执行《土壤环境质量 建设用地土壤污染风险管控标准（试行）》（GB 36600—2018）中第二类用地筛选值的要求，具体见表 11-11。

表 11-11 土壤环境质量标准一览表

序号	项目	标准值/(mg/kg)
1	石油烃	≤4500
2	镉	65
3	砷	60
4	汞	38
5	铜	18000
6	镍	900
7	六价铬	≤5.7
8	铅	800
9	2-氯酚	2256
10	硝基苯	76
11	萘	70
12	苯并[a]蒽	15
13	䓛	1293
14	苯并[b]荧蒽	15
15	苯并[k]荧蒽	151
16	茚并[1, 2, 3-cd]芘	15
17	二苯并[a, h]蒽	1.5
18	苯并[a]芘	1.5
19	苯胺	260
20	1, 1, 1, 2-四氯乙烷	10
21	1, 1, 1-三氯乙烷	840
22	1, 1, 2, 2-四氯乙烷	6.8
23	1, 1, 2-三氯乙烷	2.8
24	1, 2, 3-三氯丙烷	0.5
25	1, 1-二氯乙烷	9
26	1, 1-二氯乙烯	66
27	1, 2-二氯苯	560
28	1, 2-二氯乙烷	5
29	1, 2-二氯丙烷	5
30	1, 4-二氯苯	20

序号	项目	标准值/(mg/kg)
31	苯	4
32	四氯化碳	2.8
33	氯苯	270
35	顺-1, 2-二氯乙烯	596
36	乙苯	28
37	间/对-二甲苯	570
38	二氯甲烷	616
39	邻-二甲苯	640
40	苯乙烯	1290
41	四氯乙烯	53
42	甲苯	1200
43	反-1, 2-二氯乙烯	54
44	三氯乙烯	2.8
45	氯乙烯	0.43
46	氯甲烷	37
47	氰化物	135

（5）声环境质量标准。

本项目位于三类工业用地内，根据环境功能区划，环境噪声执行《声环境质量标准》（GB 3096—2008）3 类功能区所对应的标准值，等效连续 A 声级 L_{Aeq}，昼间 65dB(A)，夜间 55dB(A)。具体见表 11-12。

表 11-12　声环境质量标准　　　　　　　　　　　[单位：dB(A)]

类别	标准值（L_{Aeq}）	
	昼间	夜间
3 类声环境功能区标准	65	55

2. 污染物排放标准

（1）废气排放标准。

本项目有组织废气排放执行《石油化学工业污染物排放标准》（GB 31571—2015）中有机废气排放口去除效率要求（特别排放限值）；装卸车栈台、罐区无组织废气排放执行《石油化学工业污染物排放标准》（GB 31571—2015）中企业边界大气污染物浓度限值。具体标准值见表 11-13。

表 11-13　废气排放标准

污染源	污染物	排放限值	无组织排放厂界监控浓度限值/(mg/m³)	备注
有组织排放	非甲烷总烃	去除效率 ≥97%	—	《石油化学工业污染物排放标准》（GB 31571—2015）
无组织排放	非甲烷总烃	—	4.0	《石油化学工业污染物排放标准》（GB 31571—2015）企业边界大气污染物浓度限值

（2）废水排放标准。

本项目产生的废水主要为生活污水、含油污水。本项目含油污水送至污水提升池，经泵送厂内 410m³/h 污水处理厂；生活污水经化粪池处理后经泵送生活污水排水总管。以上废水经厂内 410m³/h 污水处理厂初步处理后，一部分深度处理后作为中水回用，其余废水达标后排入园区污水处理厂的末端监控池，经监控合格后，废水最终通过污水排放管道送至污水处理厂排水口排放至附近地表水体。

本项目废水排放执行《石油化学工业污染物排放标准》（GB 31571—2015）表 1 中"直接排放"水污染物最高允许排放浓度要求，同时参照《城镇污水处理厂污染物排放标准》（GB 18918—2002）一级 A 标准（规划环评中要求园区污水处理厂执行该标准）。具体标准限值详见表 11-14。

表 11-14　污水排放限值一览表

序号	污染物	标准值 GB 31571—2015	标准值 GB 18918—2002	本项目最终污水排放限值
1	pH	6~9	6~9	6~9
2	悬浮物/(mg/L)	70	10	10
3	化学需氧量/(mg/L)	60	50	50
4	氨氮/(mg/L)	8	5（8）*	5
5	总氮/(mg/L)	40	15	15
6	石油类/(mg/L)	5	1	1

*括号外数值为水温＞12℃时的控制值，括号内数值为水温≤12℃时的控制值。

（3）噪声标准。

本项目厂界噪声执行《工业企业厂界环境噪声排放标准》（GB 12348—2008）3 类标准，等效连续 A 声级 L_{Aeq} [dB(A)]，昼间 65dB(A)，夜间 55dB(A)。施工期噪声执行《建筑施工场界环境噪声排放标准》（GB 12523—2011）。

（4）工业固体废物排放标准。

本项目工业固体废物分类、贮存、处置等参考《国家危险废物名录（2021 年版）》（生态环境部、国家发展和改革委员会、公安部、交通运输部、国家卫生健康委员会第 15 号公布，2020 年 11 月 25 日）；《危险废物贮存污染控制标准》（GB 18597—2023）；《关于发布〈一般工业固体废物贮存、处置场污染控制标准〉（GB 18599—2001）等 3 项国家污染物控制标准修改单的公告》（公告 2013 年第 36 号）。

3. 卫生防护距离标准

本项目卫生防护距离执行 800m，北侧执行 720m。

二、建设项目概况

（一）工程概况

主要包括工程规模及总投资、总平面布置图、装置概况、生产工艺流程等，具体内容略。

（二）污染物排放情况

1. 施工期废水排放情况

施工期生活污水、设备基础的开挖和围堰、水池等混凝土工程的养护等将不可避免地产生混浊的施工废水；动力机械、运输车辆维护冲洗等会产生悬浮物、石油类废水，构筑物的养护、冲洗打磨等会产生含悬浮物的废水。建设项目施工期污染负荷预测表如表 11-15 所示。

表 11-15　建设项目施工期污染负荷预测表

污染物	废水产生量/t	COD/(mg/L)	悬浮物/(mg/L)	石油类/(mg/L)	NH$_3$-N/(mg/L)
生活污水					
施工废水					

2. 施工期固体废物排放情况

项目建设过程中产生的固体废物主要为建筑物主体施工过程中产生的建筑垃圾、装修垃圾以及施工人员产生的生活垃圾。

3. 施工期噪声污染分析

施工过程中，机械设备产生的噪声会对作业人员和厂址周围环境造成一定的影响。建设项目施工机械噪声源强表如表 11-16 所示。

表 11-16　施工机械噪声源强

序号	施工阶段	设备	单机最大噪声值/dB(A)	噪声测距/m
1				
2				
3				
4				

4. 运行期废气污染物排放分析

本项目生产过程中的废气污染物排放类型主要为有机废气处理设施排气、无组织排放、装卸车栈台无组织排放等。废气污染物产生和排放情况表如表 11-17 所示。

表 11-17　废气污染物产生和排放情况一览表

序号	污染源名称	主要污染物产生量			治理措施	处理效率	最终排放量				排放规律
		污染物名称	产生量/(t/a)	产生浓度/(mg/m³)			废气量/(m³/h)	排放浓度/(mg/m³)	排放速率/(kg/h)	排放量/(t/a)	

5. 无组织 VOCs 产生量计算

挥发损失采用《石化行业 VOCs 污染源排查工作指南》中推荐的美国环境保护署发布的"污染物排放因子文件"（AP-42）第五版第七章中提供的评价公式。

（三）企业现有污染防治措施

无。

三、环境概况

（一）自然环境调查

主要包括项目地理位置、地形地貌、气候特征、地表水系、水文地质等，具体略。

（二）环境质量现状调查与评价

1. 空气环境质量现状调查与评价

收集上一年连续一年的监测数据，如表 11-18 所示。

表 11-18　监测数据统计表

污染物	年评价指标	现状浓度/(μg/m³)	标准值/(μg/m³)	占标率/%	达标情况
PM₂.₅	年平均质量浓度				
	日平均第 95 百分位数				
PM₁₀	年平均质量浓度				
	日平均第 95 百分位数				
SO₂	年平均质量浓度				
	日平均第 98 百分位数				
NO₂	年平均质量浓度				
	日平均第 98 百分位数				
CO	年平均质量浓度				
	日平均第 95 百分位数				
O₃	年平均质量浓度				
	8h 平均第 90 百分位数				

2. 地表水环境质量现状调查与评价

采用表 11-19 所示方法进行地表水环境质量现状调查，结合单因子指数法或标准指数法进行评价。

表 11-19　地表水环境质量调查检测方法

检测项目	检测技术依据及分析方法	仪器名称	仪器型号	检出限
pH	《水质　pH值的测定　玻璃电极法》（GB 6920—1986）			
化学需氧量	《水质　化学需氧量的测定　重铬酸盐法》（HJ 828—2017）			
生化需氧量	《水质　五日生化需氧量（BOD_5）的测定　稀释与接种法》（HJ 505—2009）			
氨氮	《水质　氨氮的测定　纳氏试剂分光光度法》（HJ 535—2009）			
总磷	《水质　总磷的测定　钼酸铵分光光度法》（GB 11893—1989）			
总氮	《水质　总氮的测定　碱性过硫酸钾消解紫外分光光度法》（HJ 636—2012）			
氰化物	《水质　氰化物的测定　容量法和分光光度法》（HJ 484—2009）			
挥发酚	《水质　挥发酚的测定　4-氨基安替比林分光光度法》（HJ 503—2009）			
石油类	《水质　石油类的测定　紫外分光光度法（试行）》（HJ 970—2018）			
硫化物	《水质　硫化物的测定　亚甲基蓝分光光度法》（GB/T 16489—1996）			

3. 地下水环境质量现状调查与评价

根据《环境影响评价技术导则　地下水环境》（HJ 610—2016）布置地下水水质监测点，主要监测因子包括 K^+、Na^+、Ca^{2+}、Mg^{2+}、CO_3^{2-}、HCO_3^-、氯化物、硫酸盐、pH、总硬度、溶解性总固体、铁、锰、挥发性酚类等，结合单因子指数法或标准指数法进行评价。

4. 厂界环境噪声现状调查与评价

利用《工业企业厂界环境噪声排放标准》（GB 12348—2008）监测噪声项目，如表 11-20 所示。厂界噪声评价标准及限值如表 11-21 所示。

表 11-20　声环境监测项目及分析方法

检测项目	检测方法	检出限	仪器名称及型号	检测频次
厂界噪声	《工业企业厂界环境噪声排放标准》（GB 12348—2008）			

表 11-21　评价标准及限值

序号	项目	标准限值	执行标准
1	噪声	昼间：65dB(A) 夜间：55dB(A)	《工业企业厂界环境噪声排放标准》（GB 12348—2008）中 3 类标准

5. 土壤环境质量现状调查与评价

调查《土壤环境质量　建设用地土壤污染风险管控标准（试行）》（GB 36600—2018）中所列 45 项基本项目及 pH、氰化物、特征因子石油烃，共 48 项。

四、工程分析

（一）工艺流程分析

本项目润滑油生产线工艺流程、排污节点及物料平衡如图 11-1 及图 11-2 所示。

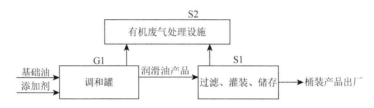

图 11-1　工艺流程及排污节点

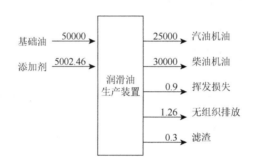

图 11-2　物料平衡图（单位：t/a）

（二）污染物产生及排放分析

1. 施工期污染物产生及排放分析

（1）废水。

施工期设备基础的开挖和围堰、水池等混凝土工程的养护等将不可避免地产生混浊的施工废水。项目施工平均日用水量 10m³，施工天数按 7 个月计算，施工期总用水量 2100m³，排放系数按 0.2 计，则施工期废水产生量为 2m³/d。生活用水量按 30L/(人·d) 计，则生活用水量为 0.6m³/d。排放系数按 0.8 计，则施工期生活污水的日产生量为 0.48m³，总产生量为 100.8m³，主要污染物为 COD、SS、NH₃-N。施工期水污染负荷预测表见表 11-22。

表 11-22　施工期水污染负荷预测表

污染物	废水产生量/t	COD/(mg/L)	SS/(mg/L)	石油类/(mg/L)	NH₃-N/(mg/L)
生活污水					
施工废水					

（2）固体废物。

项目建设过程中产生的固体废物主要为建筑物主体施工过程中产生的建筑垃圾、装修产生的装修垃圾以及施工人员产生的生活垃圾，由市政垃圾处理部门处理。

（3）噪声。

施工期的噪声主要来源于施工现场各类机械设备和物料运输的交通噪声，施工场地噪声主要来自工程项目基础开挖及其他辅助与公用设施的建设产生的噪声，施工时使用的机械主要有挖土机、推土机、振捣棒等。在施工过程中，机械设备产生的噪声会对作业人员和厂址周围环境造成一定的影响。施工机械噪声源强表见表 11-23。

表 11-23　施工机械噪声源强

序号	施工阶段	设备	单机最大噪声值/dB(A)	噪声测距
1	基础施工阶段			
2	结构施工阶段			
3	设备安装阶段			
4	室内装修阶段			

2. 运行期污染物产生及排放分析

（1）废气。

本项目生产过程中的有组织废气污染物主要为有机废气处理设施排气。有机废气处理设施中有管线、集气罩和引风机，对产生的废气进行收集，通过二级活性炭过滤设施处理，处理效率≥97%，处理后废气经 15m 排气筒高空排放。废气污染物产生和排放情况按表 11-24 所示进行分析。

表 11-24　废气污染物产生和排放情况一览表

序号	污染源名称	主要污染物产生量			治理措施	处理效率	最终排放量				排放特征（$D/H/T$）m/m/℃	排放规律
		污染物名称	产生量/(t/a)	产生浓度/(mg/m³)			废气量/(m³/h)	排放浓度/(mg/m³)	排放速率/(kg/h)	排放量/(t/a)		
G1												

（2）噪声。

本项目主要噪声设备为风机、泵类，大部分为间断性操作。优先选用低噪声设备，如低噪声的机泵，可使噪声污染得到有效控制。同时，设计中尽量合理布局，防止噪声叠加和干扰；采取多种隔音、吸声措施，使工人接触噪声的强度变弱和时间减少。按表 11-25 所示分析噪声源情况。

表 11-25　噪声源一览表

序号	噪声源	数量/台	声压级/dB(A)	噪声规律	减噪措施	消音后声压级/dB(A)
1	厂房风机					

序号	噪声源	数量/台	声压级/dB(A)	噪声规律	减噪措施	消音后声压级/dB(A)
2	倒罐泵					
3	装卸车泵					

（3）固体废物。

本项目的固体废物主要为清罐残渣，所有固体废物将全部送有资质单位安全处置。

（4）废水。

废水主要为生活污水、油罐清洗水、地面冲洗水和机泵冷却水，如表 11-26 所示。

表 11-26 废水产生和排放情况一览表

污染源名称	污染物类型	排放量/(m³/h)	pH	产生主要污染物浓度/(mg/L)（pH 除外）					排放规律及去向
				COD	氨氮	总氮	SS	石油类	
生活设施	生活废水								
清洗储罐排水	含油污水								
机泵冷却、地面清洗	含油污水								
小计（排放量、污染物浓度）									
产生量合计/[(m³/a)或(t/a)]									
排放量合计/[(m³/a)或(t/a)]									
污染物排放合计									

（三）非正常工况污染物分类及排放

非正常工况下的废水污染主要表现在：设备检修过程的罐体清空排水，装置临时性用水的排水，雨水。对于非正常工况下排水，本工程将其引入事故池暂存，不得直接排放。

（四）污染物汇总

分析项目实施后污染物排放情况，如表 11-27 所示。

表 11-27 项目实施后污染物排放一览表

污染要素	项目	单位	现状污染物	本项目污染物	本项目实施后污染物
废气污染物	废气量	万 m³/a			
	SO$_2$	t/a			
	NO$_x$	t/a			
	颗粒物	t/a			
	镍及其化合物	t/a			

续表

污染要素	项目	单位	现状污染物	本项目污染物	本项目实施后污染物
废气污染物	硫酸雾	t/a			
	HCl	t/a			
	VOCs	t/a			
无组织排放	VOCs	t/a			
	H_2S	t/a			
	氨	t/a			
	硫酸雾	t/a			
	苯	t/a			
	甲苯	t/a			
	二甲苯	t/a			
废水污染物	废水量	万 t/a			
	COD_{Cr}	t/a			
	氨氮	t/a			
	石油类	t/a			
	苯	t/a			
	甲苯	t/a			
	二甲苯	t/a			
固体废物	固废量	t/a			
	危险废物	t/a			
	一般废物	t/a			

五、环境影响预测与评价

（一）环境空气影响预测与评价

1. 污染源参数

见工程分析部分。

2. 预测模式和参数

3. 预测内容

一次浓度：不同气象条件下轴线浓度、最大落地浓度和距离。

日平均浓度和年平均浓度：选定典型日、计算典型日条件下各预测点的日均浓度；根据联合频率计算 SO_2、TSP 和 NMHC（非甲烷总烃）的长期平均浓度的贡献值。

4. 预测结果

小时平均浓度主要针对不利气象条件分析最大落地浓度，见表 11-28。

表 11-28　小时平均浓度最大值预测结果

不利气象条件 说明	预测 因子	最大地面浓度 /(mg/m³)	离源距离/m	占评价标准的 比例/%	所处 功能区	出现 频率

对于日均浓度，重点分析日均浓度的一般规律，最大地面浓度状况及对主要关心点、敏感点的影响，见表 11-29。

表 11-29　日均浓度预测结果

计算日	预测因子	最大地面浓度 /(mg/m³)	离源距离/m	方位	占评价标准的 比例/%	超标面积 /km²	所处 功能区

报告书中一般要求绘制日均浓度等值线图。图中标明项目位置、比例尺、方向、主要街道、重点保护目标及最大落地浓度发生的位置、数值等，注明时间及浓度单位。每个典型日需要一张等值线图。需要进行年均浓度预测时，绘制年均浓度分布图，简要分析计算结果。

5. 影响评价

评价标准采用《环境空气质量标准》（GB 3095—2012），评价方法见大纲部分，列表给出大气环境影响评价自查结果。

6. 大气环境影响评价结论

略。

（二）地表水环境影响预测与评价

1. 污染源调查与评价

监测点位及监测方法见大纲部分，列表说明调查结果，如表 11-30 所示。

表 11-30　地表水污染源调查一览表

污染源	污水及主要污染物排放量/(m³/h)					
	污水量	COD	BOD₅	NH₃-N	石油类	…
1						
2						
⋮						

2. 地表水环境质量现状监测

监测点位及监测方法见大纲部分，列表说明监测结果，如表 11-31 所示。

表 11-31　地表水环境质量监测结果

监测项目	水温/℃	水深/m	流量/(m³/h)	pH	COD	SS	…
Ⅰ断面							
Ⅱ断面							
⋮							

3. 地表水环境质量现状评价

评价标准和评价方法见大纲部分，评价结果见表11-32。对照评价标准说明各断面的水环境现状。

表 11-32　地表水各评价因子的标准指数

监测项目	pH	COD	NH₃-N	…
Ⅰ断面				
Ⅱ断面				
⋮				

4. 地表水环境影响预测

本项目地表水环境影响预测因子包括 COD、氨氮，根据水质扩散预测模型，计算混合过程段长度及污染因子浓度，根据地表水环境质量现状监测数据及受纳河流的基本情况，确定采用完全混合模型预测项目排水对下游Ⅱ断面水质的影响。预测结果见表11-33。

表 11-33　地表水环境影响预测结果

项目	COD	SS	氨氮	石油类
现状监测平均值				
预测值				

根据预测结果，分析项目排水对地表水环境的影响。

5. 地表水环境影响评价

本项目产生的废水主要为生活污水、油罐清洗水、地面冲洗水和机泵冷却水。本项目含油污水经提升池，经泵送厂内污水处理厂处理；生活污水经化粪池处理后经泵送厂内污水处理厂处理。以上废水经厂内污水处理厂初步处理后，一部分深度处理后作为中水回用，达标废水排入园区污水处理厂末端监控池，经监控合格后，最终排放至附近地表水。列表给出地表水环境影响评价自查结果。

6. 地表水环境影响评价结论

略。

（三）地下水环境影响预测与评价

1. 地下水环境质量现状监测

监测点布置及监测方法见大纲部分，主要水质参数监测结果见表11-34。

表 11-34　地下水环境质量现状监测结果

项目	pH	总硬度	氟化物	挥发酚	高锰酸钾指数	硫酸盐	总大肠菌群
1#监测点							
2#监测点							
⋮							

注：pH 量纲一，总大肠菌群单位为个/L，其余指标单位为 mg/L。

2. 地下水环境质量现状评价

评价标准采用《地下水质量标准》（GB/T 14848—2017）中的Ⅲ类标准，评价方法采用单因子指数法，评价结果见表 11-35。

表 11-35　地下水环境质量评价结果

项目	pH	总硬度	氟化物	挥发酚	高锰酸钾指数	硫酸盐	总大肠菌群
1#监测点							
2#监测点							
⋮							

注：pH 量纲一，总大肠菌群单位为个/L，其余指标单位为 mg/L。

根据评价结果分析项目所在地区的地下水环境质量状况，如有超标分析原因。

3. 地下水环境影响预测结论与评价

对具有较大潜在污染情景的不同污染物的运移数值进行模拟，模拟结果显示，在项目运行期间，COD、石油类等评价因子出现小范围超标，但污染物最大迁移距离均未超出厂界范围，在采取环保措施后可满足《地下水质量标准》（GB/T 14848—2017）标准的要求。

水源二级保护区处于本项目上游，项目厂区及周边地下水总体为由北偏东、向南偏西径流。因此本项目运行过程中，即使发生小范围污染物泄漏，在及时采取处理措施的情况下，也不会对水源产生明显影响。

从风险评估角度，污染物迁移距离与浓度大小的预测遵循了偏向保守原则，将渗漏在地表的污染物的浓度等同于进入地下水的污染物源强浓度，忽略污染组分在包气带的运移时间，并且不考虑污染组分在包气带与含水介质层中的吸附和降解。同时，选取污染源浓度较高、污染危害大、水质标准要求高的有机、无机化合物作为典型污染组分。

运营过程中为了尽可能地减小污水对地下水的影响，对污水及物料运送、储存过程中各设施采取有效的防渗措施，定期检修设备，将事故发生的概率降至最低，保护地下水环境不受污染。

（四）声环境影响预测与评价

1. 环境噪声现状监测及评价

监测布点和监测方法见大纲部分，监测结果见表 11-36。

表 11-36　环境噪声现状监测结果　　　　　［单位：dB(A)］

监测点位	监测值			
	L_{Aeq}	L_{10}	L_{50}	L_{90}
1#				
2#				
3#				
4#				
5#				

根据当地环境噪声标准适用区域划分方案，本评价执行《工业企业厂界环境噪声排放标准》（GB 12348—2008）3 类标准，采用等效连续 A 声级 L_{Aeq} 评价。

采用超标值法评价噪声环境影响，计算公式为

$$P = L_{Aeq} - L_b$$

式中，P 为噪声超标值［dB(A)］；L_{Aeq} 为某监测点实测的等效连续 A 声级［dB(A)］；L_b 为执行的噪声标准值［dB(A)］。

评价结果见表 11-37。

表 11-37 噪声环境现状评价结果 ［单位：dB(A)］

	1#	2#	3#	4#	5#
昼间					
夜间					

2. 噪声环境影响预测

预测模式选择《环境影响评价技术导则 声环境》（HJ 2.4—2021）中推荐的噪声传播声级衰减计算方法及模式。考虑噪声源的距离衰减、空气吸收、围墙屏蔽效应等影响因素，按衰减模式，计算出本工程投产后各声源传播到厂界某一监测点的 A 声级。列表给出各厂界影响预测结果，如表 11-38 所示。

表 11-38 厂界噪声预测结果 ［单位：dB(A)］

时段	位置	贡献值	标准值	达标情况
昼间	东厂界			
	西厂界			
	南厂界			
	北厂界			
夜间	东厂界			
	西厂界			
	南厂界			
	北厂界			

3. 噪声环境影响评价

（1）工程噪声源位置及源强分析。

根据工程分析及类比调查，列表给出噪声源的名称、强度、数量、位置、特征等情况。

（2）噪声环境影响评价预测。

采用《环境影响评价技术导则 声环境》（HJ 2.4—2021）推荐的有关模式进行预测。本评价将所有设备声源均视为点源。声压级合成模式如下：

$$L_{\text{Aeq}} = 10\lg\left(\sum_{i=1}^{n} 10^{0.1L_{\text{eq}i}}\right)$$

式中，L_{Aeq} 为总等效连续 A 声级 [dB(A)]；$L_{\text{eq}i}$ 为第 i 个声源的等效连续声压级 [dB(A)]；n 为声源个数。

声源声压级的衰减按下式计算：

$$L_r = L_0 - 20\lg\frac{r}{r_0} - R$$

式中，L_r 为 r 距离上的连续声压级 [dB(A)]；L_0 为 r_0 距离上的连续声压级 [dB(A)]，r_0 取 1m；R 为声传播途径上的衰减值 [dB(A)]。

运用以上模式并选取适当参数计算得到的预测结果见表 11-39。

表 11-39　噪声环境影响预测结果　　　　　　　　　[单位：dB(A)]

预测点	昼间			夜间		
	现状值	影响值	叠加值	现状值	影响值	叠加值
1#						
2#						
3#						
4#						
5#						
标准						

根据上述预测结果，对照标准分析建设项目对周围噪声环境的影响。

（五）土壤环境影响预测与评价

列表给出土壤环境影响评价自查表。

项目建成后，车间内部、设备区采用混凝土地面并按要求进行分区防渗，厂房周边除绿化用地以外全部采用沥青或混凝土路面，基本没有直接裸露的土壤存在，物料不会与土壤表层直接接触，正常生产过程中，不会对土壤环境造成影响。

项目生活污水经化粪池处理后经泵送生活污水排水总管；生产废水送污水提升池收集后经泵送污水处理厂处理，厂区建设生产废水、生活污水的收集系统，并对污水收集管网、污水收集池等采取了相应的防渗措施，可有效降低污水泄漏造成的土壤污染风险。

当发生物料泄漏等事故时，及时采取控制措施，收集泄漏物料，将泄漏的物料控制在厂房、防火堤范围内，基本不会对厂房、防火堤外的土壤环境造成影响。通过大气沉降对厂界外土壤造成污染的可能性很小。

综上所述，本项目运营期不会对土壤环境造成明显的影响。

（六）固体废物环境影响评价

本项目的固体废物主要为油泥、滤渣、废活性炭，产生量为 3.9t/a，属于危险废物。一般固体废物和危险废物分开并按类别存放，固体废物经暂存场存后定期送至有资质的单位进行处理/处置。

由此可见，本项目产生的固体废物不会对外环境造成二次污染。

（七）生态环境影响评价

1. 生态现状分析

本项目厂区现状土地类型为工业用地，基本没有自然植被，项目实施不会对植被造成影响。项目厂区外周边区域为规划中的工业用地，无受保护动物或珍稀动物集中栖息地。

2. 景观生态分析

厂区按总体工艺流程与功能进行分区：厂内人、货流交通流畅、用地节约。此外，厂区交错林立的钢结构厂房以及贯穿厂区的管道、储罐等，这些硬质物体同柔性的绿地组成和谐的厂区空间形态。厂区装置及设备在满足实用及功能齐全的条件下，突出"人本思想"，做到既美化环境，又能与人方便。厂区绿化注意了常绿树与落叶树、速生树种与慢长树种、乔木与灌木的比例，且设计了合理的间距。

3. 绿化措施

为降低景观影响，在厂区西侧、北侧均建设不低于10m宽绿化带，种植高大浓密乔木。需根据季节的变化、气候的特点，选择一些防火、防尘、耐旱、耐盐碱的乔本、灌木等树种，对厂区进行绿化。管理区为绿化重点，除种植乔、灌木外适当配置建筑小品、花坛景区。厂区其他地段在不影响消防、检修和交通的前提下，合理种植行道树、绿篱、草皮等，为工厂创造一个优美、清新的生产环境。

六、污染防治措施及可行性分析

（一）施工期污染防治措施

1. 施工期废气防治措施

（1）建筑工地应设置防护墙、材料仓库，禁止水泥、砂石等物料随便露天堆放。

（2）运输车辆采取密封或覆盖措施，轮胎车体要定期清洗，运输路线要及时清理、养护，最好铺设临时水泥路面。

（3）建筑垃圾、残土及时清理，送往指定地点堆放，临时堆放时要做覆盖或洒水降尘处理。

（4）工地配置专用洒水车，在装料、卸料等必要场合使用。

（5）建议在镇区外设固定搅拌站，减少沙石和水泥在运输过程中产生的粉尘对环境的影响，并可减少搅拌机噪声对周围环境的影响。

（6）参与施工的各种车辆和作业机械，应该具有尾气年检合格证。

（7）在使用期间要保证车辆和作业机械正常运行，经常检修保养，防止非正常运行造成尾气超标排放。

（8）选择低毒溶剂，尽可能避免溶剂挥发。

（9）对于钢结构，采取工厂预制，涂刷防腐层，现场组对焊接，补刷焊缝防腐，减少防腐涂刷工作量，减少防腐涂刷废气产生量。

（10）选择环境污染小的气象条件和季节施工。

2. 施工期废水防治措施

应建设必要的处理设施处理施工过程中产生的施工废水和生活污水。

（1）施工废水主要是含有沙粒的废水，可建立临时沉砂池，沉淀后排放或回用；

（2）工地生活污水排入现有生活污水设施。

3. 施工期固体废物防治措施

（1）施工人员产生的生活垃圾要送往环卫部门指定地点。

（2）建筑垃圾和残土应设临时存放场地，并及时送往指定的使用场地或堆放场地。

4. 施工期噪声防治措施

（1）执行《建筑施工场界环境噪声排放标准》（GB 12523—2011）中不同施工阶段作业的噪声限值。

（2）采用低噪声机械设备和运输车辆，使用过程中经常检修和养护，保证其正常运行；由于运输车辆沿途有居民居住，因此要合理安排，尽量避免夜间施工、运输等。

5. 施工期环境管理和监控

（1）保证现场施工单位具有国家要求的资质，杜绝野蛮施工、破坏性施工的现象发生。

（2）在建筑施工合同中，应包括有关环境保护条款，如建筑材料运输、堆放，建筑垃圾处置，现场恢复，噪声控制等，以督促施工单位在工作中和结束后完成各项指标要求。

（二）营运期污染防治措施及可行性分析

（1）认真贯彻执行"三同时"方针。本项目在建设主体生产装置的同时，根据"三废"（废水、废气、废渣）排放的实际情况，充分考虑"三废"治理措施及可行性，使"三废"治理设施与主体工程同时建成并投入运行。

（2）严格执行相关环保标准和法规。生产过程中对不同性质的废水进行分类，分别进行有效处理，并严格控制排入环境中污染物的浓度和数量，使其达到国家和地方的排放标准和要求。

（3）采取各种有效措施减少污染物排放。

（4）加强环境监测，避免超标排放对环境造成污染。

（5）加强绿化，改善和美化环境。

（三）"三同时"环保措施一览表

列表给出项目"三同时"环保措施，如表11-40所示。

表 11-40　"三同时"环保措施汇总

类别	序号	环保工程	建设内容	效果	标准	备注
废气治理措施	1					
废水治理措施	2					
	3					
	4					
噪声治理措施	5					
固体废物污染预防措施	6					

续表

类别	序号	环保工程	建设内容	效果	标准	备注
地下水污染预防措施	7					
	8					
	9					
	10					
环境风险控制措施	11					
	12					
	13					
	14					
	15					
	16					
	17					
	18					
	19					
	20					
	21					
监测计划	22					
	23					
绿化	24					

七、环境经济损益分析

略。

八、环境管理与监测计划

（一）环境管理

本项目主要的环境管理内容见表 11-41。

表 11-41　环境管理内容一览表

序号	项目	主要管理内容
1	废气	对无组织排放的 NMHC、VOCs 等污染物定期进行监测、记录
2	废水	保证生产装置正常稳定运行，生产废水、生活污水能够达标送入厂区污水系统
3	固体废物	加强固体废物管理，保证固体废物及时清运，防止随乱堆放；危险固体废物须按照危险固体废物转移办法，委托有资质的单位处置/处理
4	噪声	加强主要设备噪声源的运行管理，降低噪声污染
5	环境	加强车间外绿化、卫生环境管理；加强车间内卫生环境管理
6	培训管理	对操作人员定期进行操作技能和环境保护方面的培训，加强操作人员的事业心和责任感，严格按照操作规程办事，管好、用好环保设施，充分发挥其治理效能

（二）环境监测制度

本项目根据《排污单位自行监测技术指南　石油化学工业》（HJ 947—2018）在生产

运行阶段对排放的水、气污染物，噪声以及对周边环境质量影响开展监测。

（三）污染物排放清单

为有效衔接排污许可证制度，将本项目的工程组成、原辅材料组分要求、主要排放的污染物种类、排放浓度、总量指标、执行的环境标准、拟采取的环保措施以及环境风险防范措施进行汇总整理，为排污许可证管理提供依据。具体略。

九、结论

（一）项目概况

略。

（二）区域环境概况

（1）环境空气：环境空气六项污染物中，$PM_{2.5}$、O_3 超过国家二级标准，其他因子均达标。本项目特征污染物 NMHC（非甲烷总烃）、VOCs 均符合相关环境质量标准限值，特征污染物环境空气质量达标。

（2）地表水：各项监测因子均可达到《地表水环境质量标准》（GB 3838—2002）中的Ⅳ类水体标准。

（3）地下水：各项监测因子均满足《地下水质量标准》（GB/T 14848—2017）中Ⅲ类水质标准要求，石油类满足《生活饮用水卫生标准》（GB 5749—2022）要求。

（4）声环境：厂界 4 个噪声监测点位监测数据均能够满足《工业企业厂界环境噪声排放标准》（GB 12348—2008）3 类标准要求。

（5）土壤环境：土壤监测结果均符合《土壤环境质量　建设用地土壤污染风险管控标准（试行）》（GB 36600—2018）表 1 筛选值二类用地标准。

（三）工程分析

本项目为扩建项目，主要污染源及污染物排放情况如下。

1. 废气

废气污染物主要为有机废气处理设施排气及无组织排放废气。

2. 废水

废水主要为生活污水、清洗水、地面冲洗水和机泵冷却水。

3. 噪声

噪声源主要为风机、倒罐泵、大功率装卸车泵等。

4. 固体废物

固体废物主要为残渣、滤渣、废活性炭，所有固体废物将全部送有资质单位安全处置。

（四）环境保护措施

本项目总投资为××万元，配套的环保治理措施投资××万元，占总投资额的××。

主要的环保措施包括废气无组织排放控制措施、废水污染物总量控制措施、固废治理措施、噪声治理措施及地下水污染防治措施。

（五）环境影响预测分析

1. 大气环境影响评价

本项目排放的大气污染物对周围环境影响较小，大气环境影响可以接受。

2. 水环境影响分析

废水主要包括生活污水和含油污水。本项目实施后排放的废水污染物经预测满足《地表水环境质量标准》（GB 3838—2002）基本项目标准限值中的Ⅳ类标准要求，未对地表水水质造成明显影响。本项目实际排入地表水体的污染物量很小，因此对地表水体的环境影响很小。

3. 声环境影响分析

本工程实施后厂界噪声满足《工业企业厂界环境噪声排放标准》（GB 12348—2008）中厂界外声环境 3 类功能区所对应的标准值相关标准限值要求。

4. 固体废物环境影响分析

本项目产生的固体废物全部委托有资质的单位进行处理处置，不会造成二次污染。

5. 地下水环境影响分析

模拟结果显示，在项目运行期间，COD、石油类等评价因子出现小范围超标，但污染物最大迁移距离均未超出厂界范围，在采取环保措施后可满足《地下水质量标准》（GB/T 14848—2017）的要求，不会对水源产生明显影响。

项目运营过程中为了尽可能地减小污水对地下水的影响，对污水及物料运送、储存过程中各设施采取有效的防渗措施，对设备定期检修，将事故发生的概率降至最低，保护地下水环境不受污染。

（六）公众参与情况

略。

（七）综合评价结论

综上所述，本项目位于盘锦某化工企业预留地内，项目建设符合园区规划要求；本项目拟采用的生产工艺先进、成熟可靠，采取的污染防治措施有效、可靠，废弃污染物排放满足《石油化学工业污染物排放标准》（GB 31571—2015）的要求；废水经厂内污水处理厂处理达标后排入园区污水处理厂监控池，最终排放至附近地表水；项目设备噪声经采取措施后满足《工业企业厂界环境噪声排放标准》（GB 12348—2008）3 类功能区所对应的标准值；项目固体废物经采取措施后不会造成二次污染；项目实施后污染物排放对评价范围内的环境、空气、水、声环境质量影响较小，其环境效益、经济效益和社会效益较显著；环境风险水平可以接受；公示期内未收到评价区域内公众的反馈意见。因此，本项目在认真落实环评报告书中提出的污染防治措施与建议，加强环境管理的基础上，从环保角度分析是可行的。

十、附件

略。

扫二维码查看本章学习重难点

参 考 文 献

陈复. 1997. 环境科学与技术. 北京：中国环境科学出版社.

柴立元，何德文. 2006. 环境影响评价学. 长沙：中南大学出版社.

国家环境保护总局监督管理司. 2000. 中国环境影响评价：培训教材. 北京：化学工业出版社.

何德文. 2021. 环境影响评价. 北京：科学出版社.

环境保护部环境工程评估中心. 2011. 建设项目环境影响评价：培训教材. 北京：中国环境科学出版社.

蒋建国. 2008. 固体废物处置与资源化. 北京：化学工业出版社.

梁秀娟，迟宝明，王文科，等. 2016. 专门水文地质学. 4 版. 北京：科学出版社.

李国学. 2005. 固体废物处理与资源化. 北京：中国环境科学出版社.

李淑芹，孟宪林. 2021. 环境影响评价. 3 版. 北京：化学工业出版社.

李勇，李一平，陈德强. 2012. 环境影响评价. 南京：河海大学出版社.

林云琴，陈烁娜，高婷，等. 2017. 环境影响评价. 广州：广东高等教育出版社.

刘丽娟. 2017. 水环境影响评价技术. 北京：化学工业出版社.

刘天齐. 2001. 区域环境规划方法指南. 北京：化学工业出版社.

刘晓东，王鹏. 2021. 环境影响评价基础. 北京：科学出版社.

柳知非，周贵中，张焕云. 2017. 环境影响评价. 北京：中国电力出版社.

刘志斌，马登军. 2007. 环境影响评价. 徐州：中国矿业大学出版社.

骆夏丹，叶俊，胡媛，等. 2019. 大气环境影响评价中污染气象需关注的问题. 低碳世界，9（2）：28-29.

陆书玉. 2001. 环境影响评价. 北京：高等教育出版社.

陆雍森. 1999. 环境评价. 2 版. 上海：同济大学出版社.

芈振明，高忠爱，祁梦兰. 1993. 固体废物的处理与处置. 北京：高等教育出版社.

任芝军. 2010. 固体废物处理处置与资源化技术. 哈尔滨：哈尔滨工业大学出版社.

生态环境部. 2022. 环境影响评价技术导则　生态影响：HJ 19—2022.

生态环境部环境影响评价司. 2018. 环境影响评价管理手册：2018 版. 北京：中国环境出版集团.

史宝忠. 1999. 建设项目环境影响评价. 2 版. 北京：中国环境科学出版社.

宋保平，彭林. 2016. 环境影响评价实训教程. 北京：中国环境出版社.

仝川. 2010. 环境科学概论. 北京：科学出版社.

王罗春，蒋海涛，胡晨燕，等. 2017. 环境影响评价. 北京：冶金工业出版社.

王宁，孙世军. 2013. 环境影响评价. 北京：北京大学出版社.

王琪. 2006. 工业固体废物处理及回收利用. 北京：中国环境科学出版社.

王庆改，张贝贝，曹晓红，等. 2019.《环境影响评价技术导则地表水环境》适用性测算. 环境影响评价，
　　41（6）：16-22.

王晓，冯启言，王涛. 2014. 环境影响评价实用教程. 徐州：中国矿业大学出版社.

徐颂. 2016. 环境影响评价工程师考试教材. 北京：中国环境出版社.

徐新阳. 2001. 环境保护与可持续发展. 沈阳：辽宁民族出版社.

徐新阳. 2004. 环境评价教程. 北京：化学工业出版社.

徐新阳，陈熙. 2010. 环境评价教程. 北京：化学工业出版社.

杨晓宇，吴小萍，冉茂平. 2004. 图形叠置法在铁路噪声环境影响评价中的应用研究. 交通环保，25（1）：15-17.

易秀，乔晓英，姜凌. 2017. 环境评价学. 北京：地质出版社.

张朝能，黄小凤，贾丽娟. 2021. 环境影响评价. 北京：高等教育出版社.

张从. 2002. 环境评价教程. 北京：中国环境科学出版社.

章丽萍. 2019. 环境影响评价. 北京：化学工业出版社.

张小平. 2004. 固体废物污染控制工程. 北京：化学工业出版社.

赵丽. 2018. 环境影响评价. 徐州：中国矿业大学出版社.

赵其国，孙波，张桃林. 1997. 土壤质量与持续环境Ⅰ. 土壤质量的定义及评价方法. 土壤，29（3）：113-120.

郑铭. 2003. 环境影响评价导论. 北京：化学工业出版社.

中华人民共和国环境影响评价法与规划、设计、建设项目实施手册编委会，全国人大法制工作委员会经济法室. 2002. 《中华人民共和国环境影响评价法》与规划、设计、建设项目实施手册. 北京：中国环境科学出版社.

周国强. 2009. 环境影响评价. 2 版. 武汉：武汉理工大学出版社.

朱春兰. 2020. 现阶段政策对环境影响评价工作的影响//2020 中国环境科学学会科学技术年会论文集（第三卷）. 北京：中国环境科学学会.

朱世云，林春绵，何志桥，等. 2013. 环境影响评价. 北京：化学工业出版社.

Brown R M，McClelland N I，Deininger R A，et al. 1970. A water quality index：Do we dare?. Water & Sewage Works，117：339-343.

Green M H. 1966. An air pollution index based on sulfur dioxide and smoke shade. Journal of the Air Pollution Control Association，16（12）：703-706.

Horasawa I. 1943. On the biological community of the sewage effluent by the trickling filter process. Japanese Journal of Limnology，13（1）：17-22.

Nemerow N L. 1974. Scientific Stream Pollution Analysis. New York：McGraw Hill.

Rau J G，Wooten D C. 1987. 美国环境影响分析手册. 郭震远，张康生，刘棣，等，译. 北京：北京大学出版社.